闲来松间坐

文人品茶

王镜轮　著

故宫出版社

前言

茶作为饮料，被李约瑟博士称之为中国的第五大发明。

茶不仅仅是一种饮品，它在中国形成了特有的文化；在茶文化的产生和发展当中，中国的文人士大夫承担了重要的角色。

在中国文人士大夫意识中，饮茶是一种精神生活，它超越了日常饮食范围。中国古人相信自然界存在着神奇的物质，借助某种神奇物质，以涤荡尘俗之气，改换身心，轻身而生羽翼。这当然是一种梦想，但最初饮茶的中国道士及信仰神仙术的文士，就是把饮茶当作这种性质的精神活动。

唐朝以前，民间的茶只是一种浆饮，存在于南方产茶地区，虽然茶也出现在士大夫甚至皇宫生活中，但它的身份相当平凡和朴素。也就是说茶文化形成以前的时期，茶的形象没有得到相应的定位，一面是被求仙者当作神异功能的灵物，一面又是被百姓与达官视为寻常的浆饮。

唐朝中期，中国出现了一位前无古人的文士，他把一生奉献给了茶文化，使茶的精神价值得到了空前确认。他把茶从栽培到品饮进行了规范，写成了一部划时代的作品——《茶经》。他去世后，被所有茶人奉为这个行业的神灵，其影响一直延续至今。他就是陆羽。没有陆羽，中国虽是茶的发源地，但是茶文化未必能够得到繁盛的发展，因为在陆羽之前，“茶”这个字都没有统一和确认。

陆羽把一生奉献给了茶，前后四十余年，走遍了今日江苏、浙江、江西的产茶区，足迹南至两广，对各地的茶树种植、水源进行了深入考察，并用《茶经》总结他一生对茶事的探求。这是中国文士第一次为一个单独的物质对象写经。陆羽用《茶经》把饮茶这一件形而下的生活品类推进到了非常考究、雅致、专业化的程度，连茶具都要二十四种器具构成一套。“自从陆羽生人间，人间相学事春茶”。

所以说，陆羽这样一个独特的文人成就了中国茶文化。同时也足以证明中国茶文化中，文人士大夫起到了相当重大的作用。

陆羽逝后的一千多年，陆羽式的文人代代不绝，品茶评茶成为文人雅事，从茶的栽培到制茶方法、烹茶技艺处处关心，不少文人亲自开辟茶圃，种茶采茶，写诗写文以及编撰茶书。中国茶事从初起到唐宋、再到明清，茶叶的采造、品饮方式一直在变化，从蒸青到炒青，从团茶到散茶，从烹茶到沏茶，发展和变异过程一直是在文人士大夫的参与下进行的。在茶事的发展方面，中国文人士大夫摒弃了墨守成规、食古不化的作风，明清的士大夫更是能深入茶区，从实践中获得更契合自然本性的茶饮风格。

陆羽《茶经》中说："荡昏昧饮之以茶。"唐朝隐士施肩吾说："茶为涤烦子，酒为忘忧君。"茶在唐中期以后，成为与酒并列的饮品。很多爱酒的文人同时爱茶，但一心品茶的文人很少同时爱酒，茶比酒更能治疗人的心情。所谓借酒消愁愁更愁，而茶虽不会使人狂欢，但绝不令人消沉、昏昧，它只会带给人清雅舒畅、空灵的心境，取代被烦躁占领的心情。

顾况在《茶赋》中赞茶："皇天既孕此灵物兮，厚地复糅之而萌。"在中国古代文人心中，茶就是皇天带给厚土，厚土带给人类的灵性植物，值得有灵性的人类珍惜，所以茶被文人雅士从众多的供人口腹之欲的物品中分离出来，视它为高洁的、神秘的精神伴侣。

中国从魏晋南北朝以来，文人雅士崇尚清谈、玄学，到唐朝外来佛教与中国文化相结合产生禅宗，茶虽只是一种饮品，但它非常奇妙地跟随了这一过程，以它独一无二的品质，与禅宗文化结下了非常的缘分，被僧俗两界公认为"茶禅一味"。

中国佛教僧人对茶文化的贡献也是至关重要的。茶圣陆羽本人生长于僧寺，他的养父就是一位嗜茶的禅师，陆羽的终生挚友皎然是一位诗僧，也是一位茶僧。南北朝以后，中国南方所有寺院周围都种植茶树。寺院常常建在风景优雅的半山，而茶树也恰恰适合生长在烟霭弥漫的半

古代文人在大自然中探求灵性（明　戴进　《洞天问道图》轴局部）

山和丘陵，寺院的茶园裹在白色的雾气中，远看就像一片绿色的仙圃。中国历代名茶大多是由寺院艺植并推广开来的。士人经常专程前往佛寺品茶，与高僧在寺院的幽静条件下，一同细细品茶，谈禅。

茶不仅与禅有特殊的共鸣，它与中国的儒和道都有某种特殊的和谐。文人们可以放浪地饮酒，但却是怀着敬意地品茶。唐朝著名诗僧皎然诗中说："孰知茶道全尔真。"是说，品茶能够进入悟道的境界。茶，在真人那里，就成了精神伙伴，心灵知音，道境媒介。"道"这个字，含义非常之广，它不是道家专用词，它是中国人所追求的世界万事万物的法则和本真。

唐朝以后的中国文人士大夫生活离不开茶，而且一代更胜一代。唐朝仅有一部分文人开始接触茶并爱好饮茶，宋代几乎所有文人都成了茶道中人，甚至连皇帝都写了茶学论文，宋徽宗的《大观茶论》证实这位皇帝不仅是一位画家，也是茶艺鉴赏家，茶学人士。

宋代文人大多一生离不开茶，在官的几十年，是在评茶品茶中度过，在野的岁月也是在评茶品茶中度过。从欧阳修到陆游，人人都自视为行家，品茶评优，评茶鉴水。士大夫在日常生活与相互交往中，品茶、评茶成为一项内容，文人雅士对于茶皆有相当的知识、技能和鉴赏能力。

明代茶的文化地位在文人士大夫意识中更加提升，有思想有个性的文士都把品茶视为精神生活的重要一项。明代文人雅士不再认为亲自动手做茶事是鄙事，在文人眼里，茶与书、画、墨居同等地位。江南文士们进而参与到选茶、造茶，开发茶饮新品种上面，一些隐士兼茶人过着陆羽模式的生活，用一生的时间去探索品茶形式上与自然更和谐、内涵上更幽深的境界。

明代许多东南文士参与了茶品的鉴赏，对茶树的种植、采摘、炒焙、收藏、茶具、择水、烹点样样精通，许多人把茶事的经验写成茶书，予以推广并引起广泛的注意。在明代文士中，对茶事的研究和探讨已经形成风气，除了茶书纷现之外，明代还有大量的文人笔记，有关茶的采制、品鉴的内容比比皆是。因此明代的名茶，更可以说是名士评点下的名

明　文徵明　《品茶图》轴局部

茶。虽然有些茶在后来不再兴盛，但在当时却和名士风流共舞，又供后来的茶人怀旧、借鉴。

明代以前的中国历代文士，不论是在朝的，还是在野的，都寄奢望于炼丹术，企图超越短暂的生命，追慕仙人羽士，进而实现升仙、长生不老的梦想。宋代大文豪苏轼内心仍然存在着长生这个梦想。但到了明代，长生梦基本上在文士的头脑中幻灭了。文士们努力争取在现实世界中活得自在诗意，如游仙般度过有限的人生，因而建造楼台宅院，常伴风花雪月，吟赏四时美景；或寻山水佳处，构建草庐水榭，听蝉声鸟语，看日出月落。这时候，茶是万万不可少的。茶，不再是长生不老的仙药，而是营建世上风雅生活的元素。

明代文士有一种集体性格，特别是长江三角洲一带山清水秀之地的文士，对于人生有着异于其他时代、异于其他人群的态度。这种文人性格的养成，既有几千年中国古文化的积淀，又有明代思潮的特性。明代中国文化已经发展到儒、释、道三教合流的阶段，文士的思想意识同时受儒、释、道的浸染。儒是经世致用之学，释是出世静空之学，道是修身养性之学，明代文士把这三种体系熔于一炉。在明清两代文人心目中，茶不仅与禅一味，也与儒一味，与道一味。再者，对于生活在长江三角洲为代表的明代名士看来，茶，也与山水一味。

大约在万历三十年前后的一个春天，一群文士在无锡惠山泉畔汲水烹茶，名士袁宏道带来了天池斗品，即最好的天池茶。袁宏道刚刚从吴县知县上卸任，在无锡、杭州一带游历。众人品着茶，其中一人问袁宏道：“公今解官亦有何愿？”袁宏道说：“愿得惠山为汤沐（即封地），益以顾渚、天池、虎丘、罗岕，如陆（陆羽）蔡（蔡襄）诸公者供事其中，余得披缁老焉，胜于酒泉醉乡远矣。”

明代文人大多以清高自命、风雅自居，对市井生活、世俗情趣有一种彻骨的厌恶。他们尽可能借助诗歌、书画等文墨工具与俗世隔开，品茶也正是与俗世对抗的一种生活方式。文人的茶与民间的茶不在同一意义上，虽然民间也有茶馆，茶也是市人生活开门七件事之一，但此茶非彼茶，文人雅士只喝他们自己的茶；他们品的茶与俗人品的茶未必是两种东西，但精神意义绝不相同。

他们甚至认为，茶就是造化为他们准备的，俗人根本没有资格品茶。明代文人对茶的虔敬，发展到认为好茶不是谁都能饮的地步，就是说，如果好茶被品质差的人饮，等于糟蹋了茶；有资格饮好茶的人，如果饮时不认真，以随便的态度饮，就是俗饮。至此，中国文人对茶的推崇已经发展到极至，这样极至的境地也是明代江南文士孤高自赏的一种投影，到清代很难继承。清代文人转而回到更加务实的角度，更多地从味觉感观上细细品茶，探求茶品的玄妙滋味。其实滋味之求才是中国文人品茶的首要目标。

整个清代，文士咏茶诗，关于茶与清修、禅意，茶与灵性的话题比前代要少，但是关于茶的滋味主旨却被高擎。中国人是以感性见长的民族，感受性非常敏锐，对于茶，中国古人尤其是古代文人有着永无休止的兴味，历久长新，永不厌倦；茶的独有滋味，令文士们代代为之欣喜，每当品到新茶，都以“试”的态度，也就是以试验性的态度，以期获得更加美妙的滋味，所以历代试茶诗多不胜数。也可以说，中国古代文人对于滋味的讲求，是世界上少有的。永远在尝试、比较各个产地的茶品，不停地发现更香更美妙的新茶。

比如袁枚初尝武夷茶：“我震其名愈加意，细咽欲寻味外味。杯中已竭香未消，舌上徐停甘果至。”施闰章《岕茶歌》：“贱耳归求鼻舌心”，“其甘隽永香蕴藉，非兰非乳鲜知音”。丁敬《论茶六绝句》：“堪嗟吸鼻夸奇味。”

在中国茶事发展历程中，一贯守旧的中国文士丝毫不守旧，大家都以爱茶的性情中人自居，以茶道通人自命。为了迎接新品，不惜舍弃旧规，无顾忌，无造作，目的是追求茶的更真更灵的滋味。从茶事进入盛境的宋代开始，文人们对于茶品的鉴赏与挑剔就从未停止过，经常处于发现茶叶新品的兴奋中，不断有新茶胜出旧茶，新宠压倒旧宠。

中国人从茶叶的奇香中所得到的享受，也是世界上少有的。

中国人、尤其中国文人之所以喜爱茶的真香真味，与一般饮食的口腹之欲不可同日而语。茶，是植物带给人的所有味道中，最接近灵性的一种滋味。清人陈曾寿赞龙井茶诗中称："咽服清虚三洗髓，神虑皎皎无由浑。"俞樾诗中赞云雾茶："人间烟火所不到，云喷雾泄皆神功。"文人对于茶的感情是对大自然的欢喜和敬意，明代文人高濂在《四时幽赏录》中说："每春当高卧山中，沉酣新茗一月。""两山种茶颇蕃，仲冬花发，若月笼万树。每每入山，寻茶胜处，对花默其色笑。忽生一种幽香，深可人意。"这是与自然幽意的一种默契。

中国古代文士、僧道与茶的奇缘，就这样深入而牢固地蕴含在茶的芳香里。

目录

上编

一 茶事缘起

（一）茶的传说

1. 神农氏首与茶结缘

南方有一种嘉木，它有两种形态：大叶乔木、小叶灌木。和世上所有的树一样长出茂密的叶子，不同的是，世上的树木千千万，唯有它的叶子发出沁人心脾的香味，让中国古人品尝到大自然赐给人类的灵香。于是中国人把它纳入到物质和精神生活中来。这个缘已结下几千年，为中国人所享用并发展，且传播到地球的每个角落。

它，就是中国的茶树和茶叶。作为饮品，中国的茶叶早已成为世界三大饮料之一，而且是世界上最普及、支系庞大的饮料；不仅如此，中国人在与茶相守的几千年中，发展出了特有的茶文化。品茶，已经成为中国人特别是中国文化人精神生活的一部分，同时也成为中国平民文化生活的一部分。

中国的茶文化是中国人物质生活与精神生活相和谐、相容纳，以及相互影响、相互推动的一项文化，是中国所特有的、无可替代的、不受时代制约的、也将永远不会过时而且不断发展更新的一项文化事业。

世界上最早的茶树起源于中国。中国人饮茶，始于人文初始，也就是传说中的神农氏时期。陆羽《茶经》中说：“茶之为饮，发乎神农氏，闻于鲁周公……”但是，关于神农氏发现茶的说法，我们还是要按传说来看待。每一个民族在信史之前都是传说和神话史，但是传说的形成并不是某个人或某些人的虚构，它有非常坚固而真切的文化背景。

神农氏是中国农业文明的始祖，传说他走遍神州大地，辨识土地上的所有物产，教导人们栽种五谷，养殖桑蚕，捕鱼织布，而且他辨识了几乎所有能够医治人类疾病的草药，那时还没有文字。中国古人相信，神农氏最早发现了茶这种异乎寻常的植物。大约出现在汉代的中国早期药典名为《神农本草经》，以简明而奇妙的文字记述了茶的起源：“神农尝百草，一日而遇七十毒，得茶以解之。”

后代的茶学研究者并不完全相信这种记述。神农尝百草不会一天就中毒七十次，而茶对于大多数剧毒植物并没有消解作用。但是后人又找不到任何一种明确的饮茶起源说来代替这个传说。

剥去这个故事夸张的成分，神农发现了茶还是有相当大的可信性。其实世界上很多的发现、发明都与偶然事件有关，也就是说是撞出来的，即通过事故、贻误而获得新的结果，发现新的事物。比如远古时期人们储藏食物或果品，因遗忘或其他事情延误没有及时吃掉，很久之后打开，发现食物或果品经过发酵已经改变了原来的形态，发出奇特的味道，于是酒就产生了。

茶不同于酒，不是偶然制造出来的物品，而是大自然本来就有的植物。但必须是踏遍青山的有心人，而且是对于大多数植物都很熟悉、能够准确辨识植物形态的智慧人物，才能够去冒险尝试这种植物对人体的作用，从而发现它的价值。这个人，就应该是中国农业文明的始祖神农氏。

2. 饮茶习俗与“荼”字的形成历程

虽然神农氏与茶的缘起被传说已久，但也不排除在天然茶树生长地，当地原始居民尝试采茶为食的起源说。这种因地制宜的生活，是中国先民的生活常态。人是杂食类动物，先民们尝试了生存环境内的所有植物，只要是无毒、味道不十分苦涩、纤维较细能够食用的植物都作为食材。其中，茶树的叶子水煮后产生一种清香味，久之成为人们日常浆饮类的食物。

在中国西南野生大叶茶树的地区，人们采摘树叶，碾末与其他调味料同煮，做成一种浆食，相沿已久。这是一种地区性的食物，直到战国末期秦国攻占了蜀地，把这种茗饮引入到了关中，从此中原人也渐渐知道和尝试这种浆食。

但是“荼”这个字是到唐朝才正式使用的，在此之前，“荼”字皆

明 杜堇 《伏生授经图》轴

写成“荼”字。而这个“荼”是个歧义字，“荼”字在《诗经》中出现过多次，比如：“谁谓荼苦，其甘如荠。”这里指的是草本的苦菜。在《诗经》产生的年代，真正的茶叶还没有出现在北方，而且北方的大部分地区，包括这首诗的原产地也是不宜生长茶树的。《诗经》中“有女如荼”的“荼”指的是茅草所开的白花。还有“以薅荼蓼”的“荼”，指的又是另一种草。

一般被称为荼的苦菜，是中国北方人过冬时偶尔采食的一种食物，味道很苦。有记载说这种菜生于寒秋，经冬历春乃成，叶似苦苣而细，断之有白汁，花黄似菊。在食物极其匮乏的时期，人们不得已煮食各种野菜，但有些野菜味道苦涩，人们只是在极其饥馑之时才用以果腹。而荼这种苦菜却是在食物并不匮乏时期被人们所食用，人们不惧其苦将其纳入食单中，主要是因为它具有消火、醒神作用。

淮河以南生长的小叶茶树，在不同的地区有着多种称谓，大部分地区称它为槚。长沙的西汉马王堆汉墓中，出土有竹制的装茶叶的筒，

民众在自然中获取衣食来源（元　程棨　《蚕织图》册之一）

上面写着与“槚”很相近的字，据考证它是“槚”的异体字。说明西汉时期中南地区茶叶已经是从民间到贵族的生活必备品。“槚”字在《尔雅》释木中解为：“槚，苦荼也。”《说文解字》也同样释义。晋代郭璞又进行了详解：“树小如栀子，冬生，叶可煮作羹饮。”这就把称为苦菜的荼与槚，也就是后来的茶树混为一谈了。

生长在中国西南的高大乔木，即大叶茶树最初在原产地被当地人称为“荈（音喘）诧”或“蔎（音设）”，开始都是有音无字，后来司马相如编写字书《凡将篇》，以音设字，把它们编了进去。扬雄的《方言》同样收入这两个词。可见到西汉时期，人们已经熟悉这种植物，只是称谓没有统一。称谓不统一又说明在茶树原生地人们的饮茶习俗多是自发的，而不像是从一个源流传播而来的。

到唐朝开元以前，“茶”字还没有出现，一直是用“荼”字代指。大约在开元以后，“荼”字终于省了一笔，“茶”字终被确认，不仅取代“荼”字，也将所有“槚”“荈诧”“蔎”归入历史。茶字成为唯一指代这种植物的专用字。“茶”字表明它所指代的是木本植物，不再与草本的物种有任何关系。发生这样的变化，不是自然而然产生的，必须是有人推动，否则“茶”永远只能是“荼”的异体字，两种字形同时并存。而事实上，在“茶”字取代“荼”以后，“荼”字就永不再指代茶树了。

这个功劳，归于陆羽和他的《茶经》。陆羽写作《茶经》时，社会上“茶”字仍被当做一个俗字与“荼”字混用。而陆羽在《茶经》中准确无误地将“茶”字贯彻始终，随着《茶经》的传播，“茶”字获得了汉字上明白无误的确认，是指代这个树种的唯一汉字。

茶字的出现不只是一个字形的变化，它表明，茶在中国的地位、意义被空前地确认了。

茶字中，木在最下方，表明这是木本。“茶”之所以仍然是草字头，一是因为它从“荼”字转来而非新造字；二是它最上面的草头并非无意义，恰恰相反，有着非常重要的意义，它代表茶树最精华的部分，也就是叶子；“葉”，为草字头，“茶”字如果后面不加树字，指的就是茶叶。

所以茶树的茶字，与松、柏、槐不一样，它单独用的时候，不是指树而是专指这种树的叶子。

作为茶树的叶子的称谓，还有一个同义词“茗”。这个字一直沿用到今天。“茶”与“茗”的区别，最初茶是指早采的茶叶，茗是指晚采的茶叶，但后来不再这样细分。“茗”字在古代也曾指茶树，大茗就是指大叶茶树。“茗茶”作为双语词被人们经常使用。不论干燥的茶叶还是制成饮料的茶水，都只用一个“茶”字。

3. 茶最初的神秘色彩

茶被中国文人所关注，是因为它的独特性、奇妙性。

最初文人们认识茶，是因它的药用价值。茶因为含有咖啡碱，对人的中枢神经系统有兴奋作用，可以振奋精神、抗拒疲倦、减少睡意、消解酒醉，等等。《神农食经》中说：“茶茗久服，令人有力、悦志。”茶的确是有醒脑的作用。华佗在《食论》中说：“苦茶久食，益意思。”

茶最初更多地被道士们所欣赏，作为他们服食的一种仙药。这种做法也被蒙上了一层神秘色彩。东汉末年道士王浮在《神异记》中记述：“余姚人虞洪入山采茗，遇一道士，牵三青牛，引洪到瀑布山，曰：‘予丹丘子也，闻子善具饮，常思见惠，山中有大茗，可以相给。祈子他日有瓯牺之余，乞相遗也。’因立奠祀，后常令家人入山，获大茗焉。”南朝梁武帝时道家兼医术师陶弘景在《杂录》中说：“茗茶轻身换骨，丹丘子、黄山君服之。”丹丘子和黄山君都是传说中得道成仙的道士。他们在山中服食，炼丹。其服食的东西是非常讲究的，在雾气迷漫的山中，于万木丛中鉴别出独一无二的植物茶树，用它的叶子煮出带有灵性的饮料，来涤荡尘俗之气，改换他们的身心，以期达到轻身而生出羽翼的梦想。

生活在三国时期吴国的道士葛玄，即东晋炼丹家葛洪的从祖，多年在浙江天台山修道，人称葛仙翁。他在天台山的华顶开出了一片茶圃，种茶饮茶，修订、注解《神农本草经》。华顶寺后的归云洞前就是当年葛玄茶圃的遗址，还存活着几株茶祖，据说就是葛玄一千八百年前亲手种植的。

中国古人尤其是古代文人对物质世界的认识，是比较浪漫的，并且对于人的生命与大自然的联系有着浪漫的畅想与寄托，相信自然界存在着神奇的物质。道教是中国本土的宗教，这种宗教也是一种哲学，它探寻有限生命的无限可能，相信人可以借助物质的东西，通过玄妙的方法和历程，实现从人变成神仙的传奇。

山水中谈玄的士人（明　仇英　《桃源仙境图》轴局部）

所以最先煮茶为饮的人，除了茶产地的土著，其后就是中国的道士以及信仰神仙术的文士，而且这些人比土著更有意识地饮茶，更把饮茶当做精神活动。

宋人宋子安在《东溪试茶录》中说："庶知茶于草木为灵最矣。"

直到明代还有士人认为茶能助人成仙，罗禀在《茶解》中说："茶通仙灵，久服能令升举。"

其实所谓仙丹灵药，应该是一种精神上的寄托，就是超越凡俗，达到身心极大自由的愿望。没有人可以给予这个愿望一个实现清单，大家都在寻寻觅觅中终老一生。但是这个寻觅的过程永远是非常诱人的。中国古人认为，在意志领域没有任何事情比它更有价值。

（二）唐以前饮茶风尚的形成

1. 魏晋南北朝时期文人茶事

茶，在唐朝以前，确切地说在陆羽著述《茶经》以前，并不十分普及，在社会生活中的地位也并不显著。

有一些重要的文化人物，对饮茶风尚的形成、对茶的文化地位的提升起到了重要作用。他们当中有帝王将相、文人、僧侣。

南方饮茶习俗出现得较早，汉朝时已经在长江以南形成。在西南四川，西汉宣帝时期的词赋家王褒，日常生活离不开茶。他家的僮仆日常性的事务就是烹茶、买茶，说明茶市已经形成。在东南，定都金陵的吴国，茶是常见的饮料。吴末帝孙皓的东吴宫廷，茶、酒并备。孙皓本人嗜好饮酒，又性情乖张、喜欢施虐，在酒宴上强令大臣豪饮，每人必须强灌下七升酒。这就让年老体虚的大臣非常为难，其中太傅韦曜最多只能喝二升。孙皓最初对韦曜比较尊重，密赐他茶荈以代酒，这样他就不必受酒的折磨了。这是历史上以茶代酒的第一则可以查考的事例。

中国最早赞颂茶的诗，出现在西晋年间，作者是张载。张载字孟阳，他的《登成都白菟楼诗》中赞茶曰："芳茶冠六清，溢味播九区。""茶"

当时还写作“荼”，张载赞颂它的芳香卓然超越六清，它的滋味远远传播到世间的所有地方。六清，是指古代人们熟悉的六种饮品，包括普通水、浆和各色酒类。茶出现后独树一帜，它的芬芳和独有的味道征服了酒之外的所有饮料。在风景如画的楼台上，宾朋一席，鼎食美味，临江钓鱼，在佳肴果品之后，清茶一杯，沁人的芳香滋润肺腑。于是张孟阳在诗中感慨：“人生苟安乐，兹土聊可娱。”人生若想过安乐的生活，就是在这个土地上过这样的生活。

当时茶的饮法与后来不同，它在民间日常生活中，是一种浆类食物，有时是单独煮食，也常与葱、姜、橘皮共同煮成浆，叫做茗饮；或与粥菜共煮，称为茗粥或茗菜。成书于汉代的《尔雅》云：“荆、巴间采叶作饼，叶老者，饼成以米膏出之。欲煮茗饮，先炙令赤色，捣末置

晋元帝像

瓷器中，以汤浇，覆之，用葱、姜、橘子芼（音貌，掺和之意）之。其饮醒酒，令人不眠。”

所以古代漫长的时期，人们主要是吃茶而不是仅喝茶水。茶叶大多被磨碎后煮食，或与其他食物共煮。

茶进入人们的生活，最初也不是那么贵族气，尽管与众不同，但仍然是一个素雅简朴的形象。比如东晋时期，贵族门阀之间有一种斗富竞奢的风气。馔席上水陆俱备，高官显贵们往来之际，都要表现一番自己生活的风雅气派。但是那一时期雅士们忙于服食丹药和饮酒，还没有把茶提升到相应的高度，没有造就出饮茶的风雅气氛。

有这样一个事例：东晋名士谢安是当时的朝廷显贵和文人领袖，他曾造访吴兴太守陆纳。陆纳是个节俭之人，从不花费心思准备盛礼招待贵客。陆纳的侄子陆俶了解叔叔的性格，听说谢安要来，私下准备了可供十几人的盛馔。谢安进了陆府，果然陆纳没什么好招待的，“所设唯茶果而已”。然后陆俶及时救场，盛陈珍馐。谢安走了以后，陆纳怒气冲冲地拿来棍子，连打侄子四十杖，边打边呵斥他：“汝既不能光益叔父，奈何秽吾素业！”在陆纳看来，以茶果自奉和待客是高洁朴素、特立独行、不迎合骄奢习气的生活方式，就是他的素业，他的侄子不能继承已经令人遗憾，还要以奢侈的宴席玷污它，那就令人气愤了！

人与茶的缘，是一种素缘、雅缘，数百年以后的唐朝人陆羽也说，茶适于那些“精行俭德”之人。

东晋的权臣桓温在政治上是个野心勃勃的人，但史称他的个人生活非常俭朴，也就是自奉唯俭。《晋书》称，“温性俭，每宴唯下七奠柈茶果而已。”但细心考察，桓温的饮茶爱好未必只是俭朴，他的饮茶是有来历的。

桓温年轻时非常仰慕刘琨，刘琨何许人也？刘琨当年在西晋朝廷豪气纵横，雄浑有大志，文武兼备，曾与祖逖相约光复中原，是东晋初年的风云人物。刘琨过世后，青年时期的桓温从仰慕刘琨到希望自己是刘琨再世。一次，遇到一位侍奉过刘琨的老女仆，老女仆见到他就想起了刘琨，说他太像刘琨了。桓温异常激动，之后换上一身最体面的衣服，让这位老女人好好鉴定一下，说说具体怎么像。老女仆实话实说："面甚似，恨薄；眼甚似，恨小；须甚似，恨赤；形甚似，恨短；声甚似，恨雌。"桓温一口气全泄了，扯下冠带，脱了正服，昏然倒在床上，连皱了数天眉头。

刘琨在个人生活上是一位爱茶人，而且对茶饮相当依赖。他在给时任南兖州刺史的侄子刘演的信中说："前得安州干姜一斤，桂一斤，黄芩一斤，皆所须也。吾体中愦闷，常仰真茶，汝可置之。"因体中愦闷而饮茶，还是不饮茶则会体中愦闷？不得而知。但是茶的确给他带来精力充沛、神清气爽的感觉。刘琨在历史上声名不大，但他爱好饮茶，在茶史上成为不可不提的人物。从刘琨爱茶到桓温爱茶，可以看出桓温内心真是非常尊崇刘琨，想处处效法刘琨。

从上面刘琨的史料中，还应该注意到刘琨在茶的前面加了真字，谓真茶。真茶就是确指从茶树上采的茶叶。那一时期，茶的含义还没有明确统一，苦菜、皋芦也混同于茶，所以要确指茶树之叶，常称之为真茶。

说到真茶，陆羽《茶经》中称，南北朝时期，今天的湖北、江西一带，人们喜欢采摘植物叶子煮汁作饮，凡是可饮之物多爱取其叶煮饮，天门冬、菝葜取根来煮，民间也有煮檀叶、大皂李叶作茶喝的。江南还有很像茶叶的瓜芦木（瓜芦即皋芦）叶，很苦涩，今称为苦丁茶，人们也取来煮饮，其功效也可令人通夜不眠。在广东、交趾一带经常熬夜的煮盐人就靠它提神。而在四川巴东，人们主要喝真茗茶，这是真正的茶。所以说当时人用这个"真"字就是区别茶与其他代茶饮的东西。

关于饮茶，在那一时期，还出现一则"水厄"的典故。

《世说新语》载："晋司徒长史王濛好饮茶，人至辄命饮之，士大夫皆患之，每欲往候必云'今日有水厄'。"王濛的饮茶比之陆纳，是更加自然的一种状态。陆纳把茶带入生活中当做修养品性的素业，王濛则大不然。茶在他身上是一种享受，饮茶变成了嗜好，不仅自己喜欢，也

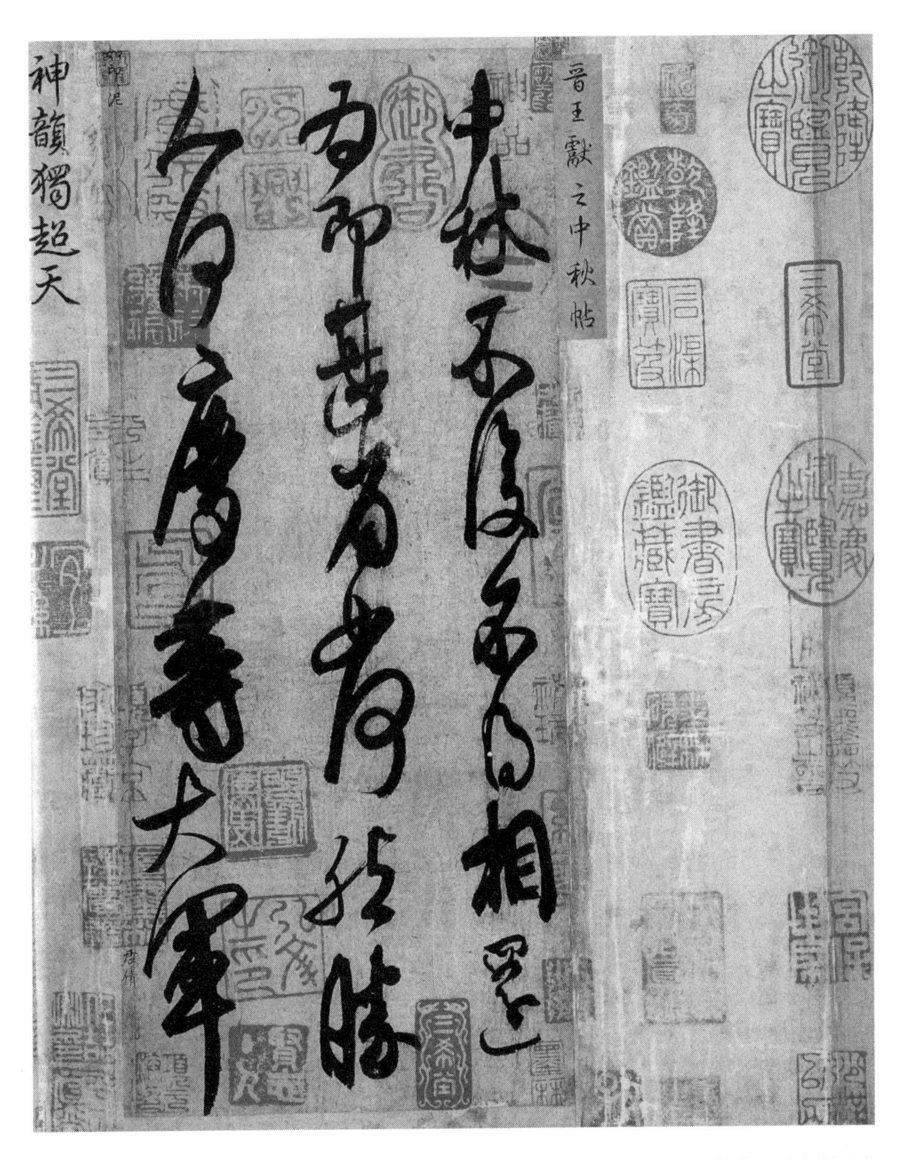

晋　王献之《中秋帖》

要培养朋友们喜欢。但是宾朋同僚大多不熟悉饮茶，被邀到王濛府上，想不饮茶都不行。王濛是个性情中人，己有所欲，硬加于人，大家都喝怕了。茶桌上，王濛喝得不亦乐乎，别人都硬着头皮强喝。以后王濛再邀，大家互相打趣说："今天又要闹水灾了。"

后来"水厄"一词成为不好饮茶而专讽茶事的用语，竟流传到了北方。当时北方是鲜卑人建立的北魏王朝。一些南朝贵族流落到了北朝，带去了饮茶习俗。但是北魏人很看不起南方习俗，因为北魏的军事力量占优势，所以就眼高气盛，不屑于品味南方的茶，动辄拿“水厄”取笑南方人。南梁灭亡后，梁武帝之子萧正德归降北魏。一天，北魏皇族元义设席开宴，也邀萧正德为宾。元义特为萧正德备了茶，上茶前先问他：“卿于水厄多少？”北方人以为南方人饮茶像饮酒一样，各人有各人的量，这倒并不是故意作弄他。也怪，萧正德虽是南方人，却并不知道水厄是什么意思，回答说：“下官生于水乡，而立身以来，未遭阳侯之难。”元义和座客们哄堂大笑。阳侯之难是水灾的典雅说法，阳侯是中国神话中的波神，水波亦称阳侯之波，水灾也就雅称阳侯之难。

风流名士王肃在南朝做官时，爱好茗饮，兼喜莼羹。投到北朝后，最初不习惯羊肉及酪浆，饮食上特立独行，日常以鲫鱼羹为食，渴了就大量喝茗汁。北魏京师士子们见王肃喝起茶来一饮一斗，非常吃惊，给他起了个绰号：漏卮。

2. 僧人与饮茶风气的形成

一千五百多年前的一天，两位少年前往八公山，他们是南朝宋皇室的新安王刘子鸾和他的弟弟豫章王刘子尚。他们前来拜访昙济道人，佛教长老最初常被称为道人。昙济道人接见两位少年贵宾，在谈佛法之前，先用茶来款待他们。两位少年第一次喝到真正的茶，一杯沁人心脾的茶喝下之后，豫章王刘子尚兴奋地说：“这就是甘露啊，怎么叫茶茗？”

前面说，道教对于饮茶的探求是非常积极的，中国最初的饮茶者中，除了土著就是道术师和慕道者。佛教传入中国后，南北朝时期佛寺遍布中国大地，“南朝四百八十寺，多少楼台烟雨中”。大约从魏晋开始，饮茶在佛教修行者当中渐渐普及。原因，一是茶能醒神，二是茶的味道与禅宗的意境不谋而合。

唐人封演在《封氏闻见录》中，谈到僧家与茶事的兴起：唐以前，

“南人好饮之，北人初多不饮。开元中，泰山灵岩寺有降魔师大兴禅教，学禅务于不寐，又不夕食，皆许其饮茶，人自怀挟，到处煮饮。从此转相仿效，遂成风俗。自邹、齐、沧、棣，渐至京师，城市多开店铺煎茶卖之，不问道俗，投钱取饮。其茶自江、淮而来，舟车相继，所以山积，色额甚多”。封演告诉后人，饮茶风俗的形成源自僧家，佛教徒最先兴起饮茶的风尚，而且是在佛教的禅宗出现以后兴起的。

梁武帝像

中国古代道教人士在发现茶和研究茶的药用价值方面，起到了先行者的作用，但是后来却是由佛教僧众将饮茶普及化，衍成一种风俗。

魏晋南北朝之后，中国进入唐朝这个时间段，佛教不断向本土的道教体系挑战。李氏唐朝尊奉李耳为先祖，倾力支持道教，佛教虽是外来文化，但它的影响力却后来居上。唐朝曾多次在宫廷举行佛、道二教的辩论会,每次都以佛教取胜而告终。许多修炼道教的人士也弃道入佛，例如南梁开国皇帝萧衍最初信奉道教，中年后改信佛教，后来成为坚定的佛教徒。

佛教在中国传播的同时，也进行了深刻的本土化，其最大的宗派禅宗产生于南北朝到唐朝之间，其后更加壮大，流传不衰。禅是梵语禅那的音译，意为“思维修”、“静虑”，修炼心灵的慧觉，以期“见性成佛”。禅宗四祖道信提出心性醒悟之说，以念佛净心，坐禅定心，修行悟心。这与中国士大夫一贯信奉的修身养性的儒学道理非常契合，所以很多士人虽未出家为僧，也尊奉禅宗的思想，与僧侣相见之下，言谈极其投合。士人与佛教僧侣之间的过从也更为密切，超过了与道教信徒的联系。僧寺大多建在山水秀美之处，士人寻访山水遇僧寺必访问，而僧侣遇士人也十分礼重，于是深山古寺中，士人与僧人的共坐谈禅成了中国古代文化特有的一种景观。

似乎是天赐的一种缘，茶，这时候出现了。

首先在寺院中，僧众们要坐禅，也就是静坐冥思，那么人的精力就需要持久集中。不少僧人都会遇到困乏难耐的窘况，昏暗的光线、闷热的天气也会令人困倦，降低神智。茶在这个时候就成了他们的知音和助手，茶的醒神作用大大帮助了佛教修行者，它不仅解渴，还能涤烦虑，令人不眠。

唐诗僧皎然品茶之后深有感触，赞道:“稍与禅经近，聊将睡网赊。”又大赞茶的功效：

一饮涤昏寐，情思爽朗满天地。

再饮清我神，忽如飞雨尘。

三饮便得道，何须苦心破烦恼！

此外，茶与清泉组合构成的滋味，超越所有浆饮，它幽谧、清灵、浩洁，“参百品而不混，越众饮而独高”。“人人服之，永永不厌”。（唐·裴汶《茶述》）茶有一种浩然高洁的味道，不甜腻不媚人，而人自趋之，永不厌倦。

3. 隋文帝推动茶事的普及

早在三国时期，茶就已经进入了宫廷，其后成为历代宫廷的必备饮品。

有史料记载晋惠帝时期，茶经常出现在宫廷生活中。晋惠帝在中国历史上是个著名的昏庸皇帝，不懂理政，每日玩乐。在皇家御苑西苑，晋惠帝模仿街市，和身边宦官、宫女做起了小买卖，商品都是常见的日用品，酒、面、菜之外，还有茶。晋惠帝挎着篮子其乐陶陶地买茶吃茶，后来被大臣们指责为亏败国体。之后遭遇“八王之乱”，晋惠帝逃难。事略平定后，他从荆州回到洛阳，民众中有人看到可怜的皇帝颠沛饥渴的样子，就用瓦盂盛着茶水进献。宦官端给晋惠帝喝，惠帝喝得非常舒爽。《北堂书钞》载：“惠帝自荆还洛，有一人持瓦盂盛茶，夜暮上至尊，饮以为佳。”

南朝皇宫中，茶是皇宫日用品。南齐武帝萧赜是位刚毅有断、不喜奢华的皇帝，史称其“为治总大体，以富国为先。颇不喜游宴、雕绮之事”（南朝梁·萧子显《南齐书·本纪第三》）。他日常饮食崇尚俭朴，仅是面饼类、茶饮、干饭、酒脯等。他临终前定立遗诏，以茶为祭品之一。以往历代皇帝的祭品不外是牛羊等牺牲，而齐武帝晚年信佛，御膳不再杀牲，他在遗诏中规定后世给他的灵位上摆设的祭品仅以他日常饮用食用的这四种东西为主，即饼、茶、干饭、酒脯。从中可见南齐武帝萧赜对茶的爱好，死后也要继续饮茶。

隋文帝像

隋朝的开国皇帝杨坚与茶有一道奇缘，这个缘分使他对饮茶风气的兴盛起到了不可估量的作用。隋文帝杨坚年轻时做过一个梦，梦中神人对他的脑骨做了修理，“神易其脑骨”，从此以后经常头痛。一天遇到一位僧人，僧人对他说：“山中有茗草，煮而饮之当愈。”杨坚照着僧人的说法去做，果然奏效。从此以后，他一直保持饮茶的习惯。即位后，皇帝喜欢饮茶的事不胫而走，朝野皆知。上有所好，下必甚焉。臣民们闻知此事，纷纷采茶饮茶。《隋书》上说：“由是竞采，天下始知茶。”臣民采茶，一则争取进献皇帝，以求封赏；二则自己饮用，受益于茶。

所以在普及饮茶方面，隋文帝是一位重要的人物。

二 唐代文人茶事

（一）茶的千古知音陆羽

唐朝中期，中国出现了一位前无古人的文士，他把一生奉献给了茶文化，使茶的精神价值得到了空前发扬。他把茶从栽培到品饮进行了规范，写成了一部划时代的作品——《茶经》。他去世后，被所有茶人奉为这个行业的神灵，其影响一直延续至今。他就是陆羽。

陆羽的一生与众不同：首先他是一个弃儿，身世离奇，少年时期是一个僧人，青年以后选择了做一个文人隐士；其次他选择了一生沉浸在茶事的探求中，不做官，不求功名，行走在奇山异水之间，无怨无悔；最后他用《茶经》总结他一生对茶事的探求。这是中国文士第一次为一个单独的物质对象写经，从此带动中国人把饮茶作为生活必须事项。

1. 陆羽的奇特身世

唐玄宗开元二十一年（733 年），一个婴儿出生在复州竟陵县（今湖北天门市），两年后被遗弃在一处水滨。龙盖寺的住持智积禅师偶然发现，将他捡来，带回寺院收养。这个弃婴就是日后的陆羽。关于这个名字的由来，《新唐书·陆羽传》中说陆羽“既长，以《易》自筮，得‘蹇’之‘渐’，曰：‘鸿渐于陆，其羽可用为仪。’乃以陆为氏，名而字之。”

陆羽不仅身世奇特，个性也非常奇特。他自幼就对世界有自己的看法，虽是智积禅师所提携养育，但他对智积禅师并非俯首贴耳。他少年时就表明自己不愿终生为僧。他对师傅说：“终鲜兄弟，而绝后嗣，得为孝乎？”这句话是说作为僧人既少兄弟又无子女，这怎么称得上是孝？孝是儒学非常强调的一个做人原则，而且是根本性的原则，是根基。少年陆羽读儒经后,对僧人的人生价值产生了疑问。对于禅师来讲，弟子的这种质疑就是反叛，智积师傅极为恼怒，此后数年勒令他去做最脏最累的苦役，清除寺院全体僧人的粪便以及打扫所有脏污的地方；后来又令他放牛三十头。陆羽不胜其苦，也失去了读书求知的机会。但他非常渴望读书，只能自学。少年陆羽放牛途中坐在牛背上，用细竹竿在牛背上画字。后来他悄悄来到一家学馆，很想跟随学童一起读书，借看张衡的《南都赋》抄本，但识字太少无法读下来，只能羡慕地看着同龄的孩子朗读。他在一边嗫嚅着，好似也在小声读。这件事传到智积禅师那里，师傅还是不饶他，用一副绳索把他拘回僧院，又怒而惩罚他，让年仅十余岁的陆羽整日弯着腰割草，根本没有时间读书识字。

智积是陆羽的恩人，没有智积，陆羽这个弃婴就不可能存活；但是智积错在把陆羽视为私有财产，只许陆羽无条件地听从安排，顺着他指引的道路成长，不允许陆羽有自己的想法。当他发现陆羽不那么乖巧、不那么言听计从甚至对他不够敬重时，就恼羞成怒，恨意满怀，不再引导他，也失去了对他的寄望，只是用艰苦的体力劳动惩罚他，企图用重压把他的逆反精神摧垮；不许他读书求知，这样他也就不再会独立思考，长此下去，陆羽只能变成寺院里一个低贱的苦力，一个捡来的靠出卖劳动换取一碗饭吃的可怜人。

任何东西包括宗教在内，运用不当都会变成害人杀人的武器，宗教都是讲慈悲的，但在对它有疑义的人、异教徒面前就不慈悲了。刚刚读过一点儿书的陆羽不过是用儒家的观点对佛教发出了一点儿质疑，就被视为大逆不道，此后只能在惩罚中度日。

其实陆羽并不是对佛教不敬重，他终生未婚，足以表明他并不是忍受不了佛教徒不得结婚生子的戒定。陆羽是一个有想法就肯说肯做的人，绝不会为了顺应谁而去说去做。智积禅师没有成功地把陆羽变成一个忠实的佛教徒，是他自己的失败。他用狭隘的心胸和拙劣的手法，反而使陆羽变成了一个不畏艰难勇于探索并走出自己独特人生之路的人。

由于不能读书却又向往读书，少年陆羽在寺院中非常痛苦，除了感慨于自己天生无父无母外，他更害怕变成精神上的孤儿，而读书是通往自己未来道路的必由捷径。他在寺院里自学文化，每天懵懵懂懂，一副若有所遗、魂不守舍的样子，其实心里在默念默写。有时忘了完成当天的苦役，上面管他的人就给他一顿鞭子。陆羽的自学进行得太艰难了，他叹道："岁月往矣，奈何不知书！"他大哭一场后，毅然决然从寺院逃走了。

陆羽无处存身，为了不被发现，他寄身于一个民间戏班里。此后他自由自在地自学文化，还为这个戏班写本子。陆羽天性有诙谐的一面，他写作的最早的文字就是数千字的诙谐戏文。

2. 陆羽的个性

陆羽确实与众不同，个性独特。此人外表很糟糕，与历史上很多文人一样，老天没给一副足以耀人的相貌，比如司马相如、扬雄口吃，张载、王粲、左思"貌陋"、"貌寝"，而陆羽两者兼备，既貌陋又口吃。陆羽长着一副不讨人喜欢的样子，说话结巴却又好与人争辩，是很难与常人愉快相处的，一般人也很难发现他的过人之处。关于陆羽异于常人的言行，《新唐书·陆羽传》篇幅很短，却用大约三分之一的文字概述："闻人善，若在己，见有过者，规切至忤人。朋友燕处，意有所行辄去，人疑其多嗔。与人期，雨雪虎狼不避也。"就是说陆羽与人打交道，听说人家的善行，就好像自己的长处一样（发自内心地喜悦）；见人家有短处，就一定规切，不论对方是否爱听，以至于常常因为规切而得罪了那人；朋友之间相处，大家兴致正好时，陆羽想起别的事，不加解释转身就走，让人不禁惊愕，怀疑陆羽是不是心胸狭隘，动辄嗔怒。陆羽非常讲信用，与人有约，到时即使狂风暴雨、大雪满天、虎狼挡路也无所畏难，毅然前往。

这真不是一般人所能做到的。在常人眼里，他就是一个狂人。陆羽在《自传》里也直言交代自己的言行："往往独行野中，诵佛经，吟古诗，杖击林木，手弄流水。夷犹徘徊，自曙达暮，至日黑兴尽，号泣而归。故楚人谓：'陆子盖今之接舆也。'"陆羽被人比做春秋时期的隐士接舆。接舆也姓陆，本名陆通，接舆是他的别号，生活在春秋时期的楚国，与孔子生活在同一时期。他披发佯狂，隐居不仕。但接舆是一个有着非常智慧的、自负的、悲观的人，而且有着精神上的洁癖，他不愿屈从于愚蠢混乱、自欺欺人的政治。为什么要披发佯狂？这是他避世的一种方式。作为有头脑、有声望的民间精英，他想躲开政治，但政治早晚要找上他来。如果有一天他跻身仕途，不就同流合污了？楚昭王就曾派人给他送来黄金百镒，请他出来做官。接舆坚辞，楚王的使者走后，他竟在溪边洗耳朵，意思是政治的脏污刚才进了耳朵里。所以若想在人群中过着避世生活，像接舆这种奇异的人只好佯狂。

接舆跟孔子有过一面之交，那是孔子周游列国来到楚国时。孔子周游列国前后进行了十四年，无论在哪个国家，都没有成功地使国君接受自己的主张，不仅如此，还饥寒交迫，很受折辱。孔子一行人来到

清宫宜兴窑描金漆茶壶

楚国，只见接舆披头散发地出现在孔子的车前，接舆唱道：“凤兮！凤兮！何德之衰！往者不可谏，来者犹可追。已而！已而！今之从政者殆而！”孔子到处奔走推行他的主张虽然不成功，但已经很有名望了，已经有人称他为不世出之人，接舆所唱的“凤”就是代指孔子。避世的接舆并非不问世事，反而对世事十分了解也十分焦虑。在他看来，孔子与其继续疲于奔命，徒劳无益，不如早点儿像他接舆那样，彻底脱离浊世，去做一个隐士，以前的事就不要追悔了，以后的日子还来得及矫正。他唱词中最后劝孔子不要对政治再抱什么希望，因为现今从政者已经无可救药了。

接舆包含讽喻的狂话，令孔夫子大有感触。他下车要和接舆进一步深谈，但接舆赶紧躲到一边，然后扬长而去。孔子一愣，然后木然半天，上车继续自己的游说之路。后来接舆携妻到峨眉山上修炼仙术，

传说活了一百岁。

陆羽被人比做一千多年前的接舆，他自己觉得再合适不过了。他就是那个时代的另类，个性独特，不走寻常路，对自己的道路始终执着，如痴如狂。更重要的是，他造福于后人，遗爱于所有人类。

陆羽选择了自己独特的人生道路，与自然相亲，与山水共处，结交同道的文人雅士，品茶鉴泉。陆羽一生与茶结为自然之友。一部《茶经》成就了茶的文化形象，茶也成就了陆羽茶圣的千古形象。

3. 陆羽的青年时期及与茶结缘

少年陆羽逃出寺院，寄身于伶人当中后，以编排诙谐戏为生。由此可见陆羽是一个很有幽默感而且适应能力很强的人。他早先在僧寺做苦工脏活就没被摧垮，到了相对低贱的江湖艺人群中，丝毫不觉得委屈，

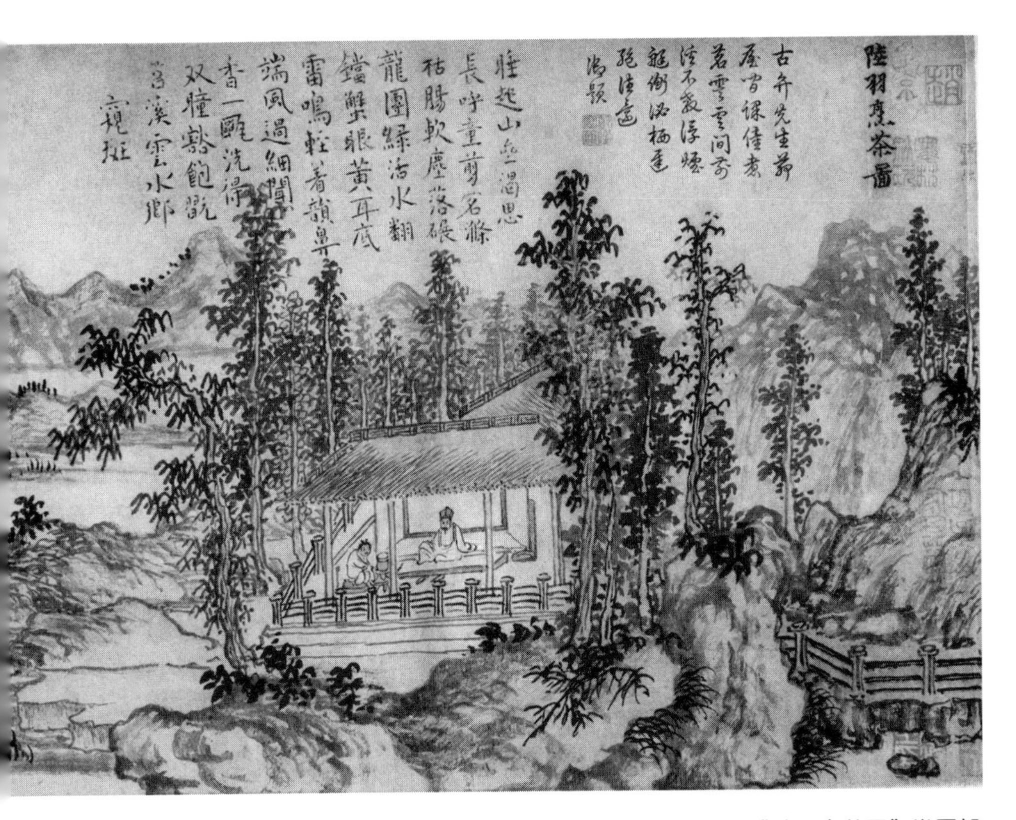

元　赵原　《陆羽烹茶图》卷局部

反而活得更加开心。唐玄宗年间经常举行全国性的大酺，即民间大聚饮活动，其间穿插民间各种娱乐。大约在唐玄宗天宝六年（747 年）的大酺期间，陆羽作为当地戏班子里的伶师有机会见到本地竟陵的太守李齐物。看到陆羽写的戏本，再经过交谈和观察，李齐物发现这个貌丑而口吃的少年伶师还是很有天赋的，将来肯定不是凡庸之人。李齐物听说他还没有系统学习过儒家经典著作，但求学的愿望非常强烈，于是亲自为陆羽讲书。如此一来，竟陵太守李齐物就成了陆羽的文化导师。李齐物对少年陆羽的喜爱之情，表现得非常明显。陆羽在《自传》中回忆当时的情景：李太守“捉手拊背，亲授诗集”。也就是手把手教他读写，拍着他的背鼓励他。

李齐物是唐宗室后人，他于天宝五年出任竟陵太守，这是他被贬官后的职务，此前他担任过鸿胪卿、河南尹，因受李林甫排挤而谪为竟陵太守。李齐物为人清正，刚毅不群。在竟陵他移风易俗，哀孤重老，对于那些不图名利安于贫困的遵守道德之人，李齐物经常骑着马走访于里巷中，恤问他们，给予较好的安置。李齐物离任时，竟陵群众舍不得他，男女老幼拥塞在路上，围住他的车驾，连续三个时辰不能起行。

陆羽在人生路上遇到了这样一位恩师是他的幸运。后来李齐物又介绍他到火门山找一个姓邹的先生深修学业。

陆羽与后来的竟陵太守崔国辅也十分投缘。崔国辅是由礼部郎中被贬为竟陵司马的，来到竟陵已年愈花甲，陆羽只是一个青年后生。两人相处三年“交谊至厚，谑笑永日。又与较定茶水之品”。

陆羽结交崔国辅这位遭遇仕途坎坷的花甲老人，用他幽默诙谐的性格让老人过得非常愉快，可见陆羽是个善解人意的人。再者，陆羽作为一个没有功名的青年白丁，对待资深朝官并没有采取小心恭敬、吹捧客套的态度，而是随性自然，欢谈笑谑，显然他并不是想让崔国辅成为他走上仕途的引路人，而是作为平起平坐的朋友、忘却世间俗务的世外清客。

这时候的陆羽对人生并不茫然，也无须向前辈请教，他已经找到了他一生的核心事，那就是茶事。与人交往也以品茶为内容。

竟陵即今湖北天门，并不是著名的产茶之乡，陆羽对茶的爱好难道是天生的?

非也，引导陆羽对茶产生兴趣的是智积。智积对陆羽一生的影响无人能比。唐时僧人饮茶的习俗刚刚开始形成，但并未遍及所有寺院和僧众。竟陵龙盖寺住持智积对茶情有独钟，陆羽从小就看到智积煮茶品茶。智积的僧舍里茶香弥漫，陆羽的幼年就是在充满茶香的僧舍里熏陶过来的。智积是一位严父严师，这是能够从正史上确认的。他一心要把陆羽培养成一个正统的佛教徒，绝没有想到会把陆羽引向一心钻研茶事的边缘人，因为在正统意识上，这是吏役和下层人做的事。

据野史和传说所言，陆羽九岁就在智积的培养下学习煎茶。中国古代略有地位的人身边都有小厮服侍，在寺院，年幼的、低级的小沙弥常常服务于长老、住持。陆羽自幼被智积收养，加上他比较聪明灵活，自然就跟随爱好饮茶的智积学习烹茶。智积把他对茶的品鉴知识都传给了陆羽，可谓无心插柳柳成荫，智积在陆羽的心里种下了茶的种子。陆羽对烹茶非常有悟性，他烹的茶，比智积自己烹的都好，所以喝起来非常享受。陆羽对于智积一直都很尊重，始终称智积为积公，虽然少年时期留下了一些阴影，但陆羽并没有跟师傅结怨，对师傅一直存有感恩之心。陆羽虽没有终生为僧，但一生深受佛教思想影响，而一生从事茶事探寻也是起始于智积的栽培。智积圆寂后，身处异地的陆羽异常悲痛，哭之甚哀。他用诗寄托思念，这首诗称为《六羡歌》:

不羡黄金罍，不羡白玉杯。

不羡朝入省，不羡暮入台。

千羡万羡西江水，曾向竟陵城下来。

中国茶史上有一个传说，唐代宗年间，智积曾上京觐见皇帝，陆羽得以在皇帝面前展示茶艺。当时智积已经到了垂暮之年，陆羽也已人

宋　刘松年
《罗汉图》轴

到中年。唐代宗在唐朝皇帝中，崇奉佛教同时嗜好饮茶。智积长老自从陆羽离开龙盖寺后再没有喝过称心的茶，为此郁闷了很多年。这一次觐见皇帝，唐代宗听说长老也嗜茶，就命擅长烹茶的宫女为他烹制。智积谢过恩之后，接过皇帝赐的茶，品了一口，然后就不再继续喝了。看来智积的性格也够直率、够顽固的，不装样子，不喜欢就是不喜欢。唐代宗挺奇怪，觉得这长老不像是嗜茶之人，但又不便直说。于是皇帝派人下去详细访查情况。皇帝的人经过私下探访，得知智积不是不好茶，而是太好茶了，宫中烹制的茶远远不如当年的一个小和尚所烹。这个当年的小和尚名叫陆羽。于是唐代宗派人召陆羽入宫。这个传说没有给出陆羽是怎么被找到、怎么进京的，显得挺牵强突兀。总之陆羽随后就被召入宫中，皇帝再次赐智积斋饭，宫女再度端上茶来。只见智积长老先是小心地品了一下,然后没有放下茶盏而是一口喝尽。皇帝又派人问长老：为什么这一次对茶的态度不一样了？智积说道："刚才的茶像是渐儿烹制的。"而此茶正是陆羽所烹，可见智积和陆羽的茶缘真是不一般啊！皇帝得知，不由得赞叹：智积长老是真懂茶啊！于是令陆羽出见。

4.陆羽寄身于茶事的四十余年

陆羽在安史之乱后从江北的故乡竟陵来到江南，此后一直没有北归，奔波于江南山水之间，如闲云野鹤，品鉴茶、泉，与文人雅士聚会唱酬，直到终老。

陆羽早在竟陵就开始把烹茶、品茶、鉴定泉水当做一门学问对待。随着爱好的日增，他需要走出去到更广阔的地方进行考察，所以即使没有发生安史之乱，陆羽也是要走遍五湖四海的。他并不想做纯粹的隐士，只隐居一地，不与外界联络。陆羽就是想做他自己，不效仿任何模式。古代没有"茶人"这个词，陆羽这一生被文人学者称为"处士"，也就是没有入仕的文人。

崔国辅从竟陵离任时，赠给陆羽两样宝贝：一头纯白色的驴，一头乌黑的犎牛。这两个珍贵的动物原是襄阳太守送给崔国辅的，崔国辅一直非常爱惜，临别郑重赠与陆羽，说：“宜野人乘蓄，故特以相赠。”（元·辛文房《唐才子传》卷二）这就是雅士之意、高士之情，毫无铜臭气。他称陆羽为野人，也就是说陆羽是一个既不在官场又不在市井中生活的人，是一个在野的士人，是一个以知识人头脑与大自然相亲之人。陆羽已经表明他并不想投身仕途，不想借助与官僚的交往而谋得进入仕途的捷径。但陆羽毕竟是一个没有独立的经济来源的人。中国古代不愿或不能入仕取得俸禄的文人，其生活来源有几种：一是自给，大多耕读为生；二是教书，售卖个人字画，受雇代写、抄写文字甚至帮人书写讼状等；三是跟随官僚大吏做他们的幕友。另外还有一种高士，他们才华隽逸、个性潇洒，从不营求个人生计，而事实上受到在官的友人资助。中国有句古话：“朋友有通财之义。”这种资助也是以赠与的形式，成为文人雅士之间相互来往的佳话。陆羽就是这最后一种人。他一生为茶事付出所有，但从未赚得一文钱收入，他在生计上的确得到了在官友人的鼎助。

古人的生活比之现代人要简单得多，陆羽身为孤儿无须赡养父母，一生未娶无须抚养子嗣，作处士、野人本就比较潇洒，他个人的衣食有限，自然无须太多的资助。陆羽这种无父无母、无妻无子的人生，在别人来讲不胜孤寒，而在陆羽身上却成就了他与大自然相亲的道路。孤儿的出身是无法选择的，但是终身不娶，可能正是陆羽为了做一个全职的茶人，不为稻粱谋所作出的牺牲；同时也是用一生的时间对佛教、对智积长老的致敬。

陆羽渡江来到江南后，对江南各地的茶树种植、江水、泉水陆续作了考察。前后四十余年，走遍了今日江苏、浙江、江西的产茶区，足迹南至两广，结交了诸如僧皎然、颜真卿、孟郊等文化人士，品茶鉴泉。通过他们的诗文也见证了陆羽处士、隐士兼茶学先驱的生活。陆羽与他们交往唱酬，但在考察茶事方面，陆羽没有任何同道人，形如孤鸿，缥缈来去，寄身山林，如同山野的无名樵夫，踪迹很少有人知晓。

无锡与义兴（今宜兴）一带古称阳羡，是当时著名的产茶地。陆

文士与僧侣清会（明　仇英　《天籁阁摹宋人画》册之一）

羽来到阳羡，结识了无锡尉皇甫冉。皇甫冉的弟弟皇甫曾也是一位诗人，两兄弟各有一首诗，专门送陆羽赴山林采茶之行。陆羽采茶不可能是在别人的茶园里采，而是到人迹荒疏的深山里去，采摘不同天然品种的野生茶，目的是鉴别各地茶树的种类，研究各地的茶品，以期获得规律性的认识。皇甫兄弟对陆羽亲自采茶深为感慨也深为关切。

皇甫冉《送陆鸿渐栖霞寺采茶》：

采茶非采菉，远远上层崖。
布叶春风暖，盈筐白日斜。
旧知山寺路，时宿野人家。
借问王孙茶，何时泛碗花。

皇甫曾《送陆鸿渐山人采茶》：

千峰待逋客，香茗丛复生。
采摘知深处，烟霞羡独行。
幽期山寺远，野饭石泉清。
寂寂燃灯夜，相思一磬声。

《唐才子传》中说，皇甫冉在阳羡的山中建有一座别墅，其实也就是一座草庐。陆羽可能就是从这里出发到山林采茶的。皇甫兄弟特为他送行，想象他采茶而风餐露宿的情景，希望他早些回来，大家品茶�谈。陆羽对佛学、儒学都很有造诣，且有过人的诗词文赋才能，得到了不少翰墨之士、文臣朝官的赞誉。但是他能不畏艰险、不顾自己身为文人亲自采茶，这一点文人雅士们都做不到，只有感叹和启羡之情。

陆羽所经之地，考鉴茶品、品评水质，对中国茶文化的兴起立下了卓著的功勋，也成就了他千古茶事第一人的业绩。

陆羽到江南后，在产茶区湖州停留的时间较长，结识了湖州乌程县妙喜寺皎然上人。此后直到去世，两人结下了四十余年的世外高谊。陆羽最初在僧皎然的妙喜寺借住了三年，后来又在离寺不远的苕溪建了一座草庐。《唐才子传》中说陆羽“上元初结庐于苕溪上，闭门读书，名僧高士，谈讌终日”。陆羽的草庐靠着苕溪，水边拴着一叶扁舟，他经常乘着小舟往来于山寺之间。也常穿着一身野服：纱巾藤鞋，短褐上衣，犊鼻裤，在无人的山林中徜徉，拍击林木，抚弄流水，追想千古，吟诵古诗，如痴如醉，亦悲亦狂，有时候痛哭流涕，在外人眼里就是一个疯子。僧皎然理解他，他们都是不入世流的槛外之人。陆羽四处奔波考鉴茶事，与忘年之交的皎然兄聚少离多，白发苍苍的皎然上人也常常离开妙喜寺，去追访陆羽的不定行踪。

陆羽在湖州义兴（今宜兴）考察了当地的茗茶，阳羡茶就产自义兴县君山。据宋人赵明诚《金石录》卷二十九《唐义兴县重修茶舍记》载，李栖筠作常州刺史时，有位来自义兴的山僧献上阳羡茶，某日陆羽在李刺史的席上品尝到阳羡茶，对茶味极其敏感的他，得出结论：此茶之芳香，超越其他产茶地所产的茗茶，建议李栖筠将此茶进献给皇帝。李栖筠当然采纳了，进贡给朝廷一万两阳羡茶。当时在位的唐代宗是位嗜茶懂茶的皇帝，阳羡茶一进皇宫，从此就一发不可收拾，成为皇帝最爱喝的茶。唐中期诗人卢仝写过一首《走笔谢孟谏议寄新茶》，诗中赞道：

……

天子须尝阳羡茶，百草不敢先开花。

仁风暗结珠蓓蕾，先春抽出黄金芽。

……

然后以极其浪漫的语句形容他独自喝了阳羡茶而精神劲爽直至飘飘欲仙的感觉。

阳羡茶的采摘给当地人民带来了很多苦役，招致了一些埋怨，但是陆羽作为一个钻研茶学的、不拿朝廷俸禄的人，品鉴阳羡茶，为阳羡茶打出高分，是客观性的。封建时代无论朝官还是山野农夫都认为最好的东西都应该进献给皇帝，陆羽提议阳羡茶上贡主观上并没有献媚朝廷之意。

唐诗人杜牧有诗曰："山实东南秀，茶称瑞草魁。泉嫩黄金涌，芽香紫壁裁。"在义兴与长兴县的交界处有一座顾渚山，也是产茶佳地。

陆羽作了一篇《顾渚山记》，今失传。顾渚山以紫笋茶闻名，朝廷对阳羡茶的需求逐年增加，为减轻君山采茶人的负担，唐代宗又令将顾渚山所产的紫笋茶入贡，此后紫笋茶的进贡量超过了阳羡茶，成为当地的主要贡品。朝廷还在顾渚山建了一座贡茶院。中国古代的贡茶制度也就是在这个时期形成的。紫笋茶被朝廷纳为贡茶虽不是陆羽直接建言，但与他的《茶经》有关。我们不应单单从增加民众负担的角度去评价，而是应该看到，茶从不受重视、不够普及到上升为进贡皇宫的宝物，茶人、产茶地和茗茶都是与有荣焉，应该是一项里程碑式的业绩。史称，湖州的贡茶在整个唐朝是最多的，主要是顾渚茶最受朝廷认可，称为顾渚贡焙，岁造一万八千四百斤。

陆羽是个非常认真的人，他最初建议义兴阳羡茶上贡，只有一个原因，就是他认为这一带生长的茶是接近顶级优质茶的。他的观点写在《茶经》里。当时《茶经》还没有最后定稿，在定稿的《茶经》中，陆羽并没有给出哪种茶是中国最好的茶的结论，而只是给出了好茶的生长条件。陆羽在《茶经》“一之源”中说：“阳崖阴林，紫者上，绿者次，笋者上，牙者次，叶卷上，叶舒次。”生长在有阳光照射的山上，背阴的茶园，其叶芽颜色偏紫，卷曲如细小的竹笋状的茶叶最佳。阳羡茶符合这个条件，但是在“八之出”中陆羽说：“浙西以湖州上，常州次。”我们可以看到陆羽鉴茶的前后进程：在常州义兴君山阳羡茶之后，陆羽发现湖州长兴顾渚山的茶叶是更为典型的紫笋茶，所以在定稿的《茶经》中，陆羽在理论上给了湖州顾渚茶更优的依据。

陆羽在大历二年（767 年）建议阳羡茶入贡，大约在三年后，陆羽又在顾渚山重新较定顾渚紫笋茶。其实早在大约宝应元年（762 年）陆羽就几次到顾渚山，与好友僧皎然在寺院茶园采茶品茶，还写了一篇《顾渚山记》。其后来到无锡，陆羽品鉴惠山泉水，定为天下第二。经过几年的反复鉴别后，陆羽最后倾向于顾渚的紫笋茶为更佳。

至于陆羽为什么没有认同传说的蒙山茶是天下第一茶？陆羽是一位茶叶科学家，不是人云亦云的人。正如他没有认同扬子江南零水为天下第一水一样，不是因为偏见或研究不足，而是陆羽有自己的理论，他的理论都是以他的聪明才智为基础，在艰苦的实践中提炼出来的。《茶经》不是书斋论文，是他用整个人生写出来的。陆羽走遍大江南北三十二州，为茶叶文化所付出的心血无人能比。中国古代文人，对于茶、泉大多是在公文案牍之余，酒饭尘事之后，在书斋里以传说加想象去记述，没有谁用一生时间去携篮万壑中，踏遍千山万水，克服无数困难，用第一手材料做自己的结论。

陆羽在湖州居住的时间是他一生中最出成就的阶段，就是在这一个时间段内，陆羽完成了《茶经》三卷的写作。《茶经》初稿完成时陆羽年仅二十九岁，此后的二十年他一直在修订增补。陆羽在阳羡茶产地君山的南麓建了一座野居，“事关白云多，门占春山尽。最赏无事心，篱边钓溪近”。这是僧皎然到君山寻访陆羽时，对他野居生活的描述。好友相见，惺惺相惜，烹一壶阳羡茶，面对白云青山，溪水潺潺，异鸟时鸣，真是赏心乐事。有时皎然来造访，陆羽的桑麻小居安静无声，叩门听不到犬吠，再问临近的人家，陆羽到山中去了，天黑才回来。“报道山中去，归来每日斜”。（唐·皎然《寻陆鸿渐不遇》）

陆羽与皎然是忘年的缁素之交，自称方外无情人的皎然多次访陆羽不遇，对陆羽翩若游鸿的生活，又羡慕又愁怅。

皎然《访陆处士羽》：

太湖东西路，吴主古山前。
所思不可见，归鸿自翩翩。
何山尝春茗？何处弄春泉。
莫是沧浪子，悠悠一钓船。

5.茶人陆羽的风雅生活

湖州是陆羽自青年到中年二十余年间生活的地方，湖州因地滨太湖而得名，辖地相当于今江苏吴兴和浙江德清、安吉、长兴一带，治所位于吴兴的乌程。陆羽在这里作为一个自由文化人，居住、读书、著书，其友周愿说他："百氏之典学，铺在于掌。"也就是说无所不通，满腹经纶。如果仅仅是这些，则与一般的隐士、处士没什么不同，陆羽在茶文化上的造诣堪称独步。"天下贤士大夫，半与之游。"湖州虽然地处东南一隅，但是名流辈出，文人接踵，俨然就是一个代表唐朝文化的精华之地。那一个时间段，有唐朝著名的诗僧、东晋诗人谢灵运的后裔皎然，有著名的书法家、北齐名士颜之推的后裔颜真卿，还有著名诗人孟郊以及各擅诗才的文人雅士，品茶品泉、观风赏景、谈文论学、联诗唱酬，真是风云际会，千载一时。陆羽又性情洒脱，亦庄亦谐，以唐朝的接舆自居，令人开怀，令人赞叹，给所有人都留下了深刻难忘的印象。

颜真卿及其从兄颜杲卿在平定安史之乱中，立下了不朽功勋，后任朝廷重臣，但因受权臣元载的排陷，贬为抚州、湖州刺史。颜真卿来到湖州，遇到知音皎然、陆羽，从而使得这段贬谪生涯成为一段精彩的华章。颜真卿对陆羽的人品才学非常赏识，将他纳入自己的幕下。自视为方外之人的陆羽，也因尊崇颜真卿的刚直品性而愿跟随，做幕友或者按更古的说法叫做食客。这段不长的时间，颜真卿将他已经持续进行了

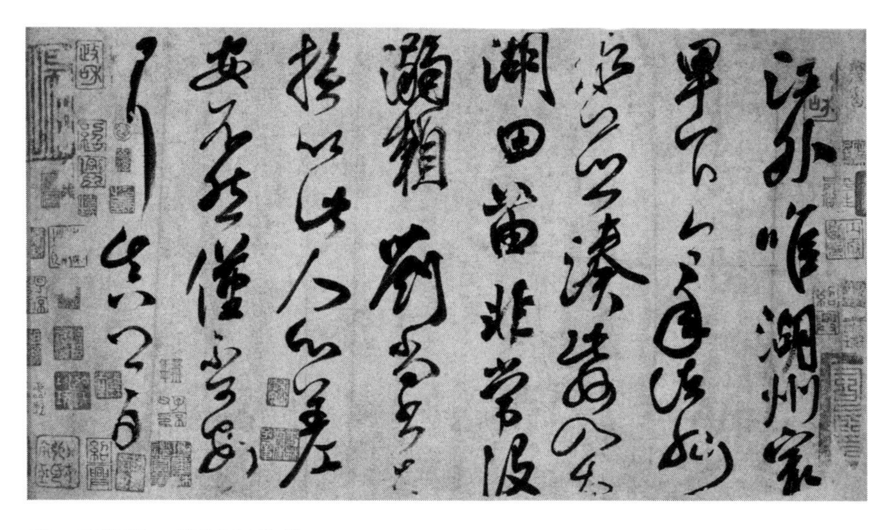

唐　颜真卿　《湖州帖》卷

二十年的大型文字学类书《韵海镜源》最后完成，编纂者中陆羽是重要的一员。修撰《韵海镜源》期间，颜真卿建造了一座“韵海楼”，以招集诸名士从事编纂校勘工作。可惜这部书到明代就散佚了。

湖州文人雅士的群体，由朝官、名僧、逸士组成，经常宴游、联诗酬唱，并开创了茶宴这一超越往古、风雅高致的文化活动。为了纪念这一盛事，更加推进茶文化的地位，陆羽建议在妙喜寺旁建造一座茶亭，此议一出，立即得到了颜真卿和皎然的赞同。唐大历八年（773年），一座由陆羽设计的、美轮美奂的茶亭出现在杼山山麓上。建成之日恰是癸丑岁、癸卯月、癸亥日，这个亭子就命名为“三癸亭”。此亭又被后人称为“三绝亭”，因是茶圣陆羽所创，名僧皎然赋诗，大书法家颜真卿题匾。

亭建成后，颜真卿再来仔细游赏，觉得美妙无比，随后欣然赋诗：

题杼山癸亭得暮字　亭，鸿渐所创

杼山多幽绝，胜事盈跬步。
前者虽登攀，滞留恨晨暮。
及兹纡胜引，曾是美无度。
刻构三癸亭，实为陆生故。
不越方丈间，居然云霄遇。
巍峨依修岫，旷望临古渡。
左右台石攒，低昂桂枝蠹。
山僧狎猿狖，缫鸟来枳椇。
俯视何楷台，傍瞻戴颙路。
迟回未能下，夕照村明树。

颜真卿在湖州任刺史的时间虽只有三年左右，但在陆羽的影响下，也成为茶文化的爱好者，对文士饮茶论道的风雅事业极有兴趣，不仅帮助建造了三癸亭，还在编写韵书的同时组织茶宴。这是中国茶文化史上具有开拓意义的雅事。在茶宴上，众文士以联句赋诗，赞茶之美妙清灵，其中最有名的一首是颜真卿与从官同僚陆士修、张荐、李萼、崔万及僧皎然的即席联唱：

五言月夜啜茶联句

泛花邀座客，代饮引情言。陆士修

醒酒宜华席，留僧想独园。张荐

不须攀月桂，何暇树庭萱。李萼

御史秋风劲，尚书北斗尊。崔万

流华净肌骨，疏瀹涤心原。颜真卿

不似春醪醉，何辞绿菽繁。皎然

素瓷传静夜，芳气满闲轩。陆士修

古代有高行异能的隐士，在社会上有较大的名望，常被朝廷征召

宋　佚名　《南唐文会图》页局部

为官。陆羽有两次入朝做官的机会，先是征他为太子文学，也就是辅导太子读书的侍从官，陆羽没有应命。之后几年，又征召他为太常寺太祝，即负责祭礼的官员。两选均未就职。陆羽后来诗中的两句话“不羡朝入省，不羡暮入台”就是最好的解释。陆羽一生只做处士，只爱茶泉，写作修订《茶经》。陆羽性格诙谐散淡，又能洞彻学问，通达人情，使不少文人雅士油然生出敬意。后来的竟陵刺史周愿谈到陆羽：“……加之方口谔谔，坐能谈谑，世无奈何。文行如轲。所不至者，贵位而已。”僧皎然叹陆羽：“已高物外赏，放浪心自足。”大历十才子之一的耿湋赞他：“一生是墨客，几世做茶仙。”陆羽谦答：“喜是攀阑者，惭非负鼎贤。”耿湋说他自己虽同是文人，但生活在不同的境地中，他是：“禁门闻曙漏”，到了陆羽处士这里却见：“顾渚入晨烟”。陆羽描述自己的茶人生活：“拜井孤城里，携笼万壑前。”非常真实形象，这就是中国茶人的人生乐事。陆羽表明自己一生最爱做的就是在不为人知的地方发现珍贵的井泉，携着竹笼行走在千山万壑中，寻觅采摘茶叶。陆羽晚年结交的诗人，一生落拓的孟效也在诗中赞叹陆羽：“乃知高德性，摆落区中缘。”陆羽的高德真性，能够超脱人世间烦乱的纠葛。

6. 陆羽访泉

陆羽对茶的研究非常执着，人称茶癫。他对烹茶所用的水极为讲究，为此走遍大江南北，对山川水质进行考察，为后人留下了科学性兼传奇性的宝贵遗产。

陆羽在《茶经》中写道:“其水，用山水上，江水中，井水下。其山水，拣乳泉、石池漫流者上；其瀑涌湍漱，勿食之，久食令人有颈疾。又水流于山谷者，澄浸不泄，自火天至霜郊以前，或潜龙畜毒于其间，饮者可决之，以流其恶，使新泉涓涓然，酌之。其江水，取去人远者。井水，取汲多者。”

这段话是说烹茶所选用的水，以山泉水为最佳，其次是江中的水，再次是井水。陆羽说，山泉水最好是从钟乳石流出的，或经过石池缓慢流出的水，若是如瀑布汹涌湍急出来的水，则不能取用，长期饮用会生颈疾。若水流入山谷，集在固定的水潭中，自盛夏至霜冻之前，可能有毒蛇畜毒于水中，取水的人应该挖一个水口，使毒水流走，让新的山泉涓涓流入，再来取水。江水要汲取远离江边的、人迹罕至的江中水。井水要选择水多的、经常被人取用的水井。

当代学者、茶文化研究者对陆羽这段话进行了科学研讨和评定，认为总的来说陆羽的分析与科学观点是相符的，只是陆羽否认瀑布水这段话不被现代科学所认同，可能是陆羽的成见。陆羽产生这种认识一定是有事实为依据，而且《茶经》经过前后多年修订，任何一句话都不是草率造次的。从前后文来看，陆羽认为从钟乳山石中缓慢流出的水为最佳，而迅速飞溅出来的水是有问题的。人们汲取瀑布水无法直接从清澈的瀑布中收取，只能从瀑布脚下收取激溅腾涌的水，这种水从高处坠到

清　金廷标　《品泉图》轴局部

下面的巨石泥沙中，是不会太清澈的，肯定掺有杂质，至于长期饮用会不会得大脖子病，似不宜断然确定，因为颈疾是缺碘造成的，与饮用瀑布水之间并无因果关系。

陆羽早在竟陵时期就开始探究各类饮用水的品质，他先是在竟陵周边的州县查访山泉，然后沿着江汉流域考察，足迹东到秦淮，西到汉中，南到庐山。安史之乱后陆羽来到长江三角洲，在无锡、苏州、扬州、吴兴、杭州一带品茶鉴泉，后来将他对水的评鉴与茶的烹制关系写成《煮茶记》，别立于《茶经》之外，可见陆羽对水的重视。

水质的确是事关茶饮质量的重要因素，茶是要通过水来品的，水质极大地影响到茶饮的品质。从现代科学来看，水质分为硬水和软水，含有较多钙、镁离子的水称为硬水，只含有少量或不含钙、镁离子的水称为软水。用软水烹茶，茶色鲜亮，味道爽美；反之硬水则会使茶色晦暗，其味涩滞。有些硬水煮沸后，会把其中的碳酸氢钙或碳酸氢镁析出，变成软水，但是如果硬水中的钙、镁离子是含在硫酸盐或氯化物中，就无法通过煮沸析出，也就无法化为软水。

遗憾的是，陆羽花费大量心血写成的《煮茶记》没能流传。他死后十年，另一位茶泉史上的人物张又新见过这个手稿。张又新是个在官文人，是典型的通过科举入仕的人，在科举路上非常出众，最先参加宏词科考试获第一，然后中了京兆解头，之后是状元及第。但《唐才子传》对他的才能人品无一句褒词，毫不含蓄地说他："为性邪倾，谄事宰相李逢吉，为之鹰犬……善为诗，恃才多轥藉，其淫荡之行，率见于篇。"张又新的父亲就是在茶宴上与颜真卿等人即席联诗的官员张荐。受父亲的影响张又新也喜欢饮茶，自称恨生于陆羽之后，言下之意就是若生于陆羽之前，那茶圣之名就是他的了。

张又新在《煎茶水记》中讲述了他如何见到陆羽的文稿以及文稿的内容：

元和九年春，予初成名，与同年生期于荐福寺。余与李德垂先至，

> 憩西厢玄鉴室，会适有楚僧至，置囊有数编书。余偶抽一通览焉，文细密，皆杂记。卷末有一题云《煮茶记》，云代宗朝李季卿刺湖州，至维扬，逢陆处士鸿渐。李素熟陆名，有倾盖之欢，因之赴郡。泊扬子驿，将食，李曰："陆君善于茶，盖天下闻名矣。况扬子南零水又殊绝。今者二妙千载一遇，何旷之乎！"命军士谨信者，挈瓶操舟，深诣南零，陆利器以俟之。俄水至，陆以杓扬其水曰："江则江矣。非南零者，似临岸之水。"使曰："某棹舟深入，见者累百，敢虚绐乎？"陆不言，既而倾诸盆，至半，陆遽止之，又以杓扬之曰："自此南零者矣。"使蹶然大骇，伏罪曰："某自南零赍至岸，舟荡覆半，惧其尠（即很少），挹岸水增之。处士之鉴，神鉴也，其敢隐焉！"李与宾从数十人皆大骇愕。李因问陆："既如是，所经历处之水，优劣精可判矣。"陆曰："楚水第一，晋水最下。"李因命笔，口授而次第之。

上面的内容用白话来讲是这样：时间是唐宪宗元和九年（814 年）春，张又新中了新科状元后，与同年参加科举的朋友约好在荐福寺游览。张又新在楚僧的西厢房里偶然看到了一卷文稿，这就是陆羽的《煮茶记》。文字写得很细密，陆羽先是讲了一个传奇的故事，是他品鉴泉水最神的一则：代宗年间李季卿到湖州做刺史，行至扬州时遇见了陆羽，当时陆羽的《茶经》已经面世，他品茶鉴泉的名声传颂得尽人皆知。李季卿也爱喝茶，早就知道陆羽这个人，两人相见很谈得来，于是邀约吃饭。在扬子驿，饭前，李季卿说道："陆君在茶道方面天下闻名，而扬子江南零水也是殊绝的好水。今天二妙相聚，直是千载一遇，哪能错过这个机会！"马上派遣一名谨慎可靠的军士，拿着瓶子划船取水，陆羽也拿出最好的茶具等待。不多一会儿，军士取来了水。陆羽从瓶中舀起一勺水，看了看，说道："水的确是江水，但不是南零水，似是靠近江岸的水。"军士很紧张，说："我划船深入江心取水，一边观看的人有数百，哪敢弄虚作假？"陆羽半天不说话，让军士把水全倒进盆里，水倾到一半时，陆羽止住他，又以勺舀水观察，说："从这以后是南零水。"军士大惊，认罪细说实情："我取了南零水带上岸，小舟摇荡，水洒了一半，我怕太少，就手捧岸边的水增补上。处士的眼光真是太神了！哪敢隐瞒！”看罢此景，李季卿与众宾客数十人对陆羽的神鉴都大为惊愕。李季卿于是问陆羽：“既然你有这么精绝的水平，那你所经历之处，水的优劣都可以精确判定了。”陆羽说：“楚地的水最好，晋地最差。”

明　仇英　《松亭试泉图》轴局部

李季卿命人拿过笔来，陆羽口授各地水品的排名。

陆羽的这篇手稿就是回去后记述的，先是鉴定南零水的故事，继而列出当时口授的水品排名：

庐山康王谷水帘水第一。

无锡县惠山寺石泉水第二。

蕲州兰溪石下水第三。

峡州扇子山下有石突然，泄水独清冷，状如龟形，俗云虾蟆口水，第四。

苏州虎丘寺石泉水第五。

庐山招贤寺下方桥潭水第六。

扬子江南零水第七。

洪州西山西东瀑布水第八。

唐州柏岩县淮水源第九，淮水亦佳。

庐州龙池山岭水第十。

丹阳县观音寺水第十一。

扬州大明寺水第十二。

汉江金州上游中零水第十三，水苦。

归州玉虚洞下香溪水第十四。

商州武关西洛水第十五，未尝泥。

吴松江水第十六。

天台山西南峰千丈瀑布水第十七。

郴州圆泉水第十八。

桐庐严陵滩水第十九。

雪水第二十，用雪不可太冷。

陆羽鉴定南零水的故事实在是太有传奇性了，历代品茶鉴泉的文人雅士对它的真实性一直存疑，但是大家都愿意相信真有可能发生，因为陆羽在世时就被尊为茶圣，去世后更被尊为茶神。从陆羽给各地水品的排序上看，他并没有把扬子江南零水排在第一，而是排在第七，颇耐人寻味。从李季卿感叹“二妙”相聚非常难得上看，扬子江南零水早就身负盛名，已经被世人默认为天下第一水，而陆羽并不附和这个观点，在李季卿面前也不碍于情面，断然将庐山康王谷水帘水放在第一。

《煎茶水记》中转陆羽的话，说：“李置诸笥焉，遇有言茶者，即示之。”即李季卿把陆羽开列的水品名单放在书筒里，以后遇到谈论茶道的人就拿出来给人看。李季卿是个嗜茶的朝廷官员，史料上有他与陆羽打交道的两种记述，除了上面的一个记载外，另一个被《新唐书·陆羽传》收入。这两种记载可以说互不兼容，也就是说不可能同时是真实的。《新唐书》所采用的资料来自《封氏闻见录》：李季卿以御史大夫之职宣慰江南，上任路上，到临淮时听说一位名叫常伯熊的人颇善烹茶，便召他来见。常伯熊也是一个投身茶事的人，与陆羽同时代，自陆羽《茶经》问世后“天下益知饮茶矣”。常伯熊也借势积极在江南施展烹茶技艺。闻李季卿召见，常伯熊非常重视，经充分准备，以非常恭谨的姿

明　王时敏《仿松雪笔意》

态为李季卿烹茶，手执茶具为李大人添茶。李季卿一饮再饮，十分满意。李季卿到江南后，有人又向他推荐陆羽，于是李季卿又召陆羽来烹茶。陆羽洒脱自在惯了，就穿着一身常穿的野服，拎着茶具进来。本来陆羽的相貌就很不争气，又穿着一身与上层社会风雅生活不协调的野服，意态闲散地烹茶，让李大人很不爽，也顾不上品味茶水了。李板着脸，冷着场。陆羽也大不自在，尴尬地下去了。如此一来，李季卿与陆羽算是交恶了。两个李、陆交往的故事实在相去太远了。

这两个史料各有令人疑惑之处，茶事研究者大多认为前面南零水的品鉴玄乎其玄，不像是真的，但笔者认为不是完全不可能。陆羽是一个非常有灵性的人，南零取水之难他非常清楚。南零水又称为中冷泉，位于镇江金山西边的石弹山下，是从长江深处地下冒出的一道泉水。金山孤处长江江心，取水绝非易事。直到清同治年间长江主干道北移，金山才与长江南岸相连，中冷泉不再令人望泉生叹，但它的神秘感也打了折扣。陆羽在考察水品过程中肯定亲自到过这里。他到各地方的水源取水都尽可能亲力亲为，划小舟取水的麻烦他深有体会，所以他不必完全细观水质就能推断，军士以极快的速度取来水，在小舟上一定晃出不少，时间紧迫也不可能返回再取，即使再取同样晃洒出来，所以满罐的水里，罐口的极可能是江边补的水。只要他看见军士身上的衣服都湿了大半，就能猜到是怎么回事了。这则史料令人惑然的地方倒不是这里，而是陆羽对水的优劣排序违背了他在《茶经》中所说的“山水上，江水中，井水下”的观点，有一些江水排在了山水之上，一些井水排在了江水之上，他极力反对饮用的瀑布水也排在名水之中。

后一则李、陆交恶的史料其实更令人费解。陆羽是一位隐士、处士，而野服正是隐士的标准服装，他与任何人交往都是同样装束，并非为了气一气李大人而故意穿一身脏破衣服。野服是什么样式？野服有时对于退归林下的士大夫而言，也称为便服，其服上衣下裳，衣用黄白青皆可，直领，类似道士服。上衣长到膝，下裳必用黄色，头上系一条带子，一般是白绢。陆羽很讲究品位，虽身穿野服未必脏破，《唐才子传》说陆羽经常一个人身穿纱巾藤鞋，短褐上衣，犊鼻裤在山林间来去，犊鼻裤是农夫夏天为解热和劳动方便而常穿的大三角裤，实为内裤。犊鼻裤单说就不是野服而是亵服了。陆羽上穿短褐上衣，下穿犊鼻裤是他在盛夏时节一个人在山林里的便装，决不会在他非常重视的表现茶艺的时候穿，他可以不尊重官僚但不会不尊重茶文化。再说陆羽是一个很有语言天赋的人，与士大夫交往已是寻常事，并没有给人留下怪异生硬的感觉。有陆羽在的地方就会笑声一片，怎么会一见面就和李季卿僵得下不来台？更有甚者，《新唐书》继而说："羽愧之，更著《毁茶论》。"即陆羽回去后，恼羞万分，后悔自己做了一世茶人，于是提笔写了一篇《毁茶论》。这太不符合陆羽的一贯性格，也严重违背他对茶事执著一生的态度。

继续存疑。继续谈水。

与陆羽同时代的刘伯刍也对品鉴烹茶水质感兴趣，刘曾任刑部侍郎，比张又新年长一辈。张又新在《煎茶水记》中一开头就列出了刘伯刍对诸水的排序："扬子江南零水第一，无锡惠山寺泉水第二，苏州虎丘寺泉水第三，丹阳县观音寺井水第四，扬州大明寺水第五，吴淞江水第六，淮水最下第七。"

张又新本人也乐于品鉴水质，他南下做官时沿途收取这七种水分别灌进瓶中，一一进行品尝比较，得出来的结果与刘伯刍的排列是对应的，认为刘的品鉴很切实。但是他偶然发现，有一些水的清冽芳香超过了刘伯刍最推崇的南零水，他在《煎茶水记》中说："客有熟于两浙者，言搜访未尽，余尝志之。及刺永嘉，过桐庐江，至严子濑，溪色至清，水味甚冷，家人辈用陈黑坏茶泼之，皆至芳香。又以煎佳茶，不可名其鲜馥也，又愈于扬子南零殊远。及至永嘉，取仙岩瀑布用之，亦不下南零，以是知客之说诚哉信矣。夫显理鉴物，今之人信不迨于古人，盖亦有古人所未知，而今人能知之者。"

对于陆羽品鉴过的二十种水，张又新没有完整全面地品鉴，对陆羽自述的传奇故事也不以为然，认为"泻水置瓶中，焉能辨淄渑"？

士大夫中茶事爱好者们对烹茶水感兴趣的人越来越多。一天，几位朋友远道来访，谈及水品，张从旧箧中找出陆羽的手稿，大家讨论了一下。此后，陆羽的这篇《煮茶记》就消失了，存世的是张又新的《煎茶水记》。宋以后文人又称《煎茶水记》为《水经》。

7. 陆羽被尊为茶神

陆羽一生不遗余力地致力于茶文化，把饮茶这一件形而下的生活品类推进到了非常考究、非常雅致、非常专业化的程度，连茶具都要二十四种器具构成一套。虽如此，陆羽并没有把茶事拘限于小众享受的圈子，而是在广大民众中间得到认同。“自从陆羽生人间，人间相学事春茶。”《新唐书》说陆羽所著《茶经》“言茶之源，之法，之具尤备，天下益知茶矣。时鬻茶者，至陶羽形置炀突间，祀为茶神”。也就是说在《茶经》问世后不长时间，应该是陆羽去世后，陆羽被民间尊为茶神。

最先奉陆羽为茶神的是楚地的民众。《唐国史补》有这样一个事例：江南某郡刺史到一个驿站，驿吏很能干，各个库房都清理得非常整洁，不仅整洁有序而且供着主掌神，酒库里供着杜康，茶库里供着陆鸿渐。这给刺史留下了颇深的印象。中唐以后各地从事茶叶交易的人都崇奉陆羽为神，例如河南巩县的制陶人除了制造陶瓷茶罐以外，还制做瓷偶人，号陆鸿渐。卖茶人从他们那里进货，凡是买得数十只茶器就会获赠一个“陆鸿渐”。陆羽并没有留下写真像存世，民间塑的陆羽偶像全是想象出来的，作为一种象征、一种寄托。中国古代是一个多神论的社会，特别是在中低层的民间，多神崇拜都是为了实际生活需要，以功利为目的。卖茶人为祝生意好，会给陆羽像上香；生意不好的情况下，他会用水浇陆羽的偶像。这是极普遍的现象而且流传下来。宋代欧阳修曾记述：茶肆中大多有陆羽的瓷偶像，如茶客稀少，生意冷淡，茶肆主人便用茶水浇像，祝其利市。文人们见此情景，很替陆羽叹气。但在文人士大夫阶层就不会是这样，他们一般不摆放陆羽偶像或画像，而是以诗词文赋赞美茶叶的清雅芳香，来到陆羽所评鉴过的泉边感怀茶人的业绩。

以后的千余年，陆羽的茶圣、茶神形象更是深入人心。陆羽从未被人们淡忘，每年每地的茶文化活动都会有纪念陆羽的内容。

（二）唐代茶与佛僧的深缘

1. 茶是佛教徒的身心伴侣

茶不是世界上唯一的饮料，但它是饮料世界中最简约同时也最复杂的一种。它的形式可以是非常简单的，也可以是非常繁复的。它的意义有时就是为了解渴，但有时意味幽深冥杳，不可言说。

前面已经谈过中国修炼道学的人士比佛教僧人更早接触茶，但是茶并不能满足他们对灵药的需求；后来佛教兴起，佛教高僧从饮茶中觅到真味。普通佛教徒发现饮茶是一种切实的需要，因为日常修行盘坐念经，庙宇空气流通不畅，光线幽暗，一遍遍重复念经，常常困乏倦怠，打坐的间隙喝一壶茶，一则提神醒脑，二则为枯燥的修行增加点儿活力。由是，佛教僧侣与茶结下了善缘，饮茶习俗在寺庙漫延开来。

唐朝有这样一个记载：唐宣宗大中三年，东都洛阳送来一名老僧，觐见皇帝。这位老僧据称年已一百三十岁。唐宣宗问："服何药而致？"老僧回答："臣少也贱，素不知药，性唯嗜茶。凡履处唯茶是求，或遇百碗不以为厌。"这个故事说的是一个特例，老僧借助饮茶获得了长寿。但不论这个老僧一百三十岁的年龄真实与否，茶，可以确认并不是仙药，茶对人有益，但并非大量饮茶就能寿比南山。唐宣宗是迷信神仙方术的一位皇帝，目的是企图长生不老，唐宣宗明白，茶仅仅是饮料，洛阳老僧的长寿不可能在自己身上复制，他要找的是仙药。佛家那里没有，道家号称他们有。最后唐宣宗死于丹铅中毒。

佛教僧侣与道教徒不同，他们的思想是出世的，目的不是长生不老，而是空和静，反视内观，抛开世俗烦恼，获得心灵上的自由和觉悟。佛教在中国的最大体系禅宗，很接近哲学，它是一种心灵学，佛教徒修行要达到净心、定心、悟心。在佛家看来，那位东都洛阳来的老僧，如果仅是比别人多活几十年，没有在佛义上悟出真知，也不算达到了出家人的真境界。

所以，茶对于佛教信徒来说，不仅能提神醒脑，也是他们心灵的陪伴者。

佛教寺院大多选在山清水秀的地方，空气清新，远离市井尘嚣，特别是中原以南的许多僧寺临泉傍山，僧人在寺的周围栽种茶树，形成自己的茶园。

唐诗人元稹的“一至七字诗”中赞茶道：

宋　刘松年　《松荫谈道图》页

茶，

香叶，嫩芽，

慕诗客，爱僧家。

……

小叶茶树是一种低矮的绿色植物，喜欢生长在日夜温差较大、烟霭弥漫的半山，丘陵和半山上的茶园，裹在白色的雾气中，远看就像一片绿色的仙圃。中国古代有心灵追求的人，都在寻找与心灵的宁静同韵的味道，找到茶，此愿已了。此后再没有找到比茶叶更能抗衡世俗浊气，更能慰藉心灵的饮品了。

刘禹锡在《西山兰若寺试茶歌》中赞美茶的神妙："木兰堕露花微似，瑶草临波色不如。僧言灵味宜幽寂，采采翘英为佳客。"

诗中记述了刘禹锡在西山兰若寺受邀与僧人一同品茶的情景。茶树就种在寺院的后面，春天长出新芽，僧人过着相当自给自足的生活。茶叶从采摘到炒干，完全是亲力亲为，这是多么自在从容的生活方式！引得文人羡慕赞赏不已。从采茶到炒茶，到烹茶，茶从视觉上，从嗅觉上，从味觉上都给人带来异于寻常的感知，凝聚着大自然的玄妙。茶进入人的体内，驱走浊气和忧烦，"清峭彻骨烦襟开"。这首诗中刘禹锡还有一句非常重要的话："僧言灵味宜幽寂"，这是为什么士大夫在自家饭后喝茶，不那么容易品出灵味的原因。

茶，与佛寺是相得益彰的，在佛寺的幽静条件下，与高僧一同细细品茶，谈禅，身心放松，精神贯注。有佛寺的环境、与僧侣对坐谈禅的气氛，就更容易感觉到茶的清灵、玄妙，似有一种不可言说的禅意；在僧舍的茶园静坐或徘徊、在烹茶的精微烟水旁思入微茫，饮过一杯清茶后，更能感知禅宗的意境。唐诗人李嘉佑来到荐福寺，在僧人的虚室中看到香烟袅袅，听到悠长的钟磬声，于是坐下来，与友人"啜茗翻真偈，燃灯继夕阳"。（唐·李嘉佑《同皇甫侍御题荐福寺一公房》）诗人李中与洛阳的先业大师非常投缘，"有时乘兴寻师去，煮茗同吟到日

西。”（五代南唐·李中《赠上都先业大师》）

“半夜招僧至，孤吟对月烹。”唐诗人曹邺的《故人寄茶》诗，讲老朋友从剑门外托人寄来茶叶，打开缄封，这时弦月初上，在泉边的水声伴奏下，诗人按当时的方法，用石碾把茶叶加工成细末，刚要烹煮，觉得少了些什么，于是令家僮去招请附近僧院的僧友来。时间已到半夜，僧人也是来去自由无牵无挂之人，乘着月色来了，只见诗人正在月下一边吟诗一边烹茶呢。有茶、有诗、有僧、有月，这是中国古代文人非常享受的情景。

曹邺还有一首《蜀州郑使君寄鸟嘴茶，因以赠答八韵》，最后一句是："携去就僧家。”直接把茶拿到僧院，和僧人一同品饮，因为此茶："精灵胜镆铘。”茶的灵气胜过越王莫邪剑锋的光芒。

“草堂尽日留僧坐，自向溪前摘茗芽。”这是唐诗人、隐士陆龟蒙《谢山泉》中的诗句。陆龟蒙在顾渚山下建了一个茶园，亲自种茶、品茶，在溪边不远处建了一座草堂，不喜与流俗交往，俗人到他这里来拜访，他闭门不见。僧人朋友来草堂谈禅，陆龟蒙要留住僧人，亲自到溪边采摘茗芽，烹茶。

士人也常在寺院里借宿，就睡在僧房里，吃斋饭，喝僧茶。唐诗人杜牧《题禅院》诗："今日鬓丝禅榻畔，茶烟轻扬落花风。”

“稍与禅经近”，这是诗僧皎然对茶的感觉。茶与禅宗的结合近乎天然绝配，文人与僧人共同体会出“禅茶一味”的境界。“禅茶一味”至今仍是茶人修禅、禅师品茶的真感觉。

对文人士大夫来说，与僧人一同品茶是人生独高的精神生活；对于僧人来说，茶是世上的知音。从唐朝开始，僧院长老经常对来访者说的一句话就是：吃茶去。这三个字，对不同的人，用不同的语气都会产生不同的含义。最简单，也最玄妙。

唐代高僧从谂，史称“赵州和尚”，创了一句禅语，只三字，叫做："吃茶去。”从谂一天问新来的和尚："曾到此间么？”回答："曾到。”从谂师傅说："吃茶去。”不再说别的。然后又问另一和尚，该人回答："不曾到。"从谂师傅说："吃茶去。"也不再说别的。该僧院的院主很不解，问从谂："为甚么曾到也云吃茶去，不曾到也云吃茶去？"从谂没说别的，只说了句："吃茶去。"

从此，这句"吃茶去"引发了多少人的联想和感慨！

陆龟蒙诗曰："多情惟墨客，无语是禅家。"

那就吃茶去吧。

2. 唐代著名茶僧皎然

正如元稹的《茶诗》中所赞的"茶……慕诗客，爱僧家。"唐人谢清昼，法号皎然，既是诗客又是僧家。皎然是唐朝最有代表性的诗僧，同时也是最嗜茶、对茶文化贡献尤著的茶僧。

皎然是南北朝著名山水诗人谢灵运的十世孙，谢灵运就是一位茶的知音。谢灵运生活的时代，品茶还不是一个普遍的行为，但谢灵运在吟咏山水，走访自然的过程中，发现了茶的灵性，此后为茶树的移植、茶种的繁衍作出了相当大的贡献。他在天台山发现了一种极为清香的茶种，将它带到了杭州，种植于灵隐寺的香林洞旁，这些茶种就是后来中国十大名茶之首的龙井茶前身。民间还流传着一个谢灵运与藤茶的故事：谢灵运足迹遍布江南名山秀水。他带着童子来到南岳衡山，走到金觉峰，前方是一座溶洞。谢灵运与小童子非常饥渴，四下无助，周围没有绿树野草，没有可以临时救饥的东西。这时巧遇一位采药的老翁，老翁解下腰间的葫芦，赠与谢灵运，说里面是藤茶，既可以解渴又能救饥。

藤茶千年来没有十分兴盛过，但绵绵不绝，今天仍在茶叶世界中占有一席之地。不知今天人们喝到藤茶时，有几人联想到谢灵运？

皎然年少时在家乡吴兴县乌程的妙喜寺出家，一生特立独行，以诗文立足于唐朝，以茶人活跃于史册。他是茶圣陆羽一生的朋友，是唐朝僧人中为茶作诗最多的一位，在唐朝文人中以茶入诗的数量仅次于后来的白居易。若论茶诗文笔之精雅、诗中透出对茶文化的尊崇以及浪漫和悲悯的情怀，则远超白居易。

作为爱茶人，皎然同时是一位个性浪漫又孤高的人，他的一首《饮茶歌送郑容》，写得非常超脱，有一种心性自由飞扬的浪漫情怀：

丹丘羽人轻玉食，采茶饮之生羽翼。

名藏仙府世空知，骨化云宫人不识。

云山童子调金铛，楚人茶经虚得名。

霜天半夜芳草折，烂漫缃花啜又生。

赏君此茶祛我疾，使人胸中荡忧栗。

日上香炉情未毕，醉踏虎溪云，高歌送君出。

皎然比陆羽年长几十岁，与陆羽是忘年的缁素之交，相知很深。皎然在《赠韦卓陆羽》一诗中写道："不欲多相识，逢人懒道名。"这位诗僧性格也很疏狂，不愿广交朋友，见到俗人都懒得打招呼，但对于陆羽，他形容两人的关系如同陶渊明与谢灵运，都不是营营于红尘之中利禄之间的人，而是有着世外高情的、遗世独立的、能够感受造化之心的人。

九日山僧院，东篱菊也黄。

俗人多泛酒，谁解助茶香？

在皎然看来，俗人也就只能靠酒来助兴了。九月九日的重阳节，在一片酒气中，只有真人才会以茶为伴，闻到菊花的香气，联想到菊花也能为茶增香。

皎然是个"我为茶狂"的人，在他看来，茶与酒相比，酒是使人迷醉、心茫神乱以后产生错觉而令人欣喜若狂的，真是自欺欺人；而茶使人狂，是头脑比平常更加清醒以后，神思飞扬产生的超然豪情，世人很少有真懂得茶的，只有向往得道的世外狂人才能试图领略，而真正领略的恐怕只有已经得道的仙人丹丘子等人。

皎然《饮茶歌诮崔石使君》：

> 越人遗我剡溪茗，采得金芽爨金鼎。
> 素瓷雪色缥沫香，何似诸仙琼蕊浆。
> 一饮涤昏寐，情思爽朗满天地。
> 再饮清我神，忽如飞雨洒轻尘。
> 三饮便得道，何须苦心破烦恼。
> 此物清高世莫知，世人饮酒多自欺。
> 愁看毕卓瓮间夜，笑向陶潜篱下时。
> 崔侯啜之意不已，狂歌一曲惊人耳。
> 孰知茶道全尔真，唯有丹丘得如此。

剡溪的友人给皎然送来了当地的茶叶，皎然视为仙品，用金鼎烹制。淡绿色的茶汤盛在雪白色的瓷瓯中，简直如同仙人的琼浆。一饮之后，涤荡头脑的思睡之昏，换得情思爽朗，足以俯仰天地；再饮心神更加清澈，好似一场突如其来的飞雨消解了轻尘；三饮便感觉道在我心，完全不必费尽心力破除烦恼。茶的清高举世间无人知晓，世人只知饮酒自我蒙蔽。东晋时的吏部侍郎毕卓为了喝酒夜间跑到邻家瓮间盗饮，被人抓住，实属可怜；陶渊明当年坐在篱下等酒喝，现在想起来有点儿可笑了。崔侯饮茶一杯又一杯，意兴不已，引喉狂歌，无拘无束，令人惊叹。谁能知茶道能够使人得道成为真人，只有丹丘子成功了。

皎然最享受的人间乐事就是与人文雅士们举行茶宴，品茶赋诗。中国自古宴席皆为酒宴，作为茶僧的皎然上人，在建立茶宴方面作出了杰出的贡献，使茶宴在文人雅士中立足，此后延续不衰，流传并弘扬至今。茶宴经常设在庭院中，最好有清风明月，即使没有清风明月，有茶缘同道、风雅之士也意兴无边。皎然有一首诗，赞咏的就是一个无月之夜众名士在李萼宅中传花饮茶、品读诗卷的情景，《晦夜李侍御萼宅

集招潘述、汤衡、海上人饮茶赋》:

晦夜不生月，琴轩犹为开。

墙东隐者在，淇上逸僧来。

茗爱传花饮，诗看卷素裁。

风流高此会，晓景屡徘徊。

湖州顾渚山的紫笋茶，是继阳羡茶之后唐朝中晚期最著名的贡茶，在顾渚紫笋茶默默无闻时，精通茶道的皎然对顾渚茶非常关注，慧眼独具，写诗赞颂，使得顾渚茶名扬天下。

皎然在顾渚山附近有一座草庐，这里的茶也是他平日喜饮之茶，从他《顾渚行寄裴方舟》一诗中，可以看出皎然对茶事的精通和贯注的情感：

我有云泉邻渚山，山中茶事颇相关。

鶗鴂鸣时芳草死，山家渐欲收茶子。

伯劳飞日芳草滋，山僧又是采茶时。

由来惯采无近远，阴岭长兮阳崖浅。

大寒山下叶未生，小寒山中叶初卷。

吴婉携笼上翠微，蒙蒙香刺罥春衣。

迷山乍被落花乱，度水时惊啼鸟飞。

家园不远乘露摘，归时露彩犹滴沥。

初看怕出欺玉英，更取煎来胜金液。

昨夜西峰雨色过，朝寻新茗复如何。

女宫露涩青芽老，尧市人稀紫笋多。

紫笋青芽谁得识？日暮采之常太息。

清泠真人待子元，贮此芳香思何极。

清　吴伟业
《山泉树图》轴

皎然在诗中透出他是一个非常懂茶的人，深谙茶树的生长规律，“山僧又是采茶时”。僧人所饮的茶大多是自种自采的，采茶是唐以后江南僧侣生活的一项内容，山僧也包括皎然本人。他不仅观察顾渚山的茶农种茶采茶的细节，而且也亲自实践，知道山阴面的茶叶比阳面的要好。紫笋茶是他最推崇的，可惜当时没有几个人识得这种好茶，“紫笋青芽谁得识？日暮采之常太息。”采茶人暗自叹息，在夕阳西下时携一笼顾渚紫笋回去，看着市场上紫笋茶寂寞地晒着太阳，看来它的芳香只能收

贮起来，等待日后真人来访时再让他鉴赏吧。

皎然可能预先没有想到，不为人知的紫笋茶很快就声名鹊起，被朝廷纳为贡茶。当顾渚茶被充分赏识之后，皎然还是相当高兴的，真正的好东西应该摆在应有的位置，所以他在几年后的诗歌联唱上，即《渚山春暮会顾丞茗舍联句效小庾体》诗中道出这样一句："应待御荈青，幽期踏芳出。"这里的御荈就是指顾渚紫笋茶，当时顾渚茶已入贡，他希望众雅士在顾渚茶新发嫩芽时，大家约定一起去山间茶圃寻芳。皎然

清　上睿　《携琴访友图》卷局部

在一首《送顾处士歌》中写道 :“禅子有情非世情，御荈贡余聊赠行。”僧人的情谊不是世间的俗情，就用贡余的顾渚茶作为送别的礼物吧。这位顾处士据考证是唐代著名诗人顾况，他也是位嗜茶人。

皎然与茶圣陆羽是终生好友，最初陆羽从家乡竟陵来到江南，就在湖州结识了皎然，落脚在乌程的妙喜寺。皎然比陆羽年长一辈，两人结为缁素忘年之交。陆羽在妙喜寺与皎然及僧人灵彻一起居住了三年后，四处访茶、游居，两人聚少离多，皎然留下了很多首访陆羽不遇的诗歌，令人伤感怀思。古代通信很不发达，常常是皎然一路奔波寻访，找到陆羽的寓所却见不到陆羽本人。他的茶人朋友到山里访茶去了，不知多久才能回来。皎然站在路边，望着阡陌，或站在水边，望着归船，只见寒烟升起，暮蝉鸣叫，水流远去，惆怅满怀。

皎然与陆羽都在唐德宗贞元末年先后离世。皎然圆寂后葬于妙喜寺砖塔。可能是皎然之死给陆羽带来了极大的震动，流浪的茶人重返第二故乡湖州，在皎然塔旁度过了大约五年余生，悄然离开人世，葬于皎然塔侧。他的葬地应该是根据他的遗愿选定的。两人共同的好友、诗人孟郊几年后写过一首诗，名为《送陆畅归湖州因凭题故人皎然塔陆羽坟》，足以证明这两位好友死后没有再分离，诗中“杼山砖塔禅”是指皎然，“竟陵广宵翁”是指陆羽。

（三）唐代的品茶方式

中国古人的品茶方式与现代人有很大不同，茶作为饮品，从唐到明，每个时代都在演变。唐时茶先制成饼状，饮茶之前，先从茶饼上取下少许，然后碾末，水煮沸后将茶末投进水中，略煮后完成，还要加盐；宋代仍是饼茶、先碾末，不同的是，不再将茶末投进煮沸的水，而是将茶末先放在茶盏里，用沸水冲之，叫做点茶，不再加盐 ；明代以后饮用叶茶，最初还是煮叶，明中期以后直接用沸水冲泡叶茶，与今人的饮茶方式渐同。

唐宫女乐师，边习乐边饮茶（唐　佚名　《宫乐图》）

1．唐代茶叶的制作程序

关于采茶，《茶经》中说："凡采茶，在二月、三月、四月之间。"这是古今一致的。那时的茶叶采摘之后，要制成饼，再将多个饼串成串，每个茶饼中间要有一个小洞。陆羽《茶经》上写道："自采至于封，七经目。"就是从采摘后要经过七道程序，即采、蒸、捣、拍、焙、穿、封，才能完成制茶的过程。

蒸茶，要用没有烟筒的炉子，用木制或瓦制的蒸笼、竹制的篮子状的蒸隔，锅则是有唇口的以便于加水。这就是蒸青法所需要的工具。经过蒸制会使茶叶流失一部分汁液，这叫做出膏。古人认为出去一部分膏，会使茶变得光洁一些。《茶经》："出膏者光，含膏者皱。"且经过蒸制的茶叶容易成型，《茶经》："蒸压则平正，纵之则坳垤。"经过蒸压的茶比较平整，能够密实压紧，没有蒸压过的则比较乱，不易压平。蒸后的茶叶放凉后，再进行"捣"的工艺，将茶叶捣碎，但并不是捣成末，目的是下一步容易压制成型；捣碎后再"拍"，就是压紧；将碎过的茶叶放进模具“规”内，压紧后取出，使之干燥，这就是茶饼。但真正让茶饼干燥脱水还需用火焙，在焙之前先对茶进行串连，用“棨”即锥刀在饼茶中间穿一个小洞，用细竹编成的鞭子“朴”来穿茶饼。然后是烘焙茶饼，焙茶的灶凿地二尺，是一个长方形的地炉，上面安置木制的棚子，设上、下两格，将串在贯上的茶饼放在棚上——贯也是一串茶饼的计量单位，半干的茶饼放在下格，外层已经干燥的茶饼移到上格，继续烘至里面全干。

唐代饮用阶段的茶叶种类，《茶经》中说：“饮有粗茶、散茶、末茶、饼茶者。”这些茶都是经过蒸青的茶叶，其中饼茶最具代表性，数量最多，用于上贡给朝廷的也是饼茶。除蒸青法之外，唐代也有炒青茶，也就是旋摘旋炒的速成茶，刘禹锡的《西山兰若寺试茶歌》：“自傍芳丛摘鹰嘴，斯须炒成满室香”，这是非常自然能够保障茶叶原味的做法，但只是在量少和即兴的情况下采取的方法。宋代没有继承，凡是茶叶采摘后必经过蒸制、焙干，炒青法直到明代才返璞归真，渐渐取代了蒸青法。

2. 唐代饮茶的程式

中国古人把饮茶叫做吃茶，这是名实合一的。古人把茶碾作末，从茶叶进入饮食开始就是如此，因为原形的茶叶难以咀嚼，碾成末就解决了这个问题，而且末茶容易与其他食料相调和，做成最初人们喜爱的茶粥。到了唐代，吃茗粥的习俗在民间还很常见，真正懂茶的人认为这种吃茶法简直就是喝沟渠间的弃水一样。陆羽在《茶经》里就不客气地说：“或用葱、姜、枣、橘皮、茱萸、薄荷之属，煮之百沸，或扬令滑，或煮去沫。斯沟渠间弃水耳！”然后陆羽遗憾地说：“而习俗不已。”但是习俗就是这样，还在不停沿用这种糟糕的吃茶法。陆羽《茶经》盛行后，茗粥逐渐被扬弃。

唐代以至明代以前，人们饮茶比现代人复杂得多。茶在煮之前，要有两道工序，第一道是将饼茶烤炙，先在炉子上用微火烤一下茶饼，古人感觉烤过的茶会产生香气，也同时把附在茶饼上的一层保护油烤化，利于下一步碾茶。陆羽《茶经》中说，炙茶时不要在通风的地方，也不要在快要熄灭的余火上炙。先要靠近火来烤，经常翻动以使受热均匀，等到烤出像蛤蟆背上的小泡时，再离火五寸远继续烤。烤到茶饼苏醒一般舒展，就算烤成了，这时茶会溢出香气。陆羽形容烤好的茶像婴儿的手臂一样柔软，这时要趁热装入纸袋以保持其香气不散，等凉了以后再碾成茶末。碾茶要用专业的工具茶碾。茶碾常用木制，也有石碾或金银制作的碾。先将炙烤过的茶饼取下一小块，然后放在碾上磨制成茶末。茶末要经过专门的罗去筛一下，去掉较粗的茶梗。

文人们饮茶，烤和碾都是由聪明勤快的小厮书僮去做的。碾好的茶末并非细如灰尘，而是如同细碎的米粒一般。《茶经》：“碧粉缥尘，非末也。”接着就可以煮茶了。

关于碾后茶末的大小，虽然陆羽认为如果细如粉尘就不好了，但是从大量唐人的诗中可以看出，很多人喜欢更细一些的茶末，诗人们经常用“玉尘”“香尘”来赞美碾后的末茶。

煮茶的火，首选木炭，其次是硬柴，如果是含有油垢的木头以及腐败的木器，则不能用，否则煮出的茶带着一股“劳薪之味”。煮茶的器具，经陆羽设计叫做鍑。鍑中的水烧开之后，先是“沸如鱼目，微有声”，这是第一沸。陆羽的煮茶法是在一沸后加入一点儿盐，继续煮至“缘边如涌泉连珠”，这是第二沸。取出一瓢水来，二沸之后就要加入茶末了。添茶末之前，先要用竹筴在沸水的中心搅拌，形成旋涡，然后用“则”取一定量的茶末，投入沸腾的旋涡之中。“则”是一种用来盛茶末的小勺，贝壳制，或铜、铁、竹制。茶末在鍑中再次沸腾时，将刚才的一瓢水重新倒回鍑里，以此止沸，同时为了“育华”，“育”是培养生成的意思，“华”是指茶的浮沫，在陆羽看来这是茶的精华。到这个阶段，煮茶的过程就完成了，接着就可以分碗品茶。

唐宋时期，嗜茶人对于茶水在沸腾后泛出的泡沫非常喜欢，陆羽

唐朝的烹茶方式（元　钱选　《萧翼赚兰亭图》卷局部）

在《茶经》中优雅地形容茶汤上的浮沫："沫饽，汤之华也。华之薄者曰沫，厚者曰饽，细轻者曰花。如枣花漂漂然于环池之上，又如回潭曲渚青萍之始生，又如晴天爽朗有浮云鳞然。其沫者，若绿钱浮于水湄，又如菊英堕樽俎之中。饽者，以滓煮之，及沸，则重华累沫，皤皤然若积雪耳。"这是陆羽在《茶经》中用最文学化的语言来描述的部分。在唐宋诗歌中，文人常用鱼眼、蟹眼形容煮沸的茶水，可见那个时期人们对茶的理解和爱好与今天有太大的不同。

《茶经》中还保留了茶中加盐的做法，唐人生活上按各自的喜好可加入更多的调料，例如唐德宗常爱在茶里加入酥椒之类，在宫中他亲自煎制或指导宦官按此法煎制。宰相李泌以两句诗形容皇帝喜爱的酥茶："旋末翻成碧玉池，添酥散作琉璃眼。"这是李泌的戏作，其实除了唐德宗本人喜欢这么饮茶之外，其他人都不以为美。唐德宗的确是一位嗜茶的皇帝，由于他崇尚饮茶，从而将茶提升到更高的地位。贞元年间，祭祀泰山之后，举办茶宴。从此形成惯例，唐朝皇帝祭祀泰山之后不再饮酒而是饮茶。

唐人的煮茶法的确是比较复杂的。唐代中晚期出现了一种简化的冲茶法，即以沸水直接冲泡茶碗中的茶末，叫做“泼茶”，此法始于僧院，到宋代成为整个社会的主流饮茶法。唐德宗在一次偶然的机会，尝试了这种“泼茶”。一天，唐德宗微行出宫，时值盛夏，皇帝走到西明寺。大臣宋济正在僧院过夏，坐在一个院落的小窗下抄写经书。宋济穿着一身非常凉快但不能登大雅之堂的衣服，下身是犊鼻裤，也就是大三角裤，头戴一条藤巾。皇帝信步走入宋济所在的院子，忽然口渴得不行，见有人，便道：“茶请一碗。”宋济头也没抬应声道：“鼎火方煎，此有茶末，请自泼之。”继续抄经。僧人们平时喝茶是为了提神，没有太多悠闲的时间烹茶品茶，便想出了这种简便的泼茶法，但若是待客，就显得简慢无礼了，还需正规地烹煮才是。唐德宗阴差阳错地享用了一碗水泼茶末，不想这是一种超前的行为，到宋代，水泼茶末成了最正规的饮茶方式，不再叫“泼茶”而称为“点茶”。

（四）唐代文人赞茶

1.诗意地烹茶

中国古代是一个诗的国度，文人雅士怀着一种诗意的情调煮茶品茶。

当时茶的制作程序比较复杂，但文人雅士们不以为烦琐，倒是从中尝到了诸多乐趣。从烤炙茶饼直到煮出香气四溢的茶水，这种自助性的活动让人颇有成就感。文人品茶不仅是解渴消暑解烦闷，还借助茶艺活动，进行心灵上的会餐，与玄秘的大自然进行沟通，体验一种独一无二的、无可替代的精神享受。

比如碾茶，在唐诗人秦韬玉眼中就是“山童碾破团团月”，小童子碾破像圆月一样的饼茶，见秦韬玉的《采茶歌》。

李咸用的《谢僧寄茶》中碾茶的情景："金槽无声飞碧烟"，金制的碾子下面飞起碧绿的茶末，如烟粉般；徐寅的《尚书惠蜡面茶》："金槽和碾沉香末。"

李群玉："碾成黄金粉，轻嫩如松花。"碾后的茶叶像金色的细粉，酥松香嫩如同松花一般。

烹茶，也是诗意地进行，在李德裕眼中是"松花飘鼎泛，兰气入瓯轻"。松花一般的茶末在茶鼎中飘荡，一股香兰般的气息倾倒进茶瓯中，见李德裕《忆茗芽》。

煎茶时烟气蕴然，在李郢看来是"玉尘煎出照烟霞"，玉色的茶末在水中升起烟蕴，如同山中的烟霞景致，见李郢《酬友人春暮寄枳花茶》。

茶水在炉火上沸腾滚动，"骤雨松风入鼎来，白云满盏花徘徊"。见刘禹锡《西山兰若试茶歌》。"声疑松带雨，饽恐生烟翠"。见皮日休《煮茶》。

茶水在沸腾时生出泡沫，在李群玉眼里是"滩声起鱼眼，满鼎飘清霞"。曹邺《故人寄茶》："碧澄霞脚碎，香泛乳花轻。"白居易："沫下曲尘香，花浮鱼眼沸。"见《睡后茶兴忆杨同州》。

煮茶时用竹筴搅动茶水，秦韬玉在诗中形容："老翠香尘下才熟，搅时绕箸天云绿。"见《采茶歌》。白居易也在茶炉上操作："汤添勺水煎鱼眼，末下刀圭搅曲尘。"见《谢李六郎中寄新蜀茶》。

茶，在饮下之后，除了舒畅，在文人雅士的肺腑里会有更多的感应，头脑中会有更敏锐的知觉，吕岩（即吕洞宾）在《大云寺茶诗》中赞道："增添清气入肌肤。"颜真卿在诗宴联句上吟出这样一句："流华净肌骨，疏瀹涤心原。"赞美饮茶令人洁净肌骨、洗涤心原。柳宗元在《巽上人以竹间自采新茶见赠酬之以诗》中写道："涤虑发真照，还原荡昏邪。"茶能涤除焦虑，荡却昏邪，重现真心。钱起《与赵莒茶宴》中咏道："竹下忘言对紫茶，全胜羽客醉流霞。"饮茶后进入一种不可言说的境界，比世外高人醉饮流霞还要美妙。温庭筠在《西岭道士茶歌》中吟出："疏香皓齿有余味，更觉鹤心通杳冥。"饮茶不仅在口中留有余香，更使内心的灵觉唤醒，通向无限遥远、苍茫的秘境。

2.唐代文士对茶的敬意

诗圣杜甫在《重游何氏五首》中，有一句："落日平台上，春风啜茗时。"这是经历过人生起伏动荡的中年人回忆过往，对人生佳境的深切回忆。在颠沛、喧嚣的间隙，能在暮春时节，坐在平台上面对落日霞光，品着一瓯茶，是多么难得！多么诗意！

在冬日的夜晚，捣茶，煮茶，品茶，也有一种诗意，"夜臼和烟捣，寒炉对雪烹。"只要有茶，有火，不论是白天还是夜晚，不论是春光灿烂还是寒冬孤冷，都可以静坐持瓯，一洗尘心，神游天地。

茶，在唐中期以后，成为与酒并列的饮品，很多爱酒的文人同时爱茶，但一心品茶的文人很少同时爱酒，茶比酒更能治疗人的心情。所谓借酒消愁愁更愁，而茶虽不会使人狂欢，但绝不令人消沉、昏昧，它只会带给人清雅舒畅、空灵的心境，取代被烦躁占领的心情。

陆羽《茶经》中说："荡昏昧饮之以茶。"唐朝隐士施肩吾说："茶为涤烦子，酒为忘忧君。"茶是一种能够让人头脑清醒、冲释烦躁、化解焦虑、安慰孤闷的心泉灵液。

远离了昏昧、烦躁、焦虑、孤闷，才能进入一种化境。在道教看来，它能体认"道"的意味；在佛教看来，它能悟出"禅意"。

"道"这个字，含义非常之广，它不是道家专用词，它是中国人所追求的世界万事万物的法则和本真。在佛教禅宗出现前，"道"也指佛教的至高意境，所以唐朝著名诗僧皎然诗中说："孰知茶道全尔真。"是说，品茶能够进入悟道的境界。茶，在真人那里，就成了精神伙伴、心灵知音、道境媒介。

文人们可以放浪地饮酒，但却是怀着敬意品茶。

顾况在《茶赋》中赞茶："皇天既孕此灵物兮，厚地复糅之而萌。"在中国古代文人心中，茶就是皇天带给厚土，厚土带给人类的灵性植物，值得有灵性的人类珍惜，所以茶被文人雅士从众多的供人口腹之欲的物品中分离出来，视它为高洁的、神秘的精神伴侣。韦应物在自己的园中种植小叶茶，写下了对茶树的赞美：

> 洁性不可污，为饮涤尘烦。
> 此物信灵味，本自出山原。
> ……
> 喜随众草长，得与幽人言。

在他看来，茶树是大自然中静静生长的植物之一种，但它有高洁的品性，它虽然与众草一样生长，但它绝非凡品，只有它才能与幽人也就是逸人、高人沟通，懂得这些人的心音。这些人是有所追求、有所舍弃的人。这些人包括文人雅士，佛教、道教僧侣以及所有与诗歌、绘画、宗教有联系的人。

中国从魏晋南北朝以来，文人雅士崇尚清谈、玄学，到唐朝外来佛教与中国文化相结合产生禅宗，茶虽只是一种饮品，但它非常奇妙地跟随了这一过程。以它独一无二的品质，与禅宗文化结下了非常的缘分，被僧俗两界公认为"茶禅一味"。

3. 浪漫主义诗人李白的茶缘

唐朝诗人李白，自称谪仙人，世称诗仙，在中国茶文化史上，这位诗坛非凡人物也留下了光彩的形象。

李白有一首著名的茶诗，名为《答族侄中孚赠玉泉仙人掌茶》，李白写诗不习惯写前言，但是这首诗李白特意写下了数百字的前言，表明谪仙李白对仙人掌茶极有兴趣，而且愿意大力推广：

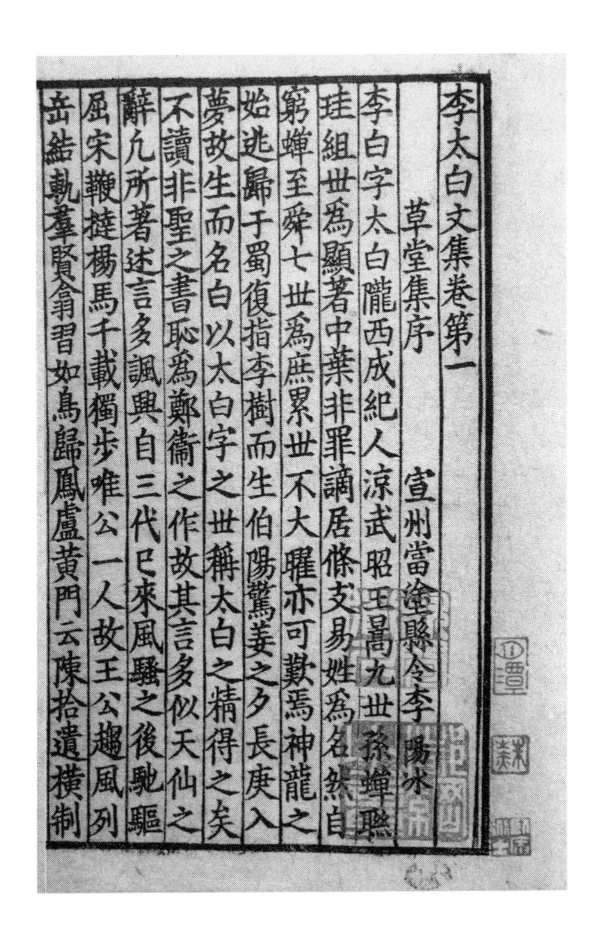

李太白文集卷第一

草堂集序　　宣州當塗縣令李陽冰

李白字太白隴西成紀人涼武昭王暠九世孫蟬聯珪組世爲顯著中葉非罪謫居條支易姓爲名然自窮蟬至舜七世爲庶累世不大曜亦可歎焉神龍之始逃歸于蜀復指李樹而生伯陽驚姜之夕長庚入夢故生而名白以太白字之世稱太白之精得之矣不讀非聖之書恥爲鄭衛之作故其言多似天仙之辭凡所著述言多諷興自三代已來風騷之後馳驅屈宋鞭撻揚馬千載獨步唯公一人故王公趨風列岳結軌羣賢翕習如鳥歸鳳盧黄門云陳拾遺横制

《李太白文集》书影

余闻荆州玉泉寺近清溪诸山，山洞往往有乳窟，窟中多玉泉交流。其中有白蝙蝠，大如鸦。按仙经，蝙蝠一名仙鼠，千岁之后，体白如雪，栖则倒悬，盖饮乳水而长生也。其水边处处有茗草萝生，枝叶如碧玉。惟玉泉真公常采而饮之，年八十余岁，颜色如桃李。而此茗清香滑熟异于他者，所以能还童振枯扶人寿也。余游金陵，见宗侄中孚示余茶数十片，拳然重叠，其状如人手，号曰“仙人掌茶”，盖新出乎玉泉之山，旷古未觌。因持之见遗，兼赠诗，要余答之，遂有此作。后之高僧大隐，知仙人掌茶，发于中孚及青莲居士李白也。

常闻玉泉山，山洞多乳窟。

仙鼠白如鸦，倒悬清溪月。

茗生此中石，玉泉流不歇。

根柯洒芳津，采服润肌骨。
丛老卷绿叶，枝枝相接连。
曝成仙人掌，似拍洪崖肩。
举世未见之，其名定谁传？
宗英乃禅伯，投赠有佳篇。
清镜烛无盐，顾惭西子妍。
朝坐有余兴，长吟播诸天。

李白的前言，说明了仙人掌茶的来历，李白是一位浪漫主义诗人，仙人掌茶在他这里被视为传奇般的灵物，但此茶的来源绝非虚构，它的产地是现在的湖北当阳，当时属荆州。其境内有一座玉泉山，玉泉寺就建在山上。玉泉溪畔有一座乳窟洞，洞边也就是山麓的右侧流过来一道泉水，这泉水与形成洞中钟乳石的水为同一水源，它不仅滋养着乳窟，也润育着长在洞旁的茶树。这茶树的叶子很是独特，大如手掌，拳拳层层，它的清香滑熟也高出其他茶叶。玉泉寺的长老玉泉真公经常采摘饮用，年过八十，面色红润。

继玉泉真公之后，李白的族侄中孚禅师用心焙制仙人掌茶，而且游方各地，传扬仙人掌茶的美妙。中孚禅师是茶史上作出重要贡献的又一位僧人。上元元年（760 年），中孚游方到金陵，恰好在这里遇到了大诗人李白，李白又恰好是他的族叔。

中孚禅师取出珍贵的仙人掌茶让族叔品尝，李白亲尝之下，赞赏不已。中孚又写了一首诗赠与李白，也请李白回一首。李白此时非常谦虚，夸中孚诗写得好，让自己都觉得自惭形秽了，“清镜烛无盐，顾惭西子妍。”从诗中看，李白对仙人掌茶非常喜爱，兴奋莫名，感慨不已，“朝坐有余兴，长吟播诸天”。饮茶后一直余兴不减，要把仙人掌茶的吟颂传播到天宫去。诗中带着浪漫主义诗人一贯的夸张手法，颂扬仙人掌茶。李白也十分高兴自己成为这种茶叶的最先发现宣扬者之一，“举世未见之，其名定谁传？”李白在诗序的最后也特别提到，以后若有高僧

宋 梁楷
《李白行吟图》轴

大隐品尝到这种仙人掌茶，应该知晓，此茶是从中孚禅师和我青莲居士（李白号青莲居士，后世常以李青莲称之）这里传播出去的！

古代没有开发意识，长在溶洞附近的仙人掌茶数量稀少，不可能进入百姓家，连一般的文士也未必有幸品尝到，李白所寄望的是高僧或是远离尘嚣的隐士，有机会接触到这种仙茶。

当代是否还能重现仙人掌茶？答案是肯定的。1981 年湖北当阳茶民根据李白的诗作，恢复研制了仙人掌茶，此茶已成为湖北省优质名茶。

4. 隐士卢仝的千古茶诗

卢仝，号玉川子，是唐中晚期的一位诗人，比陆羽生活的年代大约晚半个世纪。卢仝是河北范阳（今涿州）人，一生没有做过官，是一位非常有个性、有节操的隐士，著有《玉川子诗集》。卢仝年轻时就隐居少室山，行止高格。后来居洛阳，室中除了书以外，别无长物。卢仝每天读书、吟诗，其生活靠旁边的寺院僧人接济。朝廷闻知其名，几次征召他入朝做官，都被他回绝。晚唐文学大师韩愈做洛阳令时，对卢仝十分敬待，对他的诗作极为称赞。

卢仝的诗歌风格，《唐才子传》称，“所见不凡近，唐诗体无遗，而仝之所作特异，自成一家语。尚奇谲，读者难解，识者易知。后来仿效比拟，遂为一格宗师。”就是说卢仝的见解不俗，视点较远，唐代的风格在他这里展现无遗，而卢仝的作品又有自己的独特个性，自成一家。他追求奇谲诗风，一般人读了不易懂，而相知之人则容易理解。后来不少人仿效他的诗风，卢仝由此成为一家之宗师。

卢仝，这位特立独行的诗人，为茶专写了一首诗，此诗风格极为超迈，气压无数平庸之作，至今传唱千年。就是这首诗，使卢仝在后人眼中，成为与陆羽相提并论的茶界先驱，成为中国茶道的千古风流人物。这首诗即是《走笔谢孟谏议寄新茶》：

日高五丈睡正浓，军将打门惊周公。
口云谏议送书信，白绢斜封三道印。
开缄宛见谏议面，手阅月团三百片。
闻道新年入山里，蛰虫惊动春风起。
天子须尝阳羡茶，百草不敢先开花。
仁风暗结珠琲瓃，先春抽出黄金芽。
摘鲜焙芳旋封裹，至精至好且不奢。
至尊之余合王公，何事便到山人家？
柴门反关无俗客，纱帽笼头自煎吃。
碧云引风吹不断，白花浮光凝碗面。
一碗喉吻润，二碗破孤闷。
三碗搜肚肠，唯有文字五千卷。
四碗发轻汗，平生不平事，尽向毛孔散。
五碗肌骨清，六碗通仙灵。
七碗吃不得也，唯觉两腋习习清风生。
蓬莱山，在何处？玉川子乘此清风欲归去。
山上群仙司下土，地位清高隔风雨。
安得知百万亿苍生命，堕在巅崖受辛苦。
便为谏议问苍生，到头还得苏息否？

此诗作于唐宪宗元和年间，大约是元和八年（813 年）。当时孟简担任常州刺史负责贡茶，卢仝虽不是官场人物，但名声很大，身为常州刺史的孟简派人专程给他送来了阳羡贡茶三百片（饼）。卢仝是北方人，早闻阳羡贡茶美名，终能亲自烹茶独品，意兴湍飞，如痴如醉，走笔如龙，写下了这首千古茶诗。

这首诗脍炙人口，传唱不歇，代代有人仿效、引用这首诗作，“七碗”“卢仝”“玉川子”“两腋轻风”成为茶诗的成语典故，无数次被后人提到。

唐代贡茶劳民，一直是文人关心的问题，卢仝七碗欲飞之后，还是挂念民众艰辛。诗最后落在民生上，切合当时的民情国情。

5. 现实主义诗人白居易与茶

唐代诗人当中，白居易是以茶入诗最多的一位，他是一个诗风流畅、格调平易、作品众多的诗人。相对于李白为代表的浪漫主义，白居易是一位现实主义者。

白居易自称“别茶人”，就是有评判茶叶品质的本领，他在一首诗中写道：

> 故情周匝向交亲，新茗分张及病身。
> 红纸一封书后信，绿芽十片火前春。
> 汤添勺水煎鱼眼，末下刀圭搅曲尘。
> 不寄他人先寄我，应缘我是别茶人。

《御选唐诗》书影

“绿芽十片”就是十饼茶，一饼称为一片，不了解茶史的人就会弄糊涂，将白居易的“绿芽十片”改成“绿芽千片”。十片不算多，但也不少，是朋友寄给他让他品尝的。“火前春”，即寒食节禁火前采摘的茶叶，火前也称为明前，是比较细嫩的茶叶，主要用于上贡。

白居易与大多数唐朝诗人一样，过着诗酒人生，平生最爱是酒。诗中对酒的嗜好、对醉酒的迷恋语句比比皆是，比如：“从此宜醉不宜醒。”“万事醉中休。”“且向钱塘湖上去，冷吟闲醉二三年。”“劳将箸下忘忧物，寄与江城爱酒翁。”“今朝不醉明朝悔。”“劝君饮浊醪，听我吟清调。”“劝君酒满杯，听我狂歌词。”他还给自己起了个名号：醉吟先生。六十七岁时还以第三人的口吻写了一篇《醉吟先生传》。

白居易更著名的名号还有一个：香山居士，这是他中晚年与香山寺僧人如满结交后起的。白居易人生经历还是比较丰富的，性格信仰行止是一个兼行并济的人，既入世又有出世之心，既做官又有隐士之想，嗜酒好茶，儒、释、道兼修，晚年在庐山筑草庐炼丹。有时醉酒连连，有时数月不沾荤腥，多愁善感又乐观平和。日常起居，酒茶并立，“茶铛酒杓不相离。”

白居易好饮酒，这是无疑的，茶在他生活中占第二位，但就像他本人性格一样，酒、茶共享，而茶却是一天都不可少的。他习惯于餐中饮茶，有诗为证：“尽日一餐两碗茶，更无所要到明朝。”也习惯于睡醒后饮茶：“食罢一觉睡，起来两瓯茶。”“游罢睡一觉，觉来茶一瓯。”夜间有时也要饮茶：“夜茶一两杓，秋吟三数声。”白居易最想喝茶的时候是酒后，“满瓯似乳堪持玩，况是春深酒渴人。”“醉对数丛红芍药，渴饮一碗绿昌明。”

白居易宦游生涯五十余年，从来没有丢过官，所以过着相当富饶的生活，且性好交游，除了与同僚、僧、道交游外，最爱赏游山水，仆马茶酒，一路遣兴。诗中道：“谷鸟晚仍啼，洞花秋不落。提笼复携盒，遇胜时停泊。泉憩茶数瓯，岚行酒一酌。”

白居易作过杭州太守，留下了他好茶饮茶的遗迹，杭州灵隐韬

白居易坐听琵琶（明　郭诩　《琵琶行图》轴局部）

光寺有一座烹茗井，相传就是白居易汲水烹茶处。白居易饮茶有一个爱好，就是与人共享，呼朋引伴一起喝茶，或者一饮茶就想起好友亲朋。茶本来就是比酒冷的东西，一人独饮就更清冷了。白居易在《山泉煎茶有怀》诗中写道：

坐酌泠泠水，看煎瑟瑟尘。
无由持一碗，寄与爱茶人。

一天白居易在火上煮茶，心情极好，想到已经斋戒了几天，应该请禅师来一同品茶，同时品尝他精心选备的素食，于是命童仆去约请韬光禅师。白居易随即写下一首诗作为请柬：

白屋炊香饭，荤膻不入家。

滤泉澄葛粉，洗手摘藤花。

青芥除黄叶，红姜带紫芽。

命师相伴食，斋罢一瓯茶。

让白居易意外的是，韬光禅师并没有从命，他也回了一首诗：

山僧野性好林泉，每向岩阿倚石眠。

……

城市不能飞锡去，恐妨莺啭翠楼前。

韬光禅师是个讲尊严的人，虽也放达，但只是在山林间，到了官衙里就不自在了，所以不如不去，而且官衙是个俗地，哪能干干净净地吃斋品茶？“恐妨莺啭翠楼前。”白居易在日常生活中，常常离不开伎乐，琴瑟鼓乐相随，这一点禅师很清楚，哪能去碍事呢！

白居易接到禅师的诗信，明白了，你不来则我往，马上收拾茶食，亲自去到韬光寺品茶。大概从那时起，韬光寺的井就成了白居易与韬光禅师煮茶的水源了。

白居易进入老年以后，身体大不如前，以往的诗酒生活有些难以为继，“酒唯下药饮，无复曾欢醉”。“老去齿衰嫌橘酸，病来肺渴觉茶香。”即使这样，白居易也是难以抗拒酒精的诱惑，刚刚觉茶香，就又“有时闲酌无人伴，独自腾腾入醉乡”。酒和茶哪个都不能少，能兼顾就兼顾，“鼻香茶熟后，腰暖日阳中。伴老琴长在，迎春酒不空。”晚年酒和药为伍，再与茶相伴，“徐倾下药酒，稍爇煎茶火。”酒无时无地不需要，但有些时候，茶比酒更适合，比如下面一首诗《宿兰溪对月》：

昨夜凤池头，今夜兰溪口。

明月本无心，行人自回首。

新秋松影下，半夜钟声后。

清影不宜昏，聊将茶代酒。

白居易茶诗最多，并不一定代表他在文人当中最为嗜茶，即使是非常嗜茶，也不代表他对茶有独特的感知，如以皎然为代表的诗人，对茶怀着一种近于宗教性的敬慕；或以卢仝为代表的诗人对茶怀着浪漫的心绪。白居易茶诗众多，是他的诗风决定的，他是唐诗人当中最能以日常生活入诗的人，茶在他的诗里出现也都是伴随着饮食生活而来的。

茶在白居易这里，不过是服务于日常饮食的用品而已。在卢仝眼里，茶是神品；在皎然那里，茶是高人，但在白居易这里茶就是一个忠实的仆人。白居易一生嗜酒，也常病酒卧床，但从未被茶折磨，茶缘虽比酒缘浅，但茶时时陪伴，越到晚年越深感离不开茶。

白居易对自己退休以后的生活有一个设想，就是在山水佳处建一座茅草屋，周围建一个茶园。平时游赏，每到依山傍水之处，泉流漱石、林荫鸟鸣之地，都要抒发一下对未来的设想。后来他做九江太守，实现了这一计划，在庐山香炉峰下建了一座草堂，在草堂边种茶，建起了茶园。他用诗叙述了选址建园的过程：

香炉峰北面，遗爱寺西边。

白石何凿凿，清流亦潺潺。

有松数十株，有竹千余竿。

松张翠伞盖，竹倚青琅玕。

其下无人居，悠哉几多年。

有时聚猿鸟，终日空风烟。

时有沈冥子，姓白字乐天。

平生无所好，见此心依然。

如获终老地，忽乎不知还。

架岩结茅宇，斫壑开茶园。

……

后来白居易在《香炉峰下新置草堂》诗中写道：“药圃茶园是产业，野鹿林鹤是交游。”这是与大自然和谐相处、同时又是文化意味颇浓的生活方式。

在白居易生活中，理想与现实结合得非常好，与其他诗人不同，他不是浪漫主义者而是现实主义者，有追求但不执拗，有感慨但不悲愤，并不像有些文人那样，理想远离现实之外，现实生活饥寒交迫。白居易很能享受闲适的生活，就像他字乐天一样，乐观豁达。他喜好山野林鹤，但不像陶渊明那样挂冠而去，而是把居官生活过得像处士一般。陶渊明喜好饮酒但酒不常有，自给自足是很难维持的；白居易喜好茶酒，茶酒从未亏缺。白居易经常往来山野、僧寺，其间“或吟诗一首，或饮茶一瓯”。彼时“身心无一系，浩浩如虚舟”。这样的境界，也是中国大多数文人雅士不论在官在野，共同追慕的，在白居易这里却成为日常生活。所以后来的文人比如宋代大文豪苏轼，对白居易十分钦佩，也处处效仿、继承白居易的人生姿态。

白居易是个很有情趣的人，他第一个将雪水烹茶写入诗中。雪水是陆羽为水源排序的第二十名，也是最后一名，雪的天然优雅外观，一直令文人雅士赞赏，尝试以融化的雪水烹茶白居易可能并不是第一人，但他比别的文人更能处处感受到诗意，诗笔殷勤。他在《晚起》诗中写道：“融雪煎香茗。”下过雪的冬天，天色铅白，诗人比往常起得晚了些，有饮茶习惯的诗人想到这雪不正是烹茶的天水吗？于是命小厮取来洁净的器具，收取晶莹洁白的雪花，炉下生火，融化雪水，注入茶末，于是茶香满室，一瓯雪水茶就这样诞生了。

有一次，白居易品饮雪水茶，兴致极好，吟出几句诗，拿过笔来

白居易的老年休闲生活（明　周臣　《香山九老图》轴局部）

直接题在壁上，诗名《吟元郎中白须诗，兼饮雪水茶，因题壁上》：

> 吟咏霜毛句，闲尝雪水茶。
> 城中展眉处，只是有元家。

这位元中郎就是白居易的好友元稹。

白居易晚年也过得比较畅意，他在洛阳与另外六位高龄的士大夫及僧人共同组成“香山九老会”，建造园林般的居所，往来游赏，互通情谊，写诗作歌，安享太平岁月。

6. 元稹与茶

唐诗人元稹是白居易的终生好友，他与白居易共倡新乐府诗，在诗坛上开创了唐朝的新乐府运动。两人的诗作多有酬唱，数量之多创诗史之最。史称“元白”。

元稹像

在品茶方面，两人也是知音，“城中展眉处，只是有元家”。白居易咏雪水茶诗，是他在元和十五年（820 年）从忠州刺史任上回到长安所作。他任尚书司门员外郎，元稹在都中担任祠部郎中，诗友兼茶友又能共叙一堂了。

有关元稹嗜茶的事迹不多，但他写过一首著名的宝塔诗《茶》，非常令后人珍赏，成为茶文化极具特色的文字作品，是元稹为茶文化奉献的杰作：

茶。

香叶，嫩芽。

慕诗客，爱僧家。

碾雕白玉，罗织红纱。

铫煎黄蕊色，碗转曲尘花。

夜后邀陪明月，晨前命对朝霞。

洗尽古今人不倦，将至醉后岂堪夸。

这首诗是如何产生的？

大和三年（829 年），年过半百的白居易因为不愿卷入朝廷党争，主动要求离开长安，以太子宾客的虚职到东都洛阳担任分司官。同僚好友相聚送别。当时诸友齐聚长安的兴化亭送别，这些人当中有元稹、王起、刘禹锡、张籍、李绅、韦式、令狐楚，都是朝中著名文士。白居易从长安去到洛阳过闲官生活不算贬官外任，又是他自己争取的，此番离别不算伤别。酒酣之际，好友们建议不妨以文字游戏一场。大家商量以赋诗的形式为白居易饯行，每人分一个题，以题为韵，为了活跃气氛，每人要赋一首宝塔诗。宝塔诗以往并不常见，带有文字游戏的成分，于是白居易本人以《诗》为题目作诗，王起、张籍以《花》为题目，刘禹锡以《水》为题目，李绅以《月》为题目，韦式以《竹》为题目，令狐楚以《山》为题目，元稹以《茶》为题目。

白居易作的宝塔诗《诗》：

诗。

绮美，瑰奇。

明月夜，落花时。

能助欢笑，亦伤别离。

调清金石怨，吟苦鬼神悲。

天下只应我爱，世间唯有君知。

自从都尉别苏句，便到司空送白辞。

白居易的这首宝塔诗，最后两句“自从都尉别苏句，便到司空送白辞”，前一句是写西汉苏武归汉前，身在匈奴的李陵作诗与他生死离别，非常凄凉感人；后一句的“司空”应该是指在场的王起，王起是当朝宰相王播的弟弟，时任御史大夫，御史大夫掌管弹劾、纠察，与先秦官制中的司空一职相当。王起在送别的诗友中官职较高，同时学问博洽，夙夜孜孜，书无不览，为人宽厚，与元、白是朝中知己。兴化亭送别，白居易将最后一句深情的诗写给王起。

王起的宝塔诗《花》："花。点缀，分葩。露初裛，月未斜。一枝曲水，千树山家。戏蝶未成梦，娇莺语更夸。既见东园成径，何殊西子同车。渐觉风飘轻似雪，能令醉者乱如麻。"此诗的标题下小注："乐天分司东都，起与朝贤悉会兴化亭送别，酒酣各赋一字至七字诗，以题为韵。"

以上这些，都是元稹的一至七字茶诗的背景材料，用来作铺垫的。兴化亭送别，最有成就的作品无疑是元稹的茶诗。

元稹喜好品茶，一则是受白居易的影响，一则是他当年参加殿试考试时，受宫廷赐茶的感染和鼓舞。元稹在题为《自述》的诗中记述了宫廷赐茶的情景：

> 延英引对碧衣郎，江砚宣毫各别床。
> 天子下帘亲考试，宫人手里过茶汤。

《旧唐书·元稹传》载，元稹是在唐宪宗元和元年（806年）应制举，在登第的十八人中名列第一，时年二十八岁。当时还没有建立严格的科举考试制度，这一场试叫做制举，相当于后世的殿试。就是在这场殿试上，刚即位的唐宪宗礼贤下士，亲自考核青年才俊，为优待他们，特命宫女端上恩赐的茶汤。

这一份茶汤无疑给元稹留下了深刻的印象。元稹出生在河南，少时丧父，家贫，从环境、条件来看，不可能养成自幼饮茶的习惯。他少年英俊，九岁就能写文章，十五岁就以通达两经得到拔举，二十四岁已成为朝廷秘书省校书郎。这次殿试以后，正式进入官场。史称他性格锋锐，见事风生，聪警绝人，经常上书言事。其实很不见容于朝廷，但却交到了唯一的一位终生好友白居易。白居易比元稹大五岁，算是同龄人。当年他和元稹一起应制举，元稹获得第一名，白居易第四，两人在科举上称为同年。从那年认识后，两人交情隆厚。严格来说，论心地平和正直，元比不上白，元稹如果没有跟白居易友善酬唱数十年，不会有多大的文名。元稹擅长在官场经营，一度官至宰相，深得穆宗皇帝恩顾。在做人做事上，有一些偏颇。唐穆宗提升他为平章政事时，朝野的反应竟是一片轻笑之声。在他的文集中有一篇《莺莺传》，他本人就是文中男主人公张生的原形，后世文人王实甫根据这篇有着真实背景的笔记小说编写了一本《西厢记》。

人无完人，元稹为茶文化确实作出了贡献，文史、茶史都留下了足迹。他有一首诗，写在被贬至江陵的途中。从诗文中可见他是一个爱茶人，而且热衷于亲自采茶。

想到江陵无一事，酒杯书卷缀新文。
紫芽嫩茗和枝采，朱橘香苞数瓣分。
暇日上山狂逐鹿，凌晨过寺饱看云。
算缗草诏终须解，不敢将心远羡君。

7. 刘禹锡品茶

一天，白居易到刘禹锡宅中造访，不巧，这位陋室先生正在病酒，躺在床上，一副可怜相。酒这东西真是厉害，比起茶，它是一种极端的饮品，它让人大兴奋、大痛苦。嗜酒人对酒爱得死去活来，酒让人一会儿上天堂一会儿下地狱，爱酒人离开酒没法活，有了酒更是活不好。刘禹锡正在被酒折磨，白居易的到来，让他感觉有救了。

酒虽烈，却要温和的茶来降解它。刘禹锡赶快与白居易做了一个交易，他拿出自己最嗜好的下酒菜菊苗齑、芦服鲊跟白居易换取六班茶二囊，用来醒酒。六班茶何物？这是白居易自己调配的解酒茶，其秘方今人已不得而知。白居易本人也是个酒徒，但他对酒量控制得比较好，加上经常用茶来解酒，所以不像其他酒徒那样动不动就病酒。

刘禹锡、元稹与白居易一生共爱诗、酒、茶，是非常纯粹的朋友。元稹五十多岁就去世了，晚年阶段，刘禹锡与白居易诗歌唱酬、惺惺相惜。

刘禹锡这个人，性格比较强悍，青年入仕，积极参与朝政，与王叔文、柳宗元参与禁中议事，也曾以势压人。王叔文败后，刘禹锡也遭贬斥，先是贬到古夜郎国一带的郎州，一去就是十年。这个阶段，唯以文章吟咏，陶冶性情，以竹枝词的形式，为当地民间祭祀活动写了不少迎神送神歌，后来武陵一带的民歌多是用刘禹锡的新作。他从郎州回朝后，作了一篇《神都观看花君子诗》，诗中有句“玄都观里桃千树，尽是刘郎去后栽”。被认为是讥讽朝中新贵，引起执政官员的不悦。刘禹锡其人，《唐才子传》说他“恃才而傲，心不能平”。不久又再被贬到边远的连州（今属广州）做刺史。一去又是十四年，直到头发花白才重回京师。刘郎再度回京，又到玄都观看那十几年前的桃花，可惜那些桃树不知被谁砍没了，换成一片兔葵燕麦在春风中晃动。刘禹锡又感慨作诗，诗尾是：“种桃道士归何处，前度刘郎今又来。”刘禹锡的性格真是硬朗，不惜用半生玩一个黑色幽默。

刘禹锡的茶诗《西山兰若试茶歌》，是一首非常出色的诗作，论诗的意境、论对茶的制作描述，水平之高都是少有的：

山僧后檐茶数丛，春来映竹抽新芽。

宛然为客振衣起，自傍芳丛摘鹰嘴。

斯须炒成满室香，便酌沏下金沙水。

骤雨松风入鼎来，白云满盏花徘徊。

悠扬喷鼻宿酲散，清峭彻骨烦襟开。

阳崖阴岭各殊气，未若竹下莓苔地。

炎帝虽尝未解煮，桐君有箓那知味。

新芽连拳半未舒，自摘至煎俄顷余。

木兰堕露花微似，瑶草临波色不如。
僧言灵味宜幽寂，采采翘英为佳客。
不辞缄封寄郡斋，砖井铜炉损标格。
何况蒙山顾渚春，白泥赤印走风尘。
欲知花乳清泠味，须是眠云跂石人。

刘禹锡写这首诗是在他第一次被贬到西南郎州时期。从朝中贬到偏远地区，内心的苦闷挣扎肯定少不了，但在远离尘嚣的山中僧寺，刘禹锡品到了人生真味，大大化解了愁烦。唐代不少文士都有相似的经历，一瓯清茶使他们超脱俗世纷扰，成为茶道中人。茶，也助他们文思畅达，留下华章，成就精彩人生。

刘禹锡的这首诗，不仅意境超拔，在中国茶史上也是一份非常有价值的资料，给后来的研究者提供了这样的信息：一是唐朝僧寺普遍种茶，僧人们自摘自饮；二是诗中提到的炒茶法，属于炒青法，在唐朝并不多见，唐朝盛行蒸青，陆羽的《茶经》也不提炒青。明以后炒青基本代替了蒸青，直至现代。可见兰若寺僧人这种制茶法既是原生态的又是超前的。刘禹锡的这首诗影响很大，以至于宋代有些人认为唐朝制茶就是现采现煎，其实这是我国关于炒青绿茶的最早记述，此前从未有人这么清晰地把绿茶的炒青制法写于纸上。

刘禹锡的另一首茶诗《尝茶》，也是同一时期的作品，诗中提到尝茶的地点在湘江：

生拍芳丛鹰嘴芽，老郎封寄谪仙家。
今宵更有湘江月，照出霏霏满碗花。

8. 茶山境会

唐代整个湖州每年上贡给朝廷茶叶一万八千四百斤，顾渚茶占绝大比例，为此朝廷在顾渚建了一排屋舍。最初的贡茶院，是大历五年

（770 年）当地官府在顾渚源草建的三十余间小房。贞元十七年（801 年）又将当地吉祥寺的东廊三十余间改置为贡茶院。建有两排茶碓，百余个茶焙，工匠达千余人，又引顾渚泉流经其间，烹蒸涤濯皆用之。每年春天这里一片繁忙。此前数年义兴阳羡茶进贡时，临时招雇的茶农匠夫达二千余人。顾渚茶入贡后，年年扩大规模，经历代、德、顺、宪四朝，最多时役工三万人，累月方毕。事见《元和郡县图志》卷二十五。

每年春天，当地最高官员的一项重要任务就是督造贡茶，从采茶到加工所有工序都要监督。顾渚山所在的位置在常州和湖州交界处，也就是在常州的义兴县和湖州的长兴县之间，因此常州刺史与湖州刺史协同办理贡茶事宜，这叫做修贡。每年立春过后四十五天，也就是春分前后，两刺史就要进入顾渚山，监督茶事。两刺史在义兴和长兴两县交界的悬脚岭境会亭相聚，迎接朝廷派来的监贡专使。“春风三月贡茶时，尽逐红旌到山里。”（唐·李郢《茶山贡焙歌》）官员们在贡茶院临时办公。第一批贡茶要在清明前送至长安，最快需要十天的路程，方能赶上朝廷的清明宴，这叫做“急程茶”。整个春天的修贡事宜要延续大约一个月时间，到谷雨时节湖、常二州刺史才完工回府。

这期间，湖州刺史与常州刺史共同举办“茶山境会”，邀集周边州县的同僚、文士以茶相会，诗歌酬唱，酒席也是少不了的。历任湖州刺史无论此前对茶是否爱好，任职期间对茶这种独特的贡物都进行了亲密接触，从各种角度引发对茶的感慨。唐宪宗元和年间担任常州刺史的裴汶写了一篇《茶述》，现存残篇约三百字。裴汶对茶怀有极深的敬意，赞茶：“其性精清，其味浩洁，其用涤烦，其功致和。”经过品茶、鉴茶，对茶的认识已经不是简单的传说，而是经过亲身体会得出的真知灼见。

白居易作杭州刺史期间，曾受邀参与茶山境会，与湖州刺史崔玄亮、常州刺史贾餗同游太湖。白居易留下诗句：“十只画船何处宿，洞庭山脚太湖心。”而常州刺史、官气十足的贾餗作的同韵诗，存世的两句是：“殷勤为报春风道，不贡新茶只贡心。”某年又逢茶山境会，白居易接到邀请，不巧他正在病酒，每天躺在床上呻吟，出不了远门。对品茶盛会又渴望又遗憾，白居易写了下面一首《夜闻贾常州崔湖州茶山境会想羡欢宴因寄此诗》：

遥闻境会茶山夜，
珠翠歌钟俱绕身。
盘下中分两州界，
灯前合作一家春。
青娥递舞应争妙，
紫笋齐尝各斗新。
自叹花前北窗下，
蒲黄酒对病眠人。

著名诗人杜牧曾官至湖州刺史，杜牧去世时年仅五十岁，在湖州做官是他人生中最重要的阶段。东南的十年，杜牧写下了一生中最重要的作品，其中就有关于贡茶的诗作。唐代顾渚贡茶的大规模官府役民事项牵动了很多文人的目光，比如李郢有一首著名的《茶山贡焙歌》。李曾担任湖州幕宾，非常同情茶农的辛苦。同时期袁高有一首《茶山歌》，诗中多是忧思、叹息、悲悯，袁高哀叹茶农“蓬头入荒榛”“手足皆鳞

唐　杜牧　行书《张好好诗》卷局部

皱”“俯视弥伤神”，最后长叹：“丹愤何由伸！”但杜牧的《题茶山》诗更多的是对这场采茶盛事的欣赏：

山实东南秀，茶称瑞草魁。
剖符虽俗吏，修贡亦仙才。
溪尽停蛮棹，旗张卓翠苔。
柳村穿窈窕，松涧度喧豗。
等级云峰峻，宽平洞府开。
拂天闻笑语，特地见楼台。
泉嫩黄金涌，芽香紫璧裁。
拜章期沃日，轻骑疾奔雷。
舞袖岚侵涧，歌声谷答回。
磬音藏叶鸟，雪艳照潭梅。
好是全家到，兼为奉诏来。
树荫香作帐，花径落成堆。
景物残三月，登临怆一杯。
重游难自剋，俯首入尘埃。

这首诗作于唐宣宗大中四年（850年）杜牧担任湖州刺史期间。他在诗中的态度也符合他的人生观，喜爱繁华盛景。在杜牧主持下的修贡事务中，他本人的感觉是比较开心的，他对这场浩大的例行劳作进行了诗意的描述。在贡茶现场，作为刺史享受歌舞、酒席，这个时间段也是有声、有色、有业绩的，似一段节日，“舞袖岚侵涧，歌声谷答回。”“树荫香作帐，花径落成堆。”诗的最后情调转为悲凉，这种悲凉不是哀茶民之劳苦，而是感伤这种繁盛不能长久经历，自己不能预计何时重游，“重游难自剋，俯首入尘埃。”

杜牧的另一首茶山诗，《春日茶山病不饮酒，因呈宾客》，对于贡茶活动也是积极肯定的：“笙歌登画船，十日清明前……谁知病太守，犹得作茶仙。”

9. 李德裕的千里煮茶水

唐代有水陆交错的交通线，但是交通工具并不发达，千里运送物品非常辛苦。杨贵妃喜吃荔枝，朝廷为此数千里快递运送，引来朝野讥讽。但在晚唐，有位丞相李德裕为了烹茶，也要从无锡惠山泉运水到长安。晚唐诗人皮日休在《题惠山二首》中讽刺：

> 丞相长思煮茗时，郡侯催发只忧迟。
>
> 吴关去国三千里，莫笑杨妃爱荔枝。

“天下第二泉”惠山泉

无锡惠山泉在中国优质水源中，是众望所归的一道天泉，它从来没有被列为第一，但始终是懂茶人最看中的水源。在确认惠山泉是优质水源后，古人一直探寻比它更清冽的水源，但在第一泉的认定上始终存在分歧，有人认为是扬子江南零水，还有人认为是庐山康王谷水帘洞水，包括陆羽。唐代就曾有这样一句话“扬子江中水，蒙山顶上茶”。据说是天下最好的水、最好的茶。

但是事实上唐代从皇宫贵族到高官显贵，都倾向于用惠山泉水烹顾渚茶。白居易的好友李绅在一首诗中把惠山泉比喻为梵宫，唐僧人若

明　钱谷　《惠山煮泉图》轴局部

水形容惠山泉的味道："漱齿茯苓香。"

李德裕出身于高官厚禄之家，他一生嗜茶与家庭氛围有关。其祖父李栖筠是中国茶史上重要的人物，可以说是他改变了唐朝贡茶的格局，也造就了其后茶叶生产的新局面。李栖筠曾任常州刺史，与陆羽有过交往，这不是一般的私人交往，正是他在陆羽的建议下，将义兴阳羡茶上贡给皇帝，从此阳羡茶成为贡茶。此前朝廷的贡茶主要是蜀茶，而且规模数量都不大。蜀茶用来上贡的主要是蒙顶茶。蜀茶起源早，其蒙顶茶被传为天下第一茶，唐玄宗天宝元年（742年）正式成为朝廷贡茶。进贡的蒙顶茶要通过道路崎岖险恶的剑门关，非常艰难地运到京师长安，一般人能尝到蒙顶茶实属不易，也就加重了蒙顶茶的神秘色彩。唐人杨烨的《膳夫经手录》载，"蜀茶得名蒙顶，于元和前束帛不能易一斤先春蒙顶。"元和前就是指阳羡茶上贡以前。阳羡茶上贡之后，直接影响了蒙顶茶的估价，但蒙顶茶的贡茶地位自唐至清一直延续。

李德裕的祖父李栖筠是一个立身正直的人，以阳羡茶上贡，绝非媚上邀宠，而是一件积极严肃的事情。李氏三代立朝，都不是明哲保身、唯唯诺诺的人，都是有经世济国意识、具有开拓性格的人。李栖筠初来常州，这里遭遇旱情，人民死丧逃亡，盗匪猖獗。李栖筠招集百姓开渠引水，抓捕盗贼，兴办学舍，倡导教化，以"孝友传"引导诸生，举办乡饮酒礼，相当于重建了一个丰衣足食、礼仪敦睦的新常州。李栖筠从常州离任回朝时，百姓依依不舍，夹道相送十里。以阳羡茶上贡，有利于中国茶产业从偏隅的四川向东南转移，有利于东南茶产业的发展。李栖筠之子李吉甫编纂了一部开拓性的地理学专著《元和郡县图志》，书中记载了蒙顶茶进贡以及顾渚茶进贡的概况，是当今茶文化研究者不可或缺的资料。

李德裕没当宰相前，"与李绅、元稹俱在翰林，以学识才名相类，情颇款密"（五代后晋·刘昫《旧唐书·李德裕传》），朝中称为三俊。李绅、元稹都是爱茶人，李德裕的家世背景与茶有着深缘，所以这三俊肯定时常在一起烹茶论道。很可能正是因为对茶的共同爱好，使这三人成为朝中知音。

李德裕虽不是纯粹的文人，但他的儒学造诣很深，学问博洽，个性上是一个很强势、果敢，甚至很自负的人。他做宰相以后，对饮茶的爱好更加浓厚，追求极品的饮茶享受。尤其对煮茶水非常讲究，最推崇惠山泉水，是个完美主义者。李德裕在大和七年（833 年）二月至次年十月在京为相，这期间他利用职权满足自己的好尚，专用惠山泉水烹茶，专门派人用坛从无锡惠山取水封装，然后一路驿递，千里运送，当时称之为“水递”。皇帝饮用茶都只是从长安本地取水，宰相却能喝到千里外运送来的泉水，令人吃惊，李德裕真是一个权相。“水递”无疑是一件劳民伤财的事，也令李德裕大损名声。后来李德裕被一位异僧的神秘发现所折服，结束了这场水递。

一位云游僧人，来见李德裕，说要饮惠山泉不必远道从惠山去取，他已为李德裕通了一条水脉，就在长安昊天观后面的一眼井里，与惠山泉水脉相通，汲之烹茗，味道无异。李德裕觉得可笑，但同时也有一种强烈的好奇，他派属下人各取一罐惠山泉水和昊天观井水，暗做标记，再用几个同样的罐子装上其他水源水，送到僧人处，请他评鉴。僧人一一品尝各罐水，最后取出两罐，说这是惠山泉与昊天观水，完全一样。果然正是这两种水。李德裕心下惊服，遂决定停止水递。

三 宋代文人品茶与诗意化生活

唐宋是塑造中华民族性格的两个时代，前者勇敢后者勤劳，前者粗放后者细腻，前者外向后者内向。从宏观一点儿说，宋代就是中国近代史的开始，中国文化所有的元素都在宋代达成系统，包括茶文化这一个小的类目。

宋代的茶叶种植面积比起唐代有了巨大的扩展，可以说是飞跃性的发展。宋代淮河以南的所有州县都有茶树种植，山地丘陵茶园密布。茶已经成为重要的经济作物，朝廷从唐中期开始小面积征收茶税，即榷茶；到宋代茶税普遍征收，成为朝廷的支柱产业。整个两宋时期，茶这种物质与文化、经济与文明相结合的特殊产品都在不断地扩展。它从一个小众用品变成大众用品，从小众文化变成大众文化，从少数人偶然接触到多数人日常依赖，到宋代结束时完成了这个过程。

（一）茶香弥漫整个宋代

1.宋代文士皆为茶人

宋代士大夫生活当中皆有一个角色，它既是餐桌上的，也是书桌上的，但这两种桌都不完全适合它，这就是茶。

文士的书斋有书香有墨香，这两种香只能用鼻子闻，茶香除了口鼻之外，还需要人用肺腑去体会，无物可仿，所以叫它真香；茶有时出现在餐桌上，但它不是一般的浆饮，它与荤腥是对立的，人要靠它去化解荤腥，去除浊腻;它与酒也不是同党，最多是诤友，酒有醉人之魔力，茶有醒酒之神功。

宋代的文人比之唐代，茶的爱好者、知茶人不再只是一些人，而是几乎所有人，对茶的关注就空前提高了。宋代连皇帝都写了茶学论文，宋徽宗的《大观茶论》使这位皇帝不仅是一位画家，也是茶艺鉴赏家、茶学人士。

宋代文人大多一生离不开茶，在官的几十年，是在评茶品茶中度过，在野的岁月也是在评茶品茶中度过。宋代文人在茶的方面并不崇敬、效仿唐代，而是满怀自信，以积极的姿态，自我作古，喝自己时代的茶，念自己时代的茶经，甘作茶痴。从欧阳修到陆游，人人都自视为行家，品茶评优，评茶鉴水，整个文士集团如同一个无形的巨大的茶馆。

茶是一个非常具有可塑性的东西，既是文人雅士阳春白雪的陪伴、诗词歌咏的对象，又是平民日常生活的必需品。它很简约孤寒，只需一瓢水一星火就可以成全；它又卓而不群，乾坤独有，值得让人反复体味，反复吟咏。

茶的这些特色不能不引发文人士大夫极大的的兴趣，宋代士大夫在日常生活与相互交往中，品茶、评茶成为一项内容，其间饱含兴致、韵味和浓郁的人文情调。

宋代文人茶宴（宋徽宗 《文会图》轴局部）

2. 宋代贡茶产地南迁

一个朝代有一个朝代的名茶，唐以前是蜀茶蒙顶，唐代是阳羡、顾渚紫笋，宋代朝野赞赏的是福建的建安茶，它代替顾渚紫笋成为宋代最大宗的贡茶。中国茶文化的兴盛，牵动着名茶也改朝换代，各领风骚数百年。

宋代最受瞩目的茶，是产自福建建安（今建瓯）凤凰山的建安茶，又称建溪茶、北苑茶。建溪北苑茶被朝廷重视，有一个特别的起因。五代十国期间占据福建一带的闽王朝，闽王龙启元年（933 年），建州有一处私人茶园，其主张廷晖因战事频繁，无力经营他在凤凰山方圆三十里的茶园，将整个茶园拱手献给朝廷。闽王欣然接受，从此这处漫山遍野的茶场就成为闽国的宫廷茶园。因凤凰山处于闽国的北部，所以这一带茶场就称为北苑。可以说，这里就是一处以茶树为风光的宫苑。南唐占领闽地后，这里又成为南唐的宫廷茶场。南唐灭于北宋，这里又被北宋宫廷接收。

北宋太平兴国二年（977 年），朝廷决定以建安茶代替顾渚茶，每年上贡，在建安设立贡茶院，称为北苑御焙，设漕司行衙负责通过水陆两路运送贡茶到京师汴梁。

除了上述顺理成章的原因外，建安北苑茶取代长江流域的顾渚茶，成为宋朝至珍至上的贡茶，肯定还有别的原因。

建安茶的出产地，地理位置有着得天独厚的优势。中国是一个内陆温带国家，四季鲜明，冬季相对寒冷漫长，人们对春天的向往尤其强烈。每年立春后，北方仍是寒风凛凛，久久不见绿色，人们对春天萌发的第一批植物嫩芽，怀有极大的欣喜，诗人们更是以浪漫的语句歌咏之。人们急切地盼望品尝春天的第一批蔬果，包括茶叶。建安北苑茶园所在地恰恰是亚热带气候，年平均气温在 14℃—19℃之间，四季寒暑温差变化不大。这里有山有谷有涧泉，地形上也非常适合茶树生长。每年的二月，北方寒气未消，江浙刚刚略有春意，福建的建溪茶就已经制好运往朝廷了，“二月制成输御府”真是“建溪春色占先魁”。因此“近来不贵蜀吴茶，为有东溪早露芽”。以上均引自苏轼诗词。

这就表明为什么来自亚热带气候的建溪茶受宠了。

宋子安《东溪试茶录》中说：“建溪茶比他郡最先，北苑壑源者尤早。岁多暖则先惊蛰十日即芽，岁多寒则后惊蛰五日始发。”有时候建溪的第一批茶在正月十日前就造好了。韦骧诗《和刘守正月十日新茶》：

乳雾浮浮啜新茗，只疑春自壑源来。

开筵人日逾三昼，试焙申年第一杯。

……

欧阳修也用诗歌赞叹过建安茶的“先发制人”：“万木寒凝睡不醒，唯有此种先萌发。乃知此为最灵物，宜其独得天地之英华。”

“太官供罢颁三吏，东阁开时咏九华。”（宋·苏颂《太傅相公以梅圣俞寄和建茶诗垂示俾次前韵》）可以想见，大宋朝廷的一班君臣拿到春来的第一批茶后，欣喜不已，尤其是文翰之臣，打开东阁辅展翰墨，写出赞颂之词，赞茶美，也赞君恩浩荡。宋代的贡茶绝大部分都是被官僚们消费了，只要是官场中层以上人士，喝到贡茶非常容易。贡茶成为官场当中最雅致、最适宜馈赠的物品。

建溪茶在两宋地位之高，名望之重，得到的赞誉之广，在宋朝无茶可敌，在整个中国茶史上也是非常罕有的。

张廷晖绝没有料想到，他献给南闽王的茶场，居然是天下最佳的茶叶产地。这个定论起自于丁谓。丁谓是长州人（今江苏吴县），年少时就机敏有智谋，善谈笑，琴棋书画无不洞晓，入仕后极善钻营。丁谓登科后做的第一个地方官是饶州通判。在饶州任上他遇见一位异人，异人说：“君貌类李赞皇。”李赞皇是指唐朝权相李德裕，赞皇是其爵号，传自其祖李栖筠。李栖筠治理地方业绩卓著，晚年获得赞皇县子（赞皇县是其出生地）爵位，此爵位世袭，所以其子李吉甫、其孙李德裕也被称为李赞皇。李氏祖孙三人都以干练著称，尤以李德裕权重位高，为一代名臣。丁谓从饶州回朝后便以太子中允为福建路采访。回任后上书论述盐茶在朝廷财政事务中的利害，由此被任命为福建转运使。就是在这一任上，丁谓大赞建安茶之美，写了一篇《茶图》，云："凤山高不百丈，无危峰绝崦，而岗阜环抱，气势柔秀，宜乎嘉植灵卉之所发也。""建安茶品甲于天下，疑山川至灵之卉，天地始和之气，尽此茶矣。"建安茶当时早已经是贡茶，为了更加提高建安茶的形象，丁谓以精制的龙凤团茶上贡。

后来学者型的文官蔡襄继任福建转运使，他本人是个嗜茶者，对建茶也是推崇备致，称："唯北苑凤凰山连属诸焙所产者味佳。"再以更加精制的龙凤小团入贡。

宋子安《东溪试茶录》中说："建首七闽，山川特异，峻极回环，势绝如瓯……会建而上，群峰益秀，迎抱相向，草木丛条，水多黄金。茶生其间，气味殊美。岂非山川重复，土地秀粹之气钟于是，而物得以宜欤？"

宋徽宗像

宋徽宗在《大观茶论》中，对建茶的推崇到了天下唯有建茶才是集合山川灵气的茶品："至若茶之为物，擅瓯闽之秀气，钟山川之灵禀。"言下之意，茶是福建这个地方才能出产的好东西，似乎这位艺术家皇帝不知道也不相信他的国土内还有别的地方也能产茶。

3. 宋代君臣的茶痴现象

对于茶，中国古代文人经历了多数人不知、少数人爱好到多数人了解、少数人嗜好，再到多数人爱好、少数人迷恋，直到多数人生活离不开茶、文人集体痴迷茶事。宋代一班君臣把玩茶品、推敲茶艺，到了极痴、走向极端化的程度。

唐代虽然已有一批嗜茶人，但还没有把茶严格分出等次。陆羽在《茶经》中依照他的茶树生长理论，大要地论述了各个产茶地茶品的高下，非常笼统。比如说："浙东以越州上、明州、婺州次，台州下。"一片广大的地区，仅以上中下简评之。到了宋代，茶品不仅各地不同，就是一地比如建安茶区，也都有高下之分。隔着一条溪一道岭，茶的味道就不同了。北苑中的壑源茶经反复比较，被茶民、嗜茶者公认为超拔至上的精品茶，距离壑源仅一岭之隔的沙溪却品质顿殊。北苑西二十里有一道洄溪，东面约百里地名叫东宫，洄溪以西、东宫以东的地方所产之茶，简直就不能算得上好茶，勉勉强强做成普通茶饼而已。北苑前面有一道溪水，涉过溪水几里路之外，那里的茶气味晦涩颜色显得暗浊，茶水的滋味也是糟糕。这让宋代品茶人联想到一个典故：橘树过了江北就变成枳树了。以上论点见宋子安《东溪试茶录》。

北苑与周边地理哪点不一样？宋子安在《东溪试茶录》中说："先春朝霁常雨，霁则雾露昏蒸，昼午犹寒，故茶宜之。茶宜高山之阴，而喜日阳之早。"就是这些不同，造就了北苑茶的高贵品质。其实这种条件的茶树种植地，在中国不会是绝无仅有的，但是宋代茶痴君臣们一心赞赏北苑茶，不会忍心让别的茶代替北苑茶。

宋人认为，茶在草木中对于自然条件最为敏感，有一点儿偏差，茶性就不同了。"去亩步之间，别宜其性。"（宋子安《东溪试茶录》）而对于茶最敏感的，就是宋代多愁善感的文士。写作《东溪试茶录》的宋子安把北苑一带所有溪、所有岭、山阴山阳、山头山尾、平地坑谷的茶叶，都一一品尝、评价，对茶事已到了酷嗜专精的程度，并津津乐道，不以付出心血为累。经过刻苦而兴致盎然的研究品评，宋子安将茶按品次等级分成七个种类：一为白叶茶，二为柑叶茶，三为早茶，四为细叶茶，五为稽茶，六为晚茶，七为丛茶。

关于白叶茶列为第一，这是宋代君臣嗜茶者在追求茶品中，对茶树稀有品质的一种极端爱好。整个宋代推崇白茶，认为最好的茶是白色而非青绿。凡茶求白，一是指茶叶，一是指煎出的茶水泛出白色，宋人经常用“乳”“玉”“云”“雪”来形容茶汤，而事实上宋代的茶汤也确实颜色偏白，尤其是茶面上有一层白沫，被诗人赞为“瑞雪满瓯浮白乳”。宋代的饼茶，尤其贡茶，为什么能显现出白色的乳状？这对于现今的爱茶人而言，难以理解也难以想象。

这是由特殊的制茶方法造成的。宋代的贡茶采自最先萌发的细嫩茶芽，建安茶味厚，小芽在做成茶饼之前，要经过蒸青、榨膏、研末，这些工序下来，准备压进模中的茶已经不是鲜绿色的了，而是泛白色，透着一点儿浅青。在烹点茶之前，还要将茶饼的碎块放到茶碾上碾末，其实前期已经是茶末了，但不是特别细，点茶之前要碾得极细。有多细？用诗意的话是“碾成云母粉”，时人张商英的《留题慧山寺》中写道：“置茶适自建安到，青杯石臼相争先。碾罗万过玉泥腻，小瓶蟹眼汤正煎。”碾过之后的茶末颜色是玉色，泥一般细腻，点茶时，用汤瓶中的沸水先少加一点儿调成膏状，再冲入较多的水，同时用竹筅击拂搅拌，反复用力击拂，直到茶末出现白色的一片浮云。这就是最标准的宋代茶汤。在所有的饼茶中，建安茶最白最标准，表面的白雪状浮沫比较厚，不易散灭。

关于茶叶在制成茶水之后的颜色，陆羽《茶经》对煎茶后水面上的白色泡沫也是非常珍视，形容为“皤皤然若积雪耳”。但茶水本身的颜色，陆羽说：“其色缃也。”缃是浅黄色的丝织品，喻为黄色。因为茶叶经过制饼、烹煮，难以再呈现绿色，但陆羽还是以绿色为上选。在论及茶具时，陆羽说：“邢瓷白而茶色丹，越瓷青而茶色绿。”他赞成用越瓷，茶在青色的瓷器里显出绿色，效果更好。但到了宋代，茶水的颜色成为判断茶叶品质的标准，好茶不能呈黄色、绿色，唯美的宋代君臣追求的是雪白色的汤花和乳状的感觉，丁谓赞：“烹新玉乳凝。”苏轼赞：“丰腴面如粥。”“汤泼雪腴酽白，钱浮花乳轻圆。”郭祥正赞：“时取甘泉煮雪华。”

除了追求茶汤白色外，对于能够生出白色茶芽的茶树，宋代君臣也极为迷醉。

能够萌发白芽的茶树非常稀有，只是偶然在百千株茶树中冒出一株，令人叹奇。其实白茶的滋味比别的茶淡很多，按茶饼的制法，其特有的清香很难保存。关于白茶之味，宋子安的《东溪试茶录》说：“气味殊薄，非食茶之比。”可见宋人并没有从滋味上品出白茶的独特妙处。白茶地位超高，只是因为它罕见。中国古代很多白化的植物、动物都被视为祥瑞，茶叶也是。《东溪试茶录》说白叶茶“芽叶如纸，民间以为茶瑞，取其第一者为斗茶”。“斗”在这里指品次，不是动词。中国古代有一种文化游戏叫做斗茶，起自唐代，到宋代形成高峰，成为茶事的一个重要项目。而称为“斗品”的茶叶就会用于斗茶上面。宋建安人黄儒《品茶要录》中说：“茶之精绝者曰‘斗’，曰‘亚斗’。”这种称作“斗”的茶芽，就是白色茶芽，非常稀有，茶户一个茶园可能仅有一株。白茶开花但不结籽，这就给人工栽培带来了难处，当时人认为这是造化的奇工，非人力所能为之。采造斗品的茶人，也不能保证常能得心应手，是因“虽人工有至有不至，亦造化推移不可得而擅也”。在并非白茶的茶中也有斗品，即最好的茶。宋徽宗《大观茶论》中说：“凡茶如雀舌、谷粒者，为斗品，一枪一旗为拣芽，一枪二旗次之。”

宋徽宗对白茶最是推崇，如果不是这位皇帝一再夸赞白茶之美，恐怕宋代也不至于白茶至高无上，唯白茶是尊。宋徽宗说：“白茶自为一种，与常茶不同。”是说长出白芽的茶，与普通茶根本不是一种。宋徽宗虽然没有南下到建茶产地视察，但很留心，跟负责此事的大臣有过交流。根据亲历者的描述，宋徽宗用语言为这种茶树画了像，说它枝条软展，叶子莹白而薄。宋徽宗相信白茶树是神来之物，并非凡人种植，乃是“崖林之间，偶然生出，虽非人力所可致，有者不过四五家，生者不过一二株，所造止于二三镑而已”。宋徽宗接着说，如果蒸焙等环节制造不精，白茶的优质也被埋没，与常茶无异。

北苑一带的宁德县在政和五年（1115 年）贡上白茶，令宋徽宗大喜过望。当时这位皇帝已经写完《大观茶论》，见到品质完美、数量也足够把玩的仙茶，真是兴奋得无以言表。宋徽宗激动之余，下诏将年号政和赐给宁德县，从此宁德县改称政和县。

北宋文人、茶民特别是宋徽宗推崇的白茶，事实上真的是普通茶树的变种。白茶后来成为中国六大茶系之一，白茶树在清末解决了人工繁育的难题，不再是神异的偶遇品种。政和县现在仍是白茶产地之一，浙江的安吉后来居上成为白茶主要产地。经科学检验，白茶对人体健康非常有好处，它的黄酮含量最高，远远高出普通绿茶，氨基酸含量高达

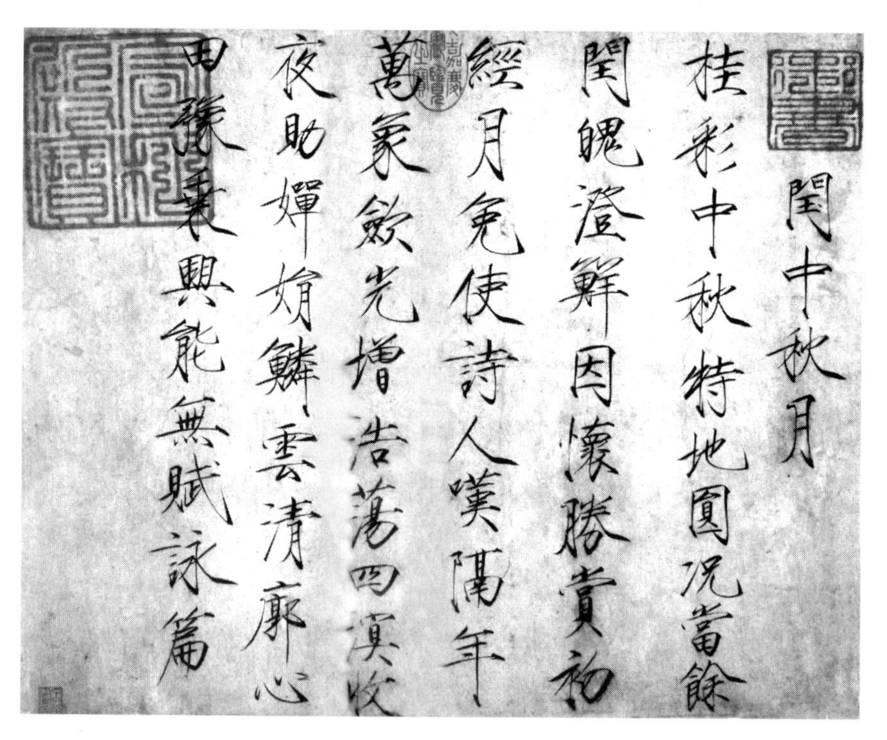

宋徽宗 《闰中秋月诗帖》

10%，也高于普通绿茶两倍。白茶的杀菌抗癌作用在茶叶当中是非常出众的，它的茶多酚相对不高，清雅鲜香不苦涩，是非常优质的茶。

但今天的白茶与宋代的白茶不完全是一回事，从茶树品种上看也许无异，但茶叶的制造方法不同，宋代白茶采摘后还是要经过繁复的蒸焙研，之后压进模具中。现代白茶制法是最自然的，就在通风的茶楼里天然烘干，既没有古代的蒸焙，也不要现代的炒青，同时免去了一般绿茶的揉捻工序，所以有利于人体的微量元素在白茶中得到了尽可能多的保持。还有一点，现代的白茶尽管名叫白茶，其汤色是杏黄或橙黄，非乳白色。若按宋法焙制，研末，点茶，仍可复现雪白色的汤花。

4. 宋代文人饮贡茶、赞贡茶

由唐及宋，文人学士对贡茶的态度发生了有趣的变化。唐代文人对于朝廷每年征发顾渚贡茶相当忧心，因为民众要为此付出无偿的劳苦。不少在官文人要为民请命，以茶诗传述忧思悲悯，比如袁高《茶山诗》感叹："黎甿辍农桑，采掇实苦辛。""众工何枯槁，俯视弥伤神。"但到了宋代，建安方圆数十里的修贡劳作，规模更大，役民更多，北宋建州每年贡茶最盛时达四万七千余片（一说斤），制作更加费工。较之唐代，宋代文人为什么不再为民请命了？当然有它的道理：

其一，中国茶叶生产经过唐和五代三百余年发展，已经出现了专门从事茶叶生产的茶户。他们已不必耕田，而是通过产茶卖茶为生，上税给朝廷或是由朝廷收购。建安及周围六个县都是茶区。五代南唐时六个县同时采造茶叶上贡，茶民的抱怨之声也不少，宋代予以改善，只令建安一地采造贡茶，其他地区的原来官焙都还给茶民。建安的北苑茶采造给茶户是否带来过重的负担？几乎没有记载。为朝廷制作大量的贡茶，肯定不是一件轻松的事情，而且宋代的贡茶比唐代更严格、工序更繁复，但是贡茶的荣耀给茶户也带来了巨大的精神和物质上的收益。试想，如果某些茶户拒绝为朝廷修贡，那么他的损失可能会比收获更大。在文士们看来，贡茶给闽地民众带来了更好的生存机会，使更多的闽人因茶而获得谋生手段。宋代名臣范仲淹以“先天下之忧而忧，后天下之乐而乐”为原则，但在他看来，贡茶人采茶是一件开心事：“新雷昨夜发何处，家家喜笑穿云去。……终朝采掇未盈襜，唯求精粹不敢贪。”苏轼为北苑茶所作的拟人化传记《叶嘉传》中，赞叶嘉：“尝散其资，拯乡闾之困，人皆德之。”是说，茶带来的资财，使贫困的乡民得到解救，民众对茶非常尊敬。“故乡人以春伐鼓，大会山中，求之以为常。”南宋诗人韩无咎对建安一带很了解，记载：“其地不富于田，物产瘠甚，而荈利通天下。每岁方春，摘山之夫十倍耕者。”每当春来，建安太守率众僚齐集山中，茶乡人擂鼓喊山，然后采摘一年新茶。这是一副相当令人振奋的情景。苏轼对贡茶的态度绝无虚美阿世之意，实际上他对丁谓、蔡襄大花心思打造贡茶新品是持否定态度的，有诗为证：“武夷溪边粟粒芽，前丁后蔡相宠加。……吾君所乏岂此物，致养口体何陋耶？”

其二，宋代贡茶的消费者，不只是朝廷皇家，更多的贡茶被文士集团所消费。京师官员经常能够获得皇帝赐给的贡茶，他们与外省官员之间以茶为礼相互馈赠，成为官场习俗。唐代文人悲叹贡茶劳苦，目的是要取消贡茶，但宋代文人喝着皇帝赐赏的贡茶，感觉就完全不一样了。大家都明白，贡茶不只是贡给皇家的，是贡给全体管理国家之成员的。上贡好茶是茶民应尽的义务，品到好茶是缙绅阶层受赐于君的福泽。

其三，宋代已经逐渐进入商品社会，建安北苑地区茶业生产已成为一项民生产业，茶焙（制茶的作坊）已多达一千三百余所，而为朝廷制作贡茶的官焙仅有三十二所。私焙茶户生意都很不错，官焙茶户无论茶叶的质量、声望还是工艺都远高于私焙茶户，每到修贡之时，官焙茶户都是怀着相当兴奋的心情为朝廷采茶造茶，虽然辛苦，但也视为荣耀。宋文士毕仲游有一句诗“几时曾买建溪芽”，表明士人不仅靠互赠贡茶，也辗转购买建安茶，而建安官焙茶户的茶在市场上的售价远高于私焙茶户。此时的文人士大夫，若是谁单念茶户辛苦而呼吁取消贡茶，那就太迂腐了。

其四，为朝廷制做贡茶的茶工是有收入的，绝非徭役般无偿劳作。据南宋庄绰《鸡肋编》记载，制作水芽的“采茶工匠几千人，日支钱七十足，旧米价贱，水芽一胯（疑为“銙”，宋代最小的茶饼）犹费五千”。官府要给采茶工每日按七十足色铜钱支付工钱，这就与唐代的贡茶役使民众完全不同了，不是官府强加给茶农的劳役，对于茶农来讲这是一份工作。这就可以理解为什么每到茶叶采摘时节，茶农精神充沛地喊山采茶。

宋代文士中不喜饮茶的人很少，整个文士集团如同一个巨大的茶馆，而茶品经常从宫中获得，好似皇帝就是这个茶馆的老板。宋代赞茶的诗文中，歌咏的对象大多是贡茶。大量的赞颂贡茶的诗文，初看之下不免让人怀疑宋代文士集体患上了阿谀症，细想之下，也不无道理。不论是经常喝贡茶还是偶然喝到贡茶，贡茶的品质之高的确是事实。文臣们与皇帝在饮茶方面不同的是，皇帝喝到的皆为贡茶，无从比较，以为茶味都是如此；而文臣们平日更多的还是喝普通的茶，这样他们就具有了比较的能力，加上友人赠予贡茶、寄来贡茶的情谊、品到贡茶的情景，都值得一书，所以宋代文人赞贡茶的诗作之多，就不足为怪了。

为什么全体文士，乃至整个消费阶层都热心于茶事？宋徽宗给出的答案是：四海升平带来的结果。这位艺术家皇帝在《大观茶论》的绪言中先作了说明，大意是：事物的兴废，与时代的好坏相关，如果时代处于兵荒马乱，人心劳悴，连维持基本生活都要汲汲地营求，还怕得不到，哪里谈得上饮茶？到了升平之世，人心闲静，物品丰富，日常的必需品早就餍足了，成堆狼藉。天下的士大夫都试图过一种清雅的生活，闲暇时竞相把玩高雅值得琢磨的东西，没人不肯花费精力拿出重金去啜英咀华。都在计较茶的采摘之精，争议鉴裁方法，在这个时代即使是身份不高的文士，都不会以蓄茶为羞。宋徽宗由衷地赞叹：“可谓盛世之清尚也！呜呼！至治之世，岂惟人得尽其才，而草木之灵者，亦得尽其用矣！”

（二）宋代制茶饮茶方式

1. 宋代贡茶求新求变、过度加工

唐代及以前的成品茶，都是茶饼，中间开一个圆洞，用绳子串成串，所以串就是茶饼的计量单位。在运输中以串计量，到了嗜茶人手里，不论是买的还是受赠的，都以“片”来计，一饼就是一片，白居易诗“绿芽十片火前春”，就是十小饼新茶。宋代的茶也制成饼状，但茶饼的形状有了突破，贡茶使用龙凤形的模具，极具美观欣赏价值。早在宋初即宋太宗年间，朝廷就颁下御用的龙凤模具，令建安照此打造，可见模具至少在唐末五代就已产生，但龙凤模具普通人不敢使用。宋代宫廷令建安茶区打造龙凤团茶，也是为了“以别庶饮”，与百姓日用的茶饼区别开来。

贡茶是当时茶叶的高端产品，在茶的制造上，走上了一条过度追求加工、工序繁复的道路，使茶叶远离天然形态，过多地带有人工制造的痕迹，到北宋末年达到极至，之后出现了对这种做法的逐渐扬弃。

五代时期随着北苑成为宫廷茶场，茶的制作一直在追求完美。福建所产的茶叶，与唐朝的贡品浙茶有所不同。闽茶的叶子较厚，味道较浓，再经过烹煮就更加苦涩，于是增加了数道淋洗工序，最大的改变是在制成茶饼前先将茶研成末，“蒸来细捣几千杵”（宋·葛长庚《茶歌》）。这并不是宋代为了修贡而增加的工序，最早的记载是唐德宗贞元年间，常衮担任建州刺史期间，建州茶就研成茶末后入模，叫做研膏茶，这种制法被延续下来，五代的贡茶就出现了北苑研膏，外面有一层青黑色的膏状物。后来为了减少研膏茶的味苦汤浓，又出现了加工更细腻、茶饼外观更有光泽的蜡面茶。之后，蜡面茶又被进一步精细加工，制成名叫“京铤”的团茶。宋太宗年间，建安又依照朝廷颁下的龙凤团模，打造龙凤团茶。

北宋建安茶还有一个特别的制作工序，就是去膏，而且是力争去尽其膏。陆羽《茶经》中曾指出蒸茶时不要流膏，就是“畏流其膏”，茶叶的精华就在其膏里。但是宋代茶人认为陆羽已被超越，身为建安人的黄儒就在《品茶要录》中气势很足地说：“昔者陆羽号为知茶，然羽之所知者，皆今之所谓草茶。何哉？如鸿渐所论‘蒸芽并叶，畏流其膏’。盖草茶味短而淡，故常恐去膏。建茶力厚而甘，故惟欲去膏。”膏去到什么程度？黄儒说：“榨欲尽去其膏，膏尽则有如干竹叶之色。”这就到位了。黄儒接着指出，有些茶商为了使茶饼显得光亮，有意不尽去膏，那么味道就会比较苦。这种毛病叫“渍膏”。

龙凤团茶的制造在求新求宠中，不断变换造形。上演了一场力争更精更美的接力赛，持续了大约一百五十年。

丁谓任福建转运使时，打造精美的龙凤团进贡，一斤八饼。后来蔡襄作福建转运使，更上一层楼，打造更加精美、体积更小巧的龙凤小团。最初只是蔡襄出于个人爱好，按自己的设想精选茶叶，将茶饼模具做得更小，一斤十饼（或说二十饼），打造了少量小龙团请皇帝品尝。不料蔡襄这一举动，开创了龙团贡茶争竞的局面。宋仁宗品尝小龙团之后，令他每年照此上贡。宋神宗在位时，福建转运使贾青又琢磨更新的小龙团。他亲自设计，命茶工将准备打造小龙团的精选茶叶，制成更加精美的团茶，叫做密云龙，又以精美的包装炫人。密云龙用双袋包装，又称双角团茶。袋子为明黄色，专供皇帝饮用。原先贡茶中的大小团茶并没有作废，而是用绯袋包装，用于将来皇帝赏赐大臣。显然密云龙的品质高于小龙团，从此小龙团不再是最受追捧的贡茶了。哲宗年间，又改称瑞云翔龙。每当新的更加精细的茶品出现，前一种茶品就黯然失色，雅好茶事的宋代宫廷及大批的文士、附庸风雅的有产阶层，都怀着极大的热情去品味、赏玩。密云龙出品后，士大夫偶然获得一饼，如获至宝。黄裳咏道：“密云晚出小团块，虽得一饼犹为丰。”还没品尝，人已经沉醉得快要灵魂出壳了：“苍龙碾下想化去，但见白云生碧空。”

宋徽宗登基后，高兴地看到：“缙绅之士，韦布（指平民）之流，沐浴膏泽，熏陶德化，盛以雅尚相推，从事茗饮。故近岁以来，采择之精，制作之工，品第之胜，烹点之妙，莫不盛造其极。”于是这位风流皇帝写出一篇茶事论稿《大观茶论》。宋徽宗宣和年间，负责督造和运输贡茶的漕臣郑可简又出新招，创制银线水芽。就是将精选采摘下来的茶芽，再从中挑剔，只取其心一缕，用珍器贮清泉渍之，小茶芽在水中光亮莹洁，如同一丝丝银线。之后，还是制成团茶，用一个特制的、仅有一寸二分的方形小铸为模作成小饼，制成后的茶饼叫做龙团胜雪，模具上还有龙纹装饰。銙原指男子腰带上的饰品，方寸大小，后来成为宋代最精致、最小巧的茶饼计量单位。

北苑茶民为了制作最精最细的茶，采茶者要在清晨天没有全亮的时候出发，在冲蒙的云雾中上山，胸前悬挂一个水罐，罐里盛着刚刚汲上来的清泉。采到幼嫩的茶芽，先投进罐中，以使其保鲜。回去后，茶芽还要经过再三洗涤，完全洁净了，再入甑中蒸青。蒸后再放入清水中，剔取芽心。龙团胜雪的制做真是到了登峰造极的地步。北宋末年人熊蕃在《宣和北苑贡茶录》后附诗中咏道：“修贡年年采万株，只今胜雪与初殊。”胜雪的包装，先是用青箬叶包上数层，再用黄缎包裹，外加以朱红印封。每年只打造一百銙。

关于郑可简，此人在历史上留下的记录不多，且都是变着花样进贡邀宠。他最初是督造及运送贡茶的漕臣，因进贡龙团胜雪而获得皇帝提拔，升为福建转送使。后来郑可简还想邀宠，派他侄子到各地寻觅新奇特植物。其侄不久发现一种朱红色的草，郑可简非常欣喜，他知道宋徽宗的爱好，思量了一番，决定让自己儿子去进献朱草。果不出郑可简所料，儿子被封了官。此事传开，时人鄙之，互传讽语：“父贵因茶白，儿荣为草朱。”

此后在北宋灭亡前不久的年月里，每年从建安北苑入贡朝廷的茶分十余纲，纲是北宋末年常用的计量单位，一纲就是一批货。第一纲茶的打造，惊蛰前开始动工，专造白茶和龙团胜雪，十日完工，然后飞骑驰送京师，这叫做头纲。其后依次发送玉芽等纲。待到该年所有贡茶完工，已是夏天过半了。

为了给茶增香，贡茶制作时还要加入少量的龙脑，直到宋徽宗宣和年间才被终止。所以北宋的大部分时间，皇帝、文人士大夫们喝到的贡茶都是加入了香料的人工茶，当时的人们几乎一口同声夸赞自己时代的茶香，例如欧阳修还写了一首《茶歌》：

……

每嗤江浙凡茗草，丛生狼藉惟藏蛇。

岂如含膏入香作金饼，蜿蜒两龙戏以呀。

其余品第亦奇绝，愈小愈精皆露芽。

……

欧阳修在这首诗里，为了衬托建茶，竟将唐朝入贡的浙茶说得一无是处。唐宋制茶方面脱离自然的做法，并没有得到后人的颂扬和奉守，明人罗禀在《茶解》一书中不客气地批评古人："即茶之一节，唐宋间研膏、蜡面、京铤、龙团，或至把握纤微，直钱数十万，亦珍重哉！而碾造愈工，茶性愈失，矧杂以香物乎？"

2. 宋代的草茶

宋代经常出现"草茶"一词，宋代建安人黄儒对陆羽很是不屑，言"然羽之所知者，皆今之所谓草茶"。茶都是木本类，虽是灌木形态，但毕竟不是草本植物。草茶其实就是指建安茶以外的杂茶。宋人在建安茶极盛后，对茶作出了分类，一是建安所产的研膏团茶，一是不经研膏的其他地方所产之茶。

宋代建安茶被比喻为台阁之胜士，也就是在朝担任高官、博学有名望之人；草茶被比喻为草泽之高士，也就是没有入朝当官，但学问人品都卓然出众的人。草茶的茶树种类与研膏茶没有什么不同，大体上都属于灌木型的小叶茶树，但产地不同，叶子的形态、厚薄、滋味的轻重略有区别，只是采摘后的制做方法不同，形成了当时的两大茶类。

草茶也被称为江茶，“江”是指长江流域。这种茶其实就是现代散茶的前身，当时的名望远不能跟建安茶比。草茶的草字，不是指产自草本，而是指茶叶没有经过复杂的加工，不再研成末制成饼，保持了茶叶的原貌，干燥的茶芽很像草叶。宋诗中常以鹰爪来形容草茶。宋代著名的草茶，一是浙江的日铸茶，一是江西的双井茶。

宋代文人在饮茶方面比较骄傲，认为自己时代的茶是最完美的。认为“唐人所饮，不过草茶”。（宋・佚名《南窗纪谈》）语气中透着不屑，普遍认为陆羽已被超越。实则唐代的贡茶也是饼茶，并非宋人所指的草茶，只是成饼时茶叶捣碎但没有研成末。《宋史・食货志》记载：“茶有二类，曰片茶，曰散茶。”片茶就是饼茶，每饼为一片，散茶则是草茶。陆游诗：“小龙团与长鹰爪，桑苎玉川俱未知。”意思是，宋代创制的研膏饼茶小龙团，及如同鹰嘴状的草茶，唐代的茶人陆羽、卢仝都没有见识过。

宋代草茶一直存在于民间，特别是自给自足的地区。僧寺的茶叶如果是自产的一般都是散茶，即现采的芽茶，不必制饼，唐宋都是如此。宋代林用中有诗曰：“芽吐金英风味长，我于僧舍得先尝。”由于制作简单，采选不精，茶中杂有茶花茶籽，一直登不了大雅之堂，确实比起制作严格、包装精美的建安团茶逊色。但草茶更多保持了茶叶本身的清香，草茶中的精品渐渐浮出水面，日铸、双井就是其中翘楚。欧阳修在《归田录》中说：“草茶盛于两浙，两浙之品，日注（日铸）为第一。自景祐（宋仁宗年号）已后，洪州双井白芽渐盛，近岁制作尤精……其品远出日注（日铸）上，遂为草茶第一。”《宋史・食货志》记载：“顾渚之紫笋，毗邻之阳羡，绍兴之日铸，婺源之谢源，隆兴之黄龙、双井，皆绝品也。”

有人认为草茶仍是饼茶，并非散茶，只是入模前没有研末，正像唐代的主流茶一样。其实谬也。从草茶的包装上看，它只能是散茶，绝非饼茶。北宋晁说之有一首诗名为《谢徐师川寄江茶四小瓶》，江茶即草茶，要用瓶装，若非散茶，不可能以瓶为盛器；南宋周必大有一首诗名《胡邦衡生日以诗送北苑八銙日注二瓶》，日注茶也用瓶装，只能是散茶，否则应以片计或以饼计，其诗云："尚书八饼分闽焙，主簿双瓶拣越芽。"宋黄庶诗《家僮来持双井芽数饮之辄成诗以示同舍》："长须前日千里至，百芽包裹林岩姿。"草茶日铸和双井都是以散芽状态装在瓶子或包裹里。

宋代文人也拿建溪茶与草茶比较，叶适诗："建溪疑雪白，日铸胜兰芳。"意为，建茶以色喜人，草茶以香胜出。比起建安茶，草茶并不很白，陈襄《和东玉少卿谢春卿防御新茗》诗中有一句："休将洁白评双井，自有清甘存玉华。"

宋以后草茶不再叫草茶，草字毕竟有点儿贬意，它只需用一个字"茶"就行了。这就是一直发展到现今的茶。

3. 煎茶、点茶的味道与程式

唐人饮茶都要用水烹煮，将水烧沸后，投入茶末，再沸后就可以饮用了。这也称为煎茶。煎茶时若选对了时辰、环境和谈吐相契的朋友，是非常富有诗意的。文士常爱到远离尘嚣的僧院，与山僧为伴，在山泉旁，采一丛松枝，用几块山石做一个临时的炉灶，或用带来的石鼎烹茶，将松火点燃，茶烟飘起。禅意就生成在一壶茶里了。

文人品茶，起因远非为了解渴，品茶有它独自的意义，它是借助一种别有滋味的水，把心神融进到一种玄妙的境界中去。从这一点上看，也只有中国文人才能做得到，如果不是中国古代文人，茶水也就是茶水罢了。

宋代常用一个词"试茶"，是指第一次品某种茶，或是用某种水烹某种茶，或第一次在某个地方比如泉边、溪边、桥上品茶。试茶与鉴泉相关，一道泉水品质好不好，如果只是单独饮水，不容易鉴别出来，要用它来烹茶，以茶水的滋味感受泉水的优劣，这真是很考验试茶人的水平的，所以要几位茶人一起试茶，才能得出比较公允的结论；同样，用已知的优质泉水烹点新得到的茶，也可以试出这新茶的品质。有时试茶也指所有的品茶活动，文人对茶始终怀着新奇感，所以每次品茶都是试茶，都有一种探寻的欣喜。

宋代的饮茶方式也在发生变化，烹茶或谓煎茶不再是主要品茶方式，点茶成为主流。点茶的“点”，就是用沸水将茶末点化成茶汤之意。比较接近于现代人的沏茶。从蔡襄的《茶录》到宋徽宗的《大观茶论》，宋代茶书大多讲的是点茶。祖先传下来的煎茶是把水煮开后，把茶末投入瓯中再煮沸两次，然后倒入碗或盏中品茶；点茶则是只煮水不煮茶，用汤瓶煮水达到沸腾，然后将备好的茶末放入茶盏中，取汤瓶之水先将茶末调成均匀的糊状，再冲入满盏，用茶筅击拂，搅出满盏白色的茶沫，茶就做成了。现代人看起来很琐碎，但在宋代文人眼里，这个过程也是很诗意的。日本的茶道表演中，仍能看到宋代的点茶方式。

但是宋代文人是不是完全舍弃了煮茶？没有舍弃，两者兼行。因为煮茶在观感上比点茶更有韵味，古代文人肯花时间、花大精神去观察煮茶的景致，感觉煮茶的壶里有海水的翻腾，有风云的变幻，像天空云飞云散，声音也如松风和涛涌。再有，对不同的茶，也常常采用煮和点不同的方法。王观国的《学林》中写道：“茶之佳品，其色白，若碧绿色者，乃常品也。茶之佳品，芽蘖微细，不可多得，若取多者，皆常品也。茶之佳品皆点啜之；其煎啜之者，皆常品也。”普通的常品茶，色泽呈绿色者，要煮着喝；而精雅的幼嫩色白的好茶，则采用点茶法。所以文人雅士们得到龙团贡茶，都要小心地冲点，很少有人去煎煮。

点茶法的确比旧有的煎茶法更能保留茶叶的原味，如苏辙在《和子瞻煎茶》诗中所言：“相传煎茶只煎水，茶性仍存偏有味。”

最先使用点茶法喝茶的人群，也是僧人。早在唐朝，僧院的僧众们为了喝茶更加简便，就先制作一批茶末，等到用时，只须将少许茶末放入碗中，沏入沸水就行了，僧徒们形象地称之为泼茶。僧徒们喝茶主要目的是抵抗睡魔，防止在念经、听经中昏昏欲睡。每当需要喝茶时只要有热水就可以了，不必费时费力用茶饼现场制作。茶对他们是有功用的，只要功用是一样的，那就越简单越好，这就如同现代的上班族喜欢喝速溶咖啡一般。

文人们从烹茶到点茶，并非只是为了节省时间，按最为正规、最为讲究的点茶法来操作，时间上并没有省出多少。其实茶的品饮，最费时的是将茶饼制成茶末。比之烹茶，点茶其实更能体味到茶的真香，“煎茶只煎水”，茶不用再在一百度的水里煮个滚熟，茶的真味灵香不至于走失，这就是宋代文人更多地采用点茶的原因。

点茶的程序是这样的：先从茶饼上取下一块，用密纸裹住，从外面加以锤捣，然后再用茶碾碾碎。一般来说宋代的好茶，碾出来的茶末是青白色，之后，再用罗筛之。用汤瓶在火上煮水，茶人观察汤瓶的水是否加热完成，叫做候汤，因为汤瓶都不是透明的，水要煮得足够又不能老，所以候汤需要经验。蔡襄《茶录》中说：“候汤最难。”如果水没有煮熟，点茶时茶会浮在水上，若煮得过熟，则茶会沉在水底。唐朝人煮茶时常以沸水滚出“蟹眼”状的水泡为准，算是水煮到位了。可蔡襄认为，这已经煮过头了，不行。

南宋人罗大经在《鹤林玉露》中也指出：“汤欲嫩而不欲老，盖汤嫩则茶味甘，老则过苦矣。”说如果烧水的汤瓶发出松声涧水之声，就马上去冲茶，茶就会过老而苦；要稍等一会儿，等水沸停止再去冲点，则茶味甘甜。然后罗大经以一首诗描述他的候汤法：

> 松风桧雨来到初，急引铜瓶离竹炉。
> 待得声闻俱寂后，一瓯春雪胜醍醐。

点茶要在茶盏中进行，先要将茶盏烘热，也可以用刚煮好的水烫一下茶盏。蔡襄指出，如果没有这一道工序，茶末就会聚在水底。

凡是品茶雅会，参与的人员一人一盏，分别点茶，所以这也叫做分茶（分茶还有其他的意思）。但如果是并不以品茶为主的大型宴会，可以选择比较大的茶盂点茶，之后，再用茶杓将茶平均分给坐中人。

在盏中点茶，每盏投放茶末的量也有标准，如果茶少汤多，茶面就难以产生预期的浮云在天的效果；若是茶多汤少，则盏面会形成浓稠的粥样。蔡襄给出的标准是每盏茶要放一钱七的茶末。茶末先要用少量的热水冲调成膏状，然后再用更多的水冲点。一边注水一边用茶筅回环搅动，叫做击拂。陆游在诗中称其为“转云团”，这时的茶面上出现乳白色的浮沫。击拂茶汤也很有讲究，也颇有诗意：“击拂共看三昧手，白云洞中腾玉龙。”（宋·邓肃《道原惠茗以长句报谢》）

搅茶唐代是用茶匙，宋代改用竹制的茶筅。至今日本茶道表演中的茶筅与之基本相同。

点茶若是按极其考究的方式来操作，比煎茶还要复杂，最为考究的方式是宋徽宗琢磨出来的。宋徽宗在位期间一直忙于治理国家以外的事情，是个非常讲究生活品质的人。他还在内廷宴会上，亲自为蔡京等大臣点茶，让大臣们领略他这个风雅之君至高无上的茶艺。《延福宫曲宴记》载：“宣和二年（1120 年）十二月癸已，召宰执、亲王、学士曲宴于延福宫，命近侍取茶具，亲手注汤击拂。少顷，白乳浮盏面，如疏星淡月。（宋徽宗）顾诸臣曰：‘此自烹茶。’饮毕，皆顿首谢。”他自称为烹茶实际就是点茶。

宋徽宗怀着浓厚的兴趣，在私下对点茶作了反复的试验、比较，最后将自已独到的观察写进了《大观茶论》里，用极为详细的笔墨，对点茶作了极其微观的记述，给世人用文字演示了最标准、最雅致的点茶法：

点茶不一，而调膏继刻，以汤注之。手重筅轻，无粟纹、蟹眼者，谓之“静面点”。盖击拂无力，茶不发立，水乳未浃，又复增汤，色泽不尽，英华沦散，茶无立作矣。有随汤击拂，手筅俱重，立文泛泛，谓之“一发点”。盖用汤已故，指腕不圆，粥面未凝，茶力已尽，云雾虽泛，水脚易生。妙于此者，量茶受汤，调如融胶，环注盏畔，勿使侵茶。势不欲猛，先须搅动茶膏，渐加击拂。手轻筅重，指绕腕旋，上下透彻，如酵蘖之起面。疏星皎月，灿然而生，则茶之根本立矣。第二汤自茶面注之，周回一线。急注急上，茶面不动，击拂既力，色泽渐开，珠玑磊落。三汤多寘，如前击拂，渐贵轻匀。周环旋复，表里洞彻，粟文蟹眼，泛结杂起，茶之色十已得其六七。四汤尚啬。筅欲转稍宽而勿速，其清真华彩，既已焕发，云雾渐生。五汤乃可稍纵。筅欲轻匀而透达，如发立未尽，则击以作之。发立已过，则拂以敛之。结浚霭，结凝雪，茶色尽矣。六汤以观立作。乳点勃结则以筅著，居缓绕拂动而已。七汤以分轻清重浊，相稀稠得中，可欲则止。乳雾汹涌，溢盏而起，周回旋而不动，谓之咬盏，宜匀其轻清浮合者饮之。

这样不懈地对饮茶艺术化的追求，这样精益求精的执着，真是登峰造极。宋徽宗的点茶法，现代人看起来真有些不知所云。元明以后，点茶末做茶汤的饮茶方式也已经被直接泡取茶叶取代。

宋代的茶盏，最尚青黑色，最好是带有月光下兔毛的光泽，人称兔毫盏。建安当时不仅生产贡茶，也生产最受推崇的兔毫盏。蔡襄在《茶录》中也以建安所产的绀黑色兔毫盏作为首选。茶盏的颜色关系到茶汤的视觉效果，黑色茶盏有助于观察茶汤的色彩和形态，因为宋代人饮茶崇尚乳白色，黑色茶盏更能衬托白色的茶汤，更易观察茶汤上面的浮沫。

茶盏为圆形碗状，没有手柄，盏下面有一个茶托。这个茶托的发明，历史上有明确记载，是位少女的杰出设想。此女是唐德宗时期一位名叫崔宁的官员之女，她本人没有留下名字，只能称为崔宁女。此女冰雪聪明，她喝茶时先是用碟子托着茶杯以防烫，但发现喝茶时杯子就倾斜，有倾覆的可能。她就用蜡在碟子上封了一道圈，杯子就能固定住。此后，她又命工匠用漆环代替蜡。从此流传开来，后来制碟的陶瓷匠人受到启发，就在碟底做出一个瓷环或是圆槽。宋代茶碟叫做茶托子。

宋代有一个礼俗，居丧期间不得用茶托。士大夫考证不出起源，大家尽管不晓其义，但遇到丧礼都要遵守。后来发生的一件事，令士大夫们切感这个礼俗是非常合乎情理的。《齐东野语》记载：高官夏竦去世时，其子夏安期当时任枢密院直学士，此人一贯不肯读书，因父亲的关系才获得一份清要的职务。办理丧事期间，夏安期到自己的办公室有事，同事见到他，都予以安慰。到喝茶时间，众人看到，这个居丧的公子喝茶时举着茶托与平常无异，“众颇讶之”。大家都惊愕，居丧的孝子处处应该显得很拘紧、很受约束，喝茶时举茶托与不举茶托完全是两种精神状态。夏安期举着茶托的闲适样子，简直是亵渎孝道。此人作为反面教材让大家领悟了这个礼俗设立的意义。南宋时，宋孝宗为高宗守孝期间，面见大臣们，赐茶一概不用茶托。

4. 宋代的民间斗茶与文士斗茶

宋代茶事中有一件特别的项目，就是斗茶，也称为茗战。中国人在日常生活中崇尚谦虚，把竞争和较量纳入到游戏当中，民间早就有斗鸡等游戏，雅人则博弈，以围棋、象棋进行头脑较量。斗茶起自唐朝，是产茶人、制茶人、茶艺爱好者为了比试茶的品色、烹茶的质量而展开的竞技。唐朝的斗茶活动并不频繁，比较著名的事件是唐玄宗跟梅妃斗过一回茶，梅妃取胜，让唐玄宗对梅妃的聪慧大大赞叹。白居易写茶山境会的诗“紫笋齐尝各斗新”就是指唐朝贡茶产地在开采之后展开的竞优活动。到了宋代，斗茶变得日常化，所有品茶人都知道斗茶是怎么一回事，大多也都参加过斗茶。

宋代的斗茶，在茶业产地、民间茶肆、文人雅会中都有，实在是宋代人太喜爱茶了，整个王朝上至皇帝下至普通民众皆为茶而发烧，在品茶中衍生一种偏爱。斗茶活动在建安产茶地非常热闹，蔡襄把斗茶写进了《茶录》里，显然他对斗茶非常欣赏。斗茶的游戏规则并不复杂，主要竞争的是茶盏表面的形态，也就是茶汤的汤色和汤花的优劣。

蔡襄《茶录》在“点茶”一段中提到建安的斗茶，说：“视其面色鲜白，著盏无水痕者为绝佳。建安斗茶，以水痕先者为负，耐久者为胜。故较胜负之说，曰：‘相去一水两水。’”宋代茶色以白为上，点茶后在盏面上出现白若乳状的样子，以色白和泡沫持久为优，白中略青胜过白中略黄，泡沫浓厚能够较长时间停留在盏上叫做咬盏，以咬盏相对持久的为胜。范仲淹在《和章岷从事斗茶歌》中，以极高的兴致描写了北苑茶区斗茶的情景：“北苑将期献天子，林下雄豪先斗美。”一向严谨的大臣王珪也兴致盎然地写道：“云叠乱花争一水，凤团双影贡先春。”

宋代建溪地区斗茶主要斗色，茶的滋味似乎不重要，其实这里面有原因。建溪茶的品质在宋代君臣那里得到众口一词的好评，关于它的滋味之美，蔡襄《茶录》中说：“茶味主于甘滑，惟北苑凤凰山连属诸焙所产者。”宋徽宗《大观茶论》中说：“夫茶以味为上，香、甘、重、滑，为味之全，惟北苑、壑源之品兼之。”就是说，北苑茶已经不需要品鉴滋味了，属于国家免检产品。在范仲淹的诗中，当地斗茶还是要斗茶香的，“斗余味兮轻醍醐，斗余香兮薄兰芷”。建安属武夷山地区，茶是非常香的。那时的茶种就是现代乌龙茶的祖先，范仲淹诗中

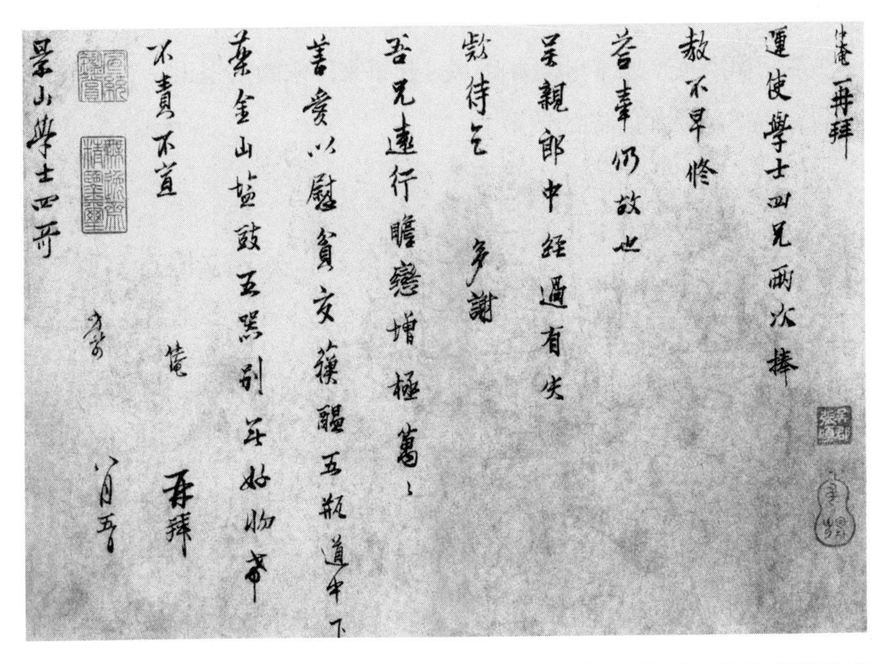
仲淹再拜
運使學士四兄兩次捧
教不早修
答幸仍故也
吴親郎中經過有失
款待之 多謝
吾兄遠行瞻戀增極蒿蒿
善愛以慰貧交獲醋五瓶道中下
藥金山鹽豉五器別無好物
不責不宜 淹再拜
景山學士四哥

宋 范仲淹 行书《远行帖》

说“武夷仙人自古栽”，给予极高的赞扬，此茶本身有一种兰花香，即使经过榨去膏汁的“酷刑”，依然存有余香。

范仲淹诗中又形容斗茶的激烈与严肃：“胜若登仙不可攀，输同降将无穷耻。”从中可以看出茶户对于本行业的热情和虔敬，完全不同于唐代只是把修贡当做苦役。建安民间斗茶，真有当今争一个谁是行业第一的劲头，“北苑沙溪强分别，水脚一线争谁先”。（宋・苏轼《和蒋夔寄茶》）

北宋年间，官僚文人富室以及茶肆茶贩都对斗茶津津乐道，建茶如同珍宝一般，价格飙升，以至于“白乳叶家春，铢两值钱万”。（宋•梅尧臣《王仲仪寄斗茶》）苏轼有一句诗：“君不见，斗茶公子不忍斗小团，上有双衔绶带双飞鸾。”说的是官僚子弟、富贵公子之间斗茶，本来上贡给皇宫的茶，通过赐赏等渠道进入社会生活，这些不论真风雅还是附庸风雅的人，家里藏着精美稀有的茶，在一定场合就要拿出来显一显，也算斗一斗，但是真让他们破开龙凤团、把茶碾末，他们还真舍不得，拿出来又收回去，斗茶也就斗到这个份儿上。

斗茶之风也吹进了宫廷，宋徽宗也按捺不住好奇和雅兴，闲来斗一斗茶，引得嫔妃宫女们也竞相跟风斗起茶来。宋徽宗为此写了一首《斗茶词》，描写宫人们斗茶的情景：

上春精择建溪芽，携向芸窗力斗茶。
点处未容分品格，捧瓯相近比琼花。

文士们偶尔凑到一起，也要斗斗茶，算是一项有趣的风雅事。文士们斗茶有自己的雅好，不会照搬茶户、茶肆的斗法，主要是竞争谁的茶美、谁的茶香。苏轼曾跟蔡襄斗过一次茶，这是两个懂茶高人之间的竞技。蔡襄用惠山泉配精品茶，苏轼虽有精品茶，但没有那么优势的泉水。苏东坡毕竟是个会动脑筋的人，他改用竹沥水来煎茶，竹沥水就是用烤过的竹子浸泡过的水。最后的结果，苏轼取胜。

苏东坡的同乡唐庚是后生小辈，没做过什么大官，凡事都爱打问号，讨个究竟。他对斗茶有自己的看法，觉得再好的水千里运递，再好的茶存贮七年，简直可笑，不可能用来烹出好茶，于是作了一篇《斗茶记》：

> 政和三年三月壬戌，二三君子相与斗茶于寄傲斋。予为取龙塘水烹之而第其品，以某为上，某次之，某闽人所赍宜尤高，而又次然，大较皆精绝。……唐李相卫公好饮惠山泉，置驿传送，不远数千里，而近世欧阳少师作《龙茶录序》称嘉祐七年亲享明堂，致斋之夕，始以小龙团分赐二府，人给一饼，不敢碾试，至今藏之。时熙宁元年也。吾闻茶不问团铃，要之贵新；水不问江井，要之贵活。千里致水真伪固不可知，就令识真已非活水。自嘉祐七年壬寅至熙宁元年戊申，首尾七年，更阅三朝而赐茶犹在，此岂复有茶也哉？今吾提瓶去龙塘无数十步，此水宜茶；昔人以为不减清远峡，而海道趋建安不数日可至，故每岁新茶不过三月至矣……得与公从容谈笑于此，汲泉煮茗，取一时之适。虽在田野，孰与烹数千里之泉，浇七年之赐茗也哉！……

这篇《斗茶记》后来影响很大，被无数人引用。可以看出，唐庚比很多貌似懂茶的文人雅士更明白品茶的本义。此文是他在贬官之地惠州写的，怀着一颗不平之心。他不认为某种茶好就无条件地永远好，某种水优也无条件地永远优。他告诉那些风雅文士包括欧阳修在内，茶要好，不在出处贵重，要的是自然新鲜，否则就是自欺欺人。欧阳修心疼皇帝赐给的茶，放置七年不肯饮用，那就不是茶了；水也一样，千里运递已非活水。所以唐庚的斗茶，是用活茶活水斗死茶死水。

较之今天的名茶评比，斗茶更有游戏趣味，它之所以没有被后世沿袭下来，是因为它的局限性，后世茶叶的制作方法、品饮方法更新，更接近天然本味的炒青散茶取代了蒸青饼茶。事过境迁，宋代的斗茶也就只属于宋代了。

5. 宋代特有的分茶

宋代分茶有两个概念，一是指分配给饮茶者每人一份茶末或茶汤，二是指宋代特有的一种技艺，它是点茶法流行后，擅长点茶者展示的技艺。这种技艺并没有一定之规，它是把点茶这个本该简单的事情艺术化了，实际上分茶就是宋代特有的茶艺表演。

其实分茶与点茶最初是同义词，渐渐地人人都会点茶了，点茶点得绝的人，就单称为分茶了。分茶还有别的称法：汤戏、茶百戏、水丹青。

有时茶艺的精绝超出了茶的色香本身，成为一种单独的技艺，这门技艺早在唐末就有了。宋初人陶谷在《清异录》中记载："近世有下汤运匕，别施妙诀，使汤纹水脉成物象者。禽兽鱼虫之属，纤巧如画。但须臾即就散灭，此茶之变也。"唐朝末年僧人福全能在茶汤的表面幻注成诗，当汤注入茶末中，通过巧妙的搅拌，让浮着茶末的茶汤形成画面。福全擅长在茶汤中作诗，他自称"生成茶里水丹青"。他表演时，前面放置四瓯，分别点茶，然后，每瓯出现一句诗，四瓯便是完整的一首诗，令围观者叹为观止。此后福全所在的寺院施主不断，都要先来看看这精彩的"汤戏"。

僧人能全身心贯注在一件俗人做不到的事情上，所以宋代擅长分茶的往往是僧人。他们用宁静专注的心思去搅动茶盏，渐渐发现有些奇妙的画面在生成，于是加以设计，反复练习。苏轼在杭州做官时，去西湖葛岭寿星寺，亲眼见到谦师和尚的分茶。谦师和尚本是西湖南屏山麓净慈寺的僧人，听说苏公去寿星寺游观，特意前来拜会，为苏公点茶。苏轼极有兴致，事后写了一首《送南屏谦师》：

道人晓出南屏山，来试点茶三昧手。

忽惊午盏兔毛斑，打作春瓮鹅儿酒。

天台乳花世不见，玉川风腋今安有。

先生有意续《茶经》，会使老谦名不朽。

当时分茶之后，苏轼问谦师有什么诀窍，可不可以传授？谦师说他的茶艺是得于心，应于手，非可以言传学到者，令苏公又佩服又失望。

苏门四学士之一的晁补之也跟着和了一首诗，赞："老谦三昧手，心得非口诀。"

后来苏轼又作一诗称赞谦师："泻汤夺得茶三味，觅句还窥诗一斑。"

南宋诗人杨万里在名为澹庵的佛寺见过精彩的分茶表演。杨万里是个绝对的嗜茶者，亲睹分茶十分兴奋，作了一首淋漓尽致的诗《澹庵座上观显上人分茶》：

分茶何似煎茶好，煎茶不似分茶巧。
蒸水老禅弄泉手，隆兴元春新玉爪。
二者相遭兔瓯面，怪怪奇奇真善幻。
纷如劈絮行太空，影落寒江能万变。
银瓶首下仍尻高，注汤作字势嫖姚。
不须更师屋漏法，只问此瓶当响答。
紫微山人乌角巾，唤我起看清风生。
京尘满袖思一洗，病眼生花得再明。

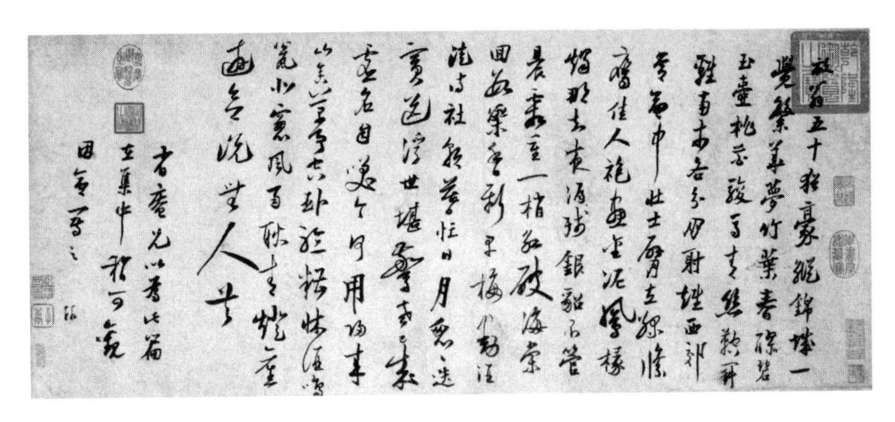

宋　陆游　行书《长夏帖》

汉鼎难调要公理，策勋茗碗非公事。

不如回施与寒儒，归续《茶经》传衲子。

南宋文学大家陆游一生嗜茶，倾心茶艺，无事时也爱习练分茶技艺，时常“晴窗细乳戏分茶”，消磨时光，排遣无法壮志报国的孤愤。

（三）宋代士大夫的品茶人生

1. 朝中第一懂茶人蔡襄

蔡襄，字君谟，福建仙游人，是北宋名臣兼书法家。他的书法水平在北宋文臣中无出其右，尤其受到宋仁宗的喜爱。蔡襄这个人做人很雍容，于僚友间很崇尚信义，重孝道。有一件事足以证明蔡襄的雍容宽厚：一次，蔡襄和几位朋友在会灵东园饮酒，席间一人喝醉了酒，乱放弓箭，不料射伤了人。蔡襄大概是夺了这个人的弓箭，然后被射的人过来指着蔡襄，认定是蔡襄干的，蔡襄也不做解释，把这件事担了

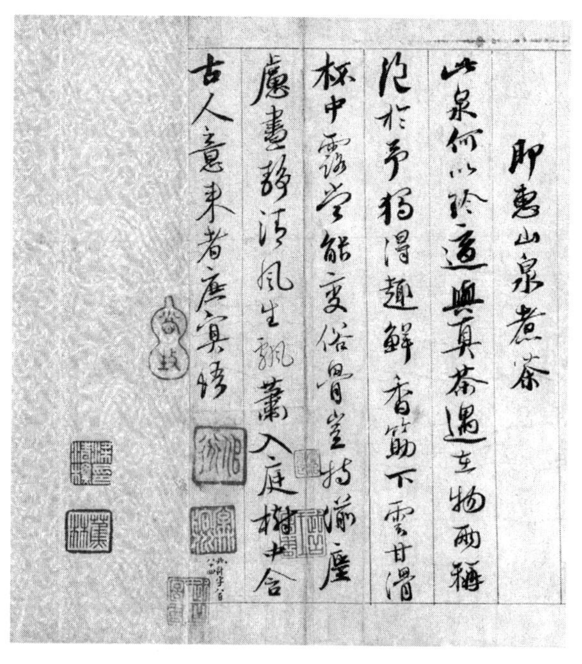

宋 蔡襄 《即惠山泉煮茶》

下来。几天后皇帝问他怎么回事，蔡襄“再拜愧谢，终不自辩”。这样的事，平常人是做不到的。

蔡襄在朝中曾任谏官及龙图阁学士，两度出任福建地方官。在出任福建地方官之前，蔡襄在朝中已有相当名望。他是因母老主动要求到家乡任职，被任命为福建转运使。在任上他兴利除弊，业绩不俗。

蔡襄在茶事上动静最大的事情是打造小龙团。这件事文士集团褒贬不一，最后又都非常赞赏小龙团的高品位。蔡襄在福建管理贡茶时，觉得贡茶龙团是代表茶叶制造最高水平的物品，他本人精通书法，用艺术眼光去琢磨龙团时，感觉还可以在这个基础上提高，同时也可以提高北苑贡茶区的工艺水平。蔡襄设计了小龙团，茶工精心制作，后来成为长期上贡的品种，在社会上引起了极大反响。从价值上说小龙团每饼二两银子，但对于嗜茶的贵族来说，金常有而龙团不可得，所以民间流传这样一句话：“金易得，而龙饼不易得。”皇帝也舍不得拿出几饼来赏赐大臣，每年祭天前，赐中书省、枢密院各一饼，四位宰相级重臣每两人分一饼。欧阳修也分得过半饼，作为文人领袖，心里觉得很不是滋味，感叹蔡襄把茶弄得如此金贵，以后衍成不良风气，那就是罪人。蔡襄与丁谓不同，丁谓是公认的擅长投机钻营的聪明人，而蔡襄是个书卷气很浓的士人。最初欧阳修听说蔡襄打造小龙团上贡，很是吃惊，叹着气说：“君谟（蔡襄字君谟）士人也，何至作此事？”他弄不明白，一个在朝中有作为、完全可以靠才学立世的人，怎么可以用变换贡茶花样来求宠呢？！

蔡襄究竟是否有媚上邀宠之心，有一个事例可以说明：宋仁宗极喜好蔡襄的书法，曾令蔡襄书写《元舅陇西王碑文》，蔡襄勉强从命。后来宋仁宗又要蔡襄书写《温成后父碑》，这一次，蔡襄拒不奉诏，说这不是他的职责。“温成皇后”是宋仁宗最宠爱的张贵妃的谥号。仁宗皇帝为了她一度失去理智，要废掉皇后曹氏立张贵妃为皇后，大臣们一致反对，宋仁宗不得已而作罢。张贵妃死后，宋仁宗赠与她皇后谥号。蔡襄之前已经奉旨书写了《元舅陇西王碑文》，这次拒写《温成后父碑》

不仅无法取媚于宋仁宗，反而可能得罪皇帝。

蔡襄打造小龙团纯是因为太嗜好品茶了。一个爱好茶事、钻研茶艺的人，又当了管理制造顶级茶品的官员，如何能无所作为？

蔡襄确实是一位知茶人，对茶很在意，很用心，把茶事当做一件认真的事。在士大夫交往中，蔡襄是公认的最懂茶的人，他对茶的品鉴力无人能超越。比如下面一件事：福建的建安能仁院，山石缝间天然生长着一些茶树，寺僧发现此茶绝非凡品，采摘后造得八饼茶团，非常珍视，取名为“石嵒白”，将四饼赠给当时任福州知州的蔡襄，另外四饼秘密派人进京赠给主掌宫中文诰的王禹玉。一年后蔡襄被召还回京，拜访王禹玉。王禹玉当然要用最好的茶招待远来的贵客，命子弟从茶笥中取出精品，碾茶，烹点。蔡襄捧着刚制好的茶，还未品尝就说：“此茶极似能仁寺的‘石嵒白’，公从何得之？”王禹玉对茶比较外行，一时也说不准是什么茶，让人查看茶笥上的茶贴，果然是石嵒白。当下对蔡襄的鉴茶本领大大信服。蔡襄对茶的观察、了解非常专注，能从微妙的不同来区分茶品，在北宋大臣中无人能比。

还有一次，蔡襄到朋友家小坐，朋友拿出小龙团来，蔡襄当仁不让，品了一盏，很是受用。这时朋友府上又来了一位客人，蔡襄还没有走，继续喝茶，但接下来的一盏，蔡襄刚喝了一口就停下了，思索了片刻，说：“非独小团，必有大团杂之。”其实在座的没有人品得出来。朋友不太相信，叫来烹茶的童子，童子说：“本碾造二人茶，继有一客至，造不及乃以大团兼之。”朋友大大叹服，蔡襄真是明鉴！

王安石一贯淡泊衣食，对茶也同样不知味。一次他拜访蔡襄，蔡襄热情欢迎。当时王安石虽然官职不高，但文名很大。蔡襄亲自拿出茶中绝品，亲自涤器烹点。所有到蔡府喝过茶的人都对蔡襄的茶道赞赏不已，蔡襄也想获得王安石的称赞。烹点好的茶送到王安石手里，却见王安石从夹带中取出一撮消风散，然后撒在茶杯中，他把这么好的茶当成冲药的水了！王安石大口喝下这不知何味的东西，蔡襄不知所措，却听王安石赞道：“大好茶味！”蔡襄大笑，感叹此公够直率也。

蔡襄在福建任职时，多次到北苑茶场视察、参与繁忙的造茶工程，写下了《北苑十咏》，用诗句描述了北苑风光和茶工造茶的情景。其中，小龙团的打造情景：

> 屑玉寸阴间，抟金新范里。
> 规呈月正圆，势动龙初起。
> 焙出香色全，争夸火候是。

在这组诗中蔡襄有一句注言："予自采掇时入山，至贡毕。"如同唐代常、湖两州刺史每年入山修贡，北苑也建了一座修贡亭。蔡襄以诗自述当时"清晨挂朝衣，盥手署新茗。腾虬守金钥，疾骑穿云岭"。他是以非常严肃的态度对待修贡事务的。

蔡襄晚年多病，体虚不能饮茶，但对茶事的兴致依旧。一个人一生养成的嗜好是改不了的，饮不了茶就看茶，每天蔡襄把玩茶饼、茶具，观看烹茶情景。看茶也乐在其中。

2. 欧阳修与茶

欧阳修，吉州永丰（今属江西）人，是北宋的一位文豪级的人物，被人比为唐朝的韩愈。他涉猎史学、散文、诗词，开一代学风。苏轼敬仰这位前辈，说他"论大道似韩愈，论事似陆贽，记事似司马迁，诗赋似李白"。这样一位文学大家，同时也是茶道中人，可以肯定，茶对欧阳修的事业和人生起到了非常重要的作用。

欧阳修的性格是典型的文士性格，在朝直言，有风节，有自己的荣辱观，不以仕途的浮沉为喜悲，在贬官之所依然泰然自若，游名山胜景，与山水同乐，写下千古文章。

欧阳修虽然初闻蔡襄打造小龙团进贡，很不理解，但日后品尝到小龙团的精美，转而赞赏。每年春天拿到新鲜的贡茶，不论是受赐还是官僚之间的互赠，文士们都十分欣幸。想象北方寒冬未去，远在三千里

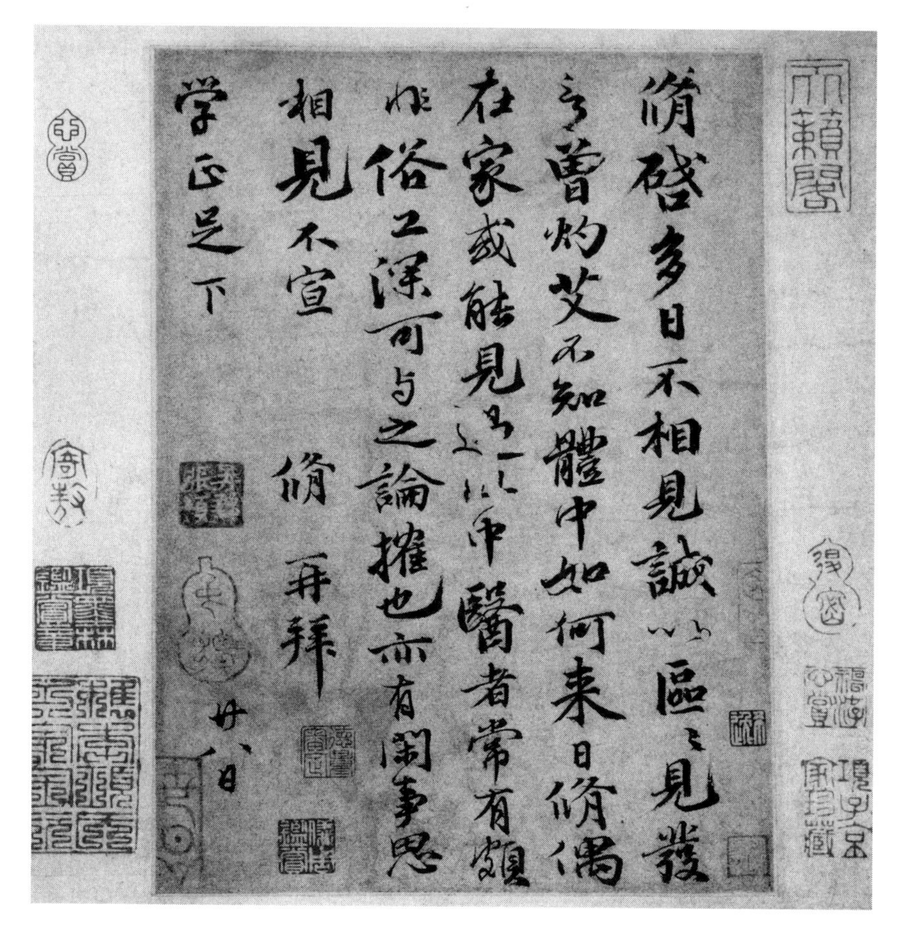
脩啓：多日不相見，誠以區區。見發言曾灼艾，不知體中如何？來日脩偶在家，或能見過。此中醫者常有頰，非俗工，深可與之論權也。亦有闲事，思相見。不宣。脩再拜。學正足下。廿八日。

宋　欧阳修　行书《灼艾帖》

之外的建安茶树已经先知先觉，迎来了春天，茶民开始喊山采茶了，欧阳修不免神往，在《尝新茶呈圣俞》诗中写道：

> 建安三千五百里，京师三月尝新茶。
>
> 人情好先务取胜，百物贵早相矜夸。
>
> 年穷腊尽春欲动，蛰雷未起驱龙蛇。
>
> 夜间击鼓满山谷，千人助叫声喊呀。
>
> 万木寒凝睡不醒，唯有此树先萌发。
>
> ……

欧阳修在文士团体中非常有名望，每年能从各种渠道获得建安茶，其中建安太守就曾派人直接给他送茶，“建安太守急寄我，香箬包裹封题斜”。“新香嫩色如始造，不似远来从天涯。”（宋・欧阳修《尝新茶呈圣俞》）较之一般的建溪茶，龙凤贡茶是最不容易获得的，贡品龙凤团令欧阳修爱不释手，“贡来双凤品尤精”。欧阳修还为蔡襄的《茶录》写了后序，这篇后序为小龙团的珍稀宝贵作了最好的说明，也道出了他对此茶的珍爱之情：“茶为物之至精，而小团又其精者，录序所谓上品龙茶是也。盖自君谟始造而岁供焉。仁宗尤所珍惜，虽辅相之，未尝辄赐。惟南郊大礼致斋之夕，中书枢密院各四人共赐一饼，宫人剪为龙凤花草贴其上，两府八家分割以归，不敢碾试，相家藏以为宝，时有佳客，出而传玩尔。至嘉祐七年，亲享明堂，斋夕，始人赐一饼，余亦忝预，至今藏之。”

龙凤茶不轻易出手给人，但欧阳修曾遇到一位姓许的道人，此人来无踪去无影，夜拜北斗，令欧阳修颇生敬意。欧阳修念自己别无长物，只有龙凤团茶是件脱俗的东西，他送给许道人一饼龙团，并作诗相赠，后两句是：“我有龙团古苍璧，九龙泉深一百尺。凭君汲井试烹之，不是人间香味色。”可见龙凤团茶在欧阳修眼里，真是世上珍宝。

欧阳修平日十分乐于亲自烹茶点茶，他在给茶友梅圣俞的诗中写道“亲烹屡酌不知厌，自谓此乐真无涯”。点茶时，欧阳修观茶看色，是典型的宋代套路：“停匙侧盏试水路，拭目向空看乳花。”

当时，以建茶为代表的腊面茶是主流品种，但不可能是一统天下，在其他产茶区，草茶渐兴。洪州分宁县（今江西修水县）城西双井一带地方，产出一种茶，取名双井茶。当地人汲双井之水造茶，茶味鲜醇胜于他处，渐渐在懂茶人当中传播。欧阳修在《归田录》中谈到双井茶，说：“腊茶出于福建，草茶盛于两浙，两浙之品，日注第一。自景祐以后，洪州双井白芽渐盛，近岁制作尤精，囊以红纱，不过一二两，以常茶十数斤养之，用辟暑湿之气，其品远出日注上，遂为草茶第一。”当时双井茶并不广为人知，欧阳修的茶友梅圣俞以往在茶的方面比欧阳修有资格，欧阳修喝到的贡茶大多是他转赠的。梅圣俞这次从欧阳修这里增长了见识，他第一次品尝双井茶是在欧阳修的席上。

欧阳修晚年又一次喝到双井茶时，忽生感慨，联想到人世间的时移事易，那时双井茶已经名声大作了。欧阳修品着茶，喝到的是一种人生滋味。他已经不需要再夸此茶如何美，不需要再为双井茶宣扬了。此茶已经成为富贵人家的新宠。欧阳修把他的感悟写进《双井茶》诗中：

西江水清江石老，石上生茶如凤爪。
穷腊不寒春气早，双井芽生先百草。
白毛囊以红碧纱，十斤茶养一两芽。
长安富贵五侯家，一啜犹须三日夸。
宝云日铸非不精，争新弃旧世人情。
岂知君子有常德，至宝不随时变易。
君不见建溪龙凤团，不改旧时香味色。

写诗时的欧阳修已经辞官隐居，这首诗不再是单纯咏茶，诗中有一股耿耿之气，是对世间冷暖、人情淡薄的感慨，也讥讽了那些争新弃旧的浅薄之人。

欧阳修在茶事方面与梅尧臣（字圣俞）最有缘分，算是一生的茶友。两人常常不在一个地方做官，能坐在一起共品新茶是非常难得的，常常是信使往来。梅尧臣得到一份新茶，必转托人送给欧阳修，有时候夹带着一首咏茶诗。欧阳修每得到梅尧臣的茶，必赋诗回赠，交流探讨茶品和品茶的感受。梅尧臣诗中评价欧阳修鉴茶的水平："欧阳翰林最识别，品第高下无欹斜。"

欧阳修那首著名的咏赞建安茶的诗《尝新茶呈圣俞》中，有一句看似并不强调，但后来被后人看出极有价值的诗句："泉甘器洁天色好，坐中拣择客亦嘉。"被人总结为品茶五美要素：好茶之外，还要遇上甘泉、器洁、好天气，再有嘉客，那才是人生美事，才能达到“真物有真赏”的境界。

欧阳修在扬州做过官，扬州的平山堂遗址至今尚存。欧阳修在茶诗中透露他曾在扬州制造贡茶：“忆昔尝修守臣职，先春自探两旗开。”诗中自言他曾亲自前往茶园探看春芽萌发，目的是为朝廷修贡。他在诗注中说，当年他在扬州采造新茶上贡。宋代除了建安是固定的皇家贡茶场，其他地方朝廷并不明令上贡，由当地守令自行安排。例如，李溥做江淮发运使时，以财政羡余资金买了数千斤浙茶，进献给朝廷。遇到这种人和事，文士集团会比较排斥，认为是献媚、多事，但欧阳修不一样，他是口碑好、操守正的文坛巨匠，他在自己爱好品茶之余，为皇帝进贡亲自种植的茶，应该算是一件风雅事。

欧阳修不仅对茶有自己的观点，还认真辨析了唐代传下来的鉴水文章，写了一篇《浮槎山水记》。欧阳修在文中认为，张又新《煎茶水记》中记述陆羽将水分为二十等，不足采信，认为《煎茶水记》有违陆羽在《茶经》中关于水的鉴别原则，而这二十等级就很像“妄说”：“羽之论水，恶汀浸而喜泉流，故井取多汲者，江虽云流，然众水杂聚，故次于山水，惟此说近物理云。”对辨水之说做了一番较为公允的论断。

欧阳修对茶的爱好，从未随着时光淡化，晚年他在诗中说：“吾年向老世味薄，所好未衰惟饮茶。”

3. 苏东坡品出的茶香

苏轼，字子瞻，四川眉山人，世称苏东坡。东坡这个别号，源自他中年谪居黄州时为自己建的一座草庐，名“东坡庐堂”，从此自号东坡居士。其实“东坡”这个词，最早还是白居易咏山水诗中常用的词，是乐天居士陶醉的一个山水佳处。苏轼最推崇的唐代诗人不是李白亦非杜甫，而是白居易。

苏轼入仕很顺，文彩英异，二十一岁就中了进士。当时文坛领袖欧阳修看到苏轼的文章，便对好友梅尧臣说：“吾老矣，当放此子出一头地。”就是说，新一代凤毛麟角的人物出现了，我愿给他让出地方。

果然苏东坡是北宋继欧阳修之后的文坛巨匠，在中国文学史上有极高的成就。但是苏东坡几十年的游宦岁月，很不顺遂，屡次遭贬，最远的一次是贬到当时的荒僻之地海南岛。现在看起来不是什么坏事，但对于当时身在其中的人讲，是非常难受的。苏东坡的个性真是与众不同，幽默、乐观、豁达，无论什么境遇，人生的每一阶段都活得有声有色、有滋有味。

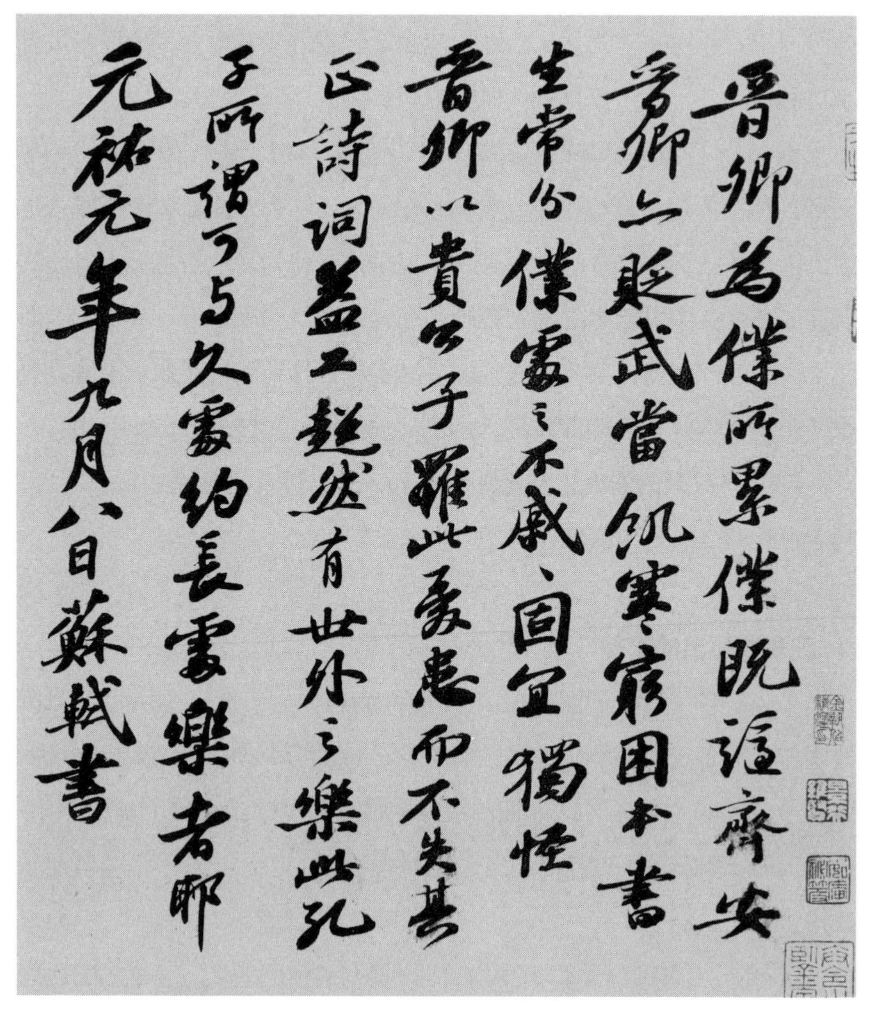

宋　苏轼《题王诜诗帖》

以苏东坡的天赋和性格，绝不可能是茶道外人。事实上，苏东坡恰恰是茶文化的参与者、陶醉者。茶，在苏东坡的一生中，是一位形影相随又安静神秘的伴侣。

仙山灵草湿行云，洗遍香肌粉未匀。
明月来投玉川子，清风吹破武陵春。
要知玉雪心肠好，不是膏油首面新。
戏作小诗君勿笑，从来佳茗似佳人。

这首诗，苏轼以描写女性的笔法来赞美精心制作的团茶。诗中点明这是戏作，实际上是真心真情之作。他把茶视为仙女，建安茶要经过数番磨洗，制成明月般圆润的茶饼，“玉川子”是唐代写出浪漫主义茶诗的卢仝，内心细腻面如圆月般的茶仙来投靠知音卢仝。武陵是陶渊明发现世外桃源的地方，茶带来的清风让武陵又换上了春容。这个茶饼里面的茶心，如玉雪般柔美，她的脸上新涂着膏油并不代表什么。诗写到这里，苏轼自己笑了，然后说读诗的人不要笑，“从来佳茗似佳人”，应该珍惜和赞美。浪漫中带着诙谐。这句“从来佳茗似佳人”恰好与他的“欲把西湖比西子”成为一个对句，其后很多茶楼、茶亭都以这两句诗作为楹联，也更是历代文士茶人耳熟能详的名句。

苏东坡与所有爱茶的文人雅士一样，无论何时何地都要诗意化地生存，他对茶的烹制观察得非常细致，对饮茶一道，更有自己独到的体会。《试院煎茶》诗是他在身心贫病中所作，透着智慧和乐观：

蟹眼已过鱼眼生，飕飕欲作松风鸣。
蒙茸出磨细珠落，眩转绕瓯飞雪轻。
银瓶泻汤夸第二，未识古今煎水意。
君不见昔时李生好客手自煎，贵从活火发新泉。
又不见今时潞公煎茶学西蜀，定州花瓷琢红玉。

我今贫病常苦饥，分无玉碗捧娥眉。

且学公家作茗饮，博炉石铫行相随。

不用撑肠拄腹文字五千卷，但愿一瓯常及睡足日高时。

古人观察水沸时，习惯用“蟹眼”“鱼眼”形容水泡，水初沸时水泡不大，好像蟹眼，其后渐大，有类鱼眼。水泡呈鱼眼大的同时，水声如同风吹过松林。很明显，苏轼诗中所写的是煎茶不是点茶。茶末投放到水中，细茸茸的茶末与水融合，随水翻腾，令人目眩般在瓯面上形成一片飞雪。接下来苏东坡比较煎茶与煎水点茶。银瓶泻汤就是点茶，他在煎茶的同时也在研究宋以前的古人煎茶与煎水的不同。诗的最后，苏东坡愿做一个彻底的嗜茶人，一路带着做茶的博炉石铫，不必用文章五千卷把肚子撑饱，只要常能一觉睡足到日上三竿，再起来喝它一瓯茶，足矣！

写这首诗时，苏轼的职务是杭州通判，一度身体不太好。某日，他身体不适，没去衙署办公，而是去游湖，闲游了净慈、南屏诸寺。他每到一寺，喝茶数碗。太阳快下山时，他又到了孤山寺惠勤禅师处，再喝茶。喝完茶休息，苏轼忽然觉得病已烟消，算起来当日一共喝了七碗茶，于是顺手就在禅师的粉壁上写了一首诗：

示病维摩元不病，在家灵运已忘家。

何须魏帝一丸药，且尽卢仝七碗茶。

苏轼一直在研究琢磨比较煎茶之水，也是任杭州通判期间。一天，苏轼的一位老友给他送来新茶，“故人怜我病，箬笼寄新馥”。他非常想试着用惠山泉水煎茶，于是给无锡知县焦千之写了一首诗《求焦千之惠山泉诗》，索要惠山泉水。苏轼本可以直接派人取水，但他不相信僮仆能真实无误地取来惠山泉，担心“瓶罂走千里，真伪半相渎”。诗的最后说：“精品厌凡泉，愿子致一斛。”可以想见，苏东坡对于饮茶之事非常认真，不惜费时费事。

平时苏轼也要亲自实验性地用活水活火煎茶，一次他在长江边上临时搭了一个茶灶，就用江水煎茶，然后以诗《汲江煎茶》记录：

活水还须活火烹，自临钓石取深清。
大瓢贮月归春瓮，小勺分江入夜瓶。
雪乳已翻煎处脚，松风忽作泻时声。
枯肠未易经三碗，坐听荒城长短更。

在杭州期间，苏轼经过多次品鉴，认为当地的金沙泉水最好，常遣童仆前往金沙寺挑水。僮仆不堪往返劳顿，遂取其他河水代之。后来苏轼识破后，准备两种不同颜色的桃符，分别交给僮仆和寺僧，每次取水必须和寺僧交换桃符，如此僮仆就无法偷懒了。

苏轼最为赞赏的茶，还是建安龙凤团茶，多次写诗赞颂，其中《水调歌头》一词，以浪漫主义的笔法，把建安团茶写得飞扬洒脱：

已过几番风雨，前夜一声雷，旗枪争战，建溪春色占先魁。采取枝头雀舌，带露和烟捣碎，结就紫云堆。轻动黄金碾，飞起绿尘埃，老龙团、真凤髓，点将来，兔毫盏里，霎时滋味舌头回。唤醒青州从事，战退睡魔百万，梦不到阳台。两腋清风起，我欲上蓬莱。

这一首词写了从采茶、制茶到点茶的全过程，又写了品茶时的飞扬感觉，生动传神。苏轼对皇帝所赐的密云龙最为宝爱，平时舍不得拿出来喝，只有当合适的人来，才能让密云龙招待。当时黄庭坚、秦观、晁补之、张耒四位年轻人，人称“苏门四学士”，是苏家的座上客，常来东坡家探讨诗文。苏轼并不逢迎权贵，只有当这几个年轻人来时，他才令侍妾朝云取出密云龙。苏轼对待他们亦师亦友，在茶香中论诗论文，间杂以谐趣幽默。

苏东坡常以乐观、欣赏的态度待人待事，所到之处尝到各地所产的茶，每每赞不绝口，从不以贬斥的态度对待任何茶。他在《和钱安道寄惠建茶》诗中所云："我官于南今几时，尝尽溪茶与山茗。"他在杭州品尝白云茶之后写诗赞之："白云峰下两旗新，腻绿长鲜谷雨春。"喝过顾渚茶之后，写诗："千金买断顾渚春，似与越人降日注。"在南剑州品尝到新饼茶，赞道："未办报君青玉案，建溪新饼截云腴。"尝到大庾岭的焦坑茶，赞道："浮石已干霜后水，焦坑闲试雨前茶。"

对煮水的器具和饮茶用具，苏轼也有研究："铜腥铁涩不宜泉。"用铜器铁壶煮水有一股金属腥气，比较之下，石制的铫子烧出的水最接近原味。有位朋友送他一只石铫，苏轼极喜，水烧沸后，石铫的龙

头把手并不烫手，“龙头拒火柄犹寒”。对喝茶用的茶盏，他最初赞同兔毫盏，兔毫盏是当时文人雅士公认的最好茶具。后来苏轼到义兴（今江苏宜兴）时，发现当地的紫砂壶更宜品茶，他认为品茶要茶美、水美、壶美，唯义兴兼备这三者。苏轼兴致极高，亲自设计了一种提梁式紫砂壶，他还在壶上提写了“松风竹炉，提壶相呼”几字，更增添了神韵。此后这种提梁紫砂壶就称为“东坡壶”。

苏轼亲自栽种过茶。贬谪到黄州时，他就在取名为“东坡”的荒地上，栽种了茶树。苏轼种茶之始没有经验，连茶种都没有，为此他写诗《问大冶长老乞桃花茶栽东坡》：“嗟我五亩园，桑麦苦蒙翳。不令寸地闲，更乞茶子艺。”

明　仇英　《东坡寒夜赋诗图》卷局部

后来苏轼被贬谪到惠州。一天，他在松林中发现，松树之间的隙地上天然生长着一些茶树，“松间旅生茶，已与松俱瘦”，茶树长在松树间，阳光被松树所遮，长得十分瘦小，如果没有阳光即使百年也仍然弱小。他决定拯救这些茶树，“移栽白鹤岭，土软春雨后。弥旬得连阴，似许晚遂茂”。此后苏轼盼着瘦小的茶树渐渐忘记移栽流转的辛苦，长出小鸟嘴一样的新芽。“未任供春磨，且可资摘嗅。”小茶树将来能让他摘几片嗅一嗅香味就可以了！遂后以《种茶》诗记录此事。

北宋名臣司马光不好饮茶，一天，他看到苏轼的桌子上一边是墨、一边是茶，这两样东西都被苏轼像珍宝一样对待。于是司马光给苏轼出了一道绕口的题:“茶欲白，墨欲黑，茶欲重，墨欲轻，茶欲新，墨欲陈。君何以同时爱此二物？”苏轼不假思索，回答：“奇茶妙墨俱香，公以为然否？”

另外，茶对于苏轼也像西方文人的咖啡一样，起兴奋的作用，文豪苏轼也要靠茶提神！有诗为证：

皓色生瓯面，堪称雪见羞。

东坡调诗腹，今夜睡应休。

4. 黄庭坚与双井茶

黄庭坚字直鲁，号山谷道人，是苏门四学士之一。他的诗文书法水平极高，世有“苏黄”的并称。黄庭坚是江西分宁（今修水）人，他自幼聪慧，学问天成，十七八岁时就自号“清风客”，被老先生称誉：“奇逸通脱，真骥子堕地也。”说他灵气极为出众，如同千里马降生。但黄庭坚也并非气宇轩昂，而是个内向谦逊之人。后来宰相富弼第一次面见黄庭坚，对他印象不怎么样。最初，富郑公听说黄庭坚才学出众，极想见他，一见之后，富弼却对人说：“将谓黄某如何，原来只是分宁一茶客。”其实宰相富弼官做得好，但未必有多少才学，黄庭坚跟他坐在一起，话不投机，他也不想表现，更不想逢迎，只好一个劲喝茶。结果给宰相留下了只爱喝茶的印象！

黄庭坚有一句著名的话："士大夫三日不读书，则理义不交于胸中，便觉面貌可憎，语言无味。"富郑公大概不知道这位年轻人喝茶不语的潜台词。

富弼对黄庭坚的评价，《宋稗类钞》归进了"诋毁类"。把黄庭坚仅仅视为是一个茶客，的确是太没眼光了。富弼绝想不到，他虽位极人臣，但对文化的贡献，黄庭坚日后远远超过了他。要单说茶客，富弼无意间也算说对了。黄庭坚的确爱喝茶，而且日后在中国茶文化上也作出了不小的贡献。

黄庭坚在苏门四学士中最有茶缘，咏茶的诗词写了一百多首，更重要的是，他还为产自家乡的双井茶大力宣传，使双井散茶在建安研膏饼茶一统天下之时，争得一分江山，为散茶在元明以后取代团饼茶，作出了不可低估的业绩。

元祐二年（1087 年），黄庭坚在京任职时，家乡人给他带来了双井茶。他随后给欧阳修和苏轼都送上一份。他给苏轼送茶的同时附上一首诗作《双井茶送子瞻》：

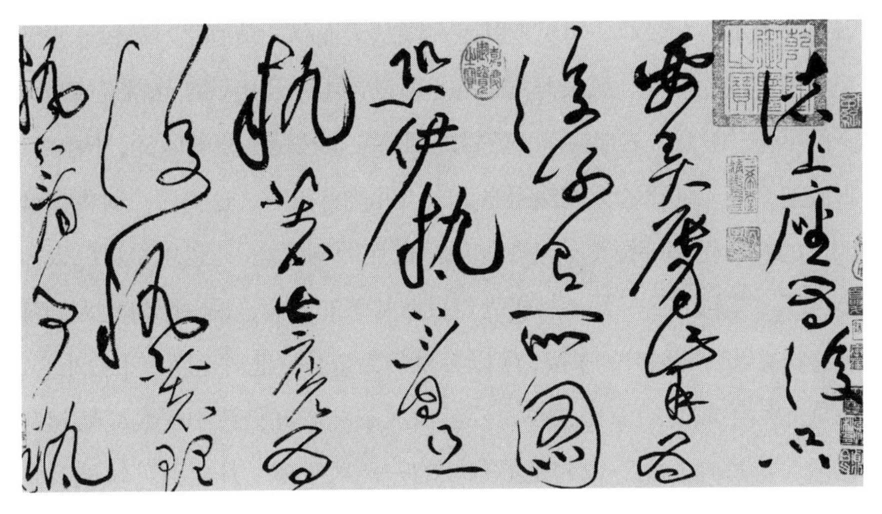

宋　黄庭坚　草书《诸上座帖》局部

人间风日不到处，天上玉堂森宝书。
想见东坡旧居士，挥毫百斛泻明珠。
我家江南摘云腴，落硙霏霏雪不如。
为君唤起黄州梦，独载扁舟向五湖。

欧阳修、苏轼喝过双井茶后，对这种清香原味的散茶赞赏不已。欧阳修品过之后。把双井茶引荐给茶友梅尧臣。梅尧臣高度评价双井茶，称为绝品茶，写诗曰："始于欧阳永叔席，乃识双井绝品茶。……鹰爪断之中有光，碾成雪色浮乳花。"

苏轼喝过双井茶后，给黄庭坚回诗《鲁直以诗馈双井茶，次韵为谢》：

江夏无双种奇茗，汝阴六一夸新书。
磨成不敢付僮仆，自看雪汤生玑珠。
列仙之儒瘠不腴，只有病渴同相如。
明年我欲东南去，画舫何妨宿太湖。

苏、黄在写双井茶的诗中，没有具体夸双井怎样清香，但用的词都是"天上""无双"，可见双井茶如同从天而降。黄庭坚对苏轼非常敬重，对苏轼的学问、风采非常崇敬，所以诗中一开始就把苏轼说成是天上的仙儒，在天宫玉堂写作。苏轼的回诗完全按黄庭坚的原韵，很幽默，说我这个列入仙籍的穷儒瘦得身上一点儿肉都没有，还得了一种渴病像西汉的司马相如那样（司马相如患消渴症即糖尿病），意思是自己太需要茶了。苏轼的诗一开始就极为赞赏双井茶的奇美，说欧阳修也大为夸赞，散茶当时是稀有的茶品，所以苏轼赞为奇茗。他对这新茶十分小心，磨成末后不敢交给僮仆去烹，要亲自煎茶。黄庭坚诗中提到"唤起黄州梦，扁舟向五湖"说的是苏东坡的一件风雅事：几年前苏轼被贬到黄州期间，过着农夫一般的野逸生活，出入乡野阡陌，不时泛舟湖上。

一天与友人乘醉游湖，高吟长啸，当场作诗曰："……长恨此身非我有，何时忘却营营。夜阑风静縠纹平，小舟从此逝，江海寄余生。"第二天，人们纷纷传言：苏公作了一首辞别诗，脱了冠服，自驾一叶小舟长啸去也。其实苏公哪也没去，回家睡觉去了，人们虚惊一场。此后这成了文人雅士们闲谈的话题。见黄庭坚提起旧闻，苏东坡回诗说，计划明年坐着画舫，夜晚在太湖上游荡。

南宋人叶梦得在《避暑录话》中提到双井茶，说："元祐（宋哲宗年号）间，鲁直力推赏于京师。"双井茶经过黄庭坚的有力宣传，在文人士大夫当中普遍饮用，获得了一致的肯定，从此闻名天下。在宋代咏茶诗中，咏双井茶的诗作比比皆是，仅次于咏赞建安贡茶。

黄庭坚自己所作的双井茶诗很多，不少是友人之间的戏作，其中有一首《又戏为双井解嘲》："山芽落硙风回雪，曾为尚书破睡来。勿以姬姜弃蕉萃，逢时瓦釜亦雷鸣。"很多人解为以茶喻人，"瓦釜雷鸣"喻无才无德之辈进居高位，显赫一时，字里行间包含了怨愤，是诗人以茶为喻发出的不平之鸣与愤世嫉俗之音。其实黄庭坚不是这个意思，正像诗名所称，戏为双井解嘲。当时双井茶被称为草茶，是散茶，没经过研碎装模成饼。宋代是团茶的时代，茶要经过复杂的加工，制成后大量失去了茶的真香和本有的味道，而双井茶是一种返璞归真的原状芽茶，样子很原始，好像登不了大雅之堂。如果说建安团茶是浓妆艳抹的皇后，双井茶就是朴素的贫女。黄庭坚先是用古代贵族美女姬姜比喻贡茶，用"蕉萃"即憔悴比喻下层贫弱女子，说不要以为有了姬姜，贫弱的女子就被抛弃了，意为不要以为有了贡茶，其他茶就没价值了。然后说，即使是瓦釜遇到受重用的时机，也会奋力发出雷鸣般的响声。很多人一看到"瓦釜"紧接着又出现"雷鸣"，就马上想到古代成语，当即理解为讽喻。试想，黄庭坚真要讽喻没水平、没修养的人登了高位，绝不会拿自己家乡的茶作比喻。对于建安贡茶这个公认的庙堂黄钟而言，刚出茅庐的双井草茶就像是瓦片一样，如果不是黄庭坚，而是一位对双井茶很不屑的人，倒有可能作这样的诗。但事实上，双井茶虽然还没有成为登上大雅之堂的茶，但没有哪位文人对这个茶持不屑态度。实在是双井茶的真香真味征服了大家的味觉。

黄庭坚对家乡的双井茶是非常有感情的，他不遗余力地为之作宣传；但正是因为双井茶出自他的家乡，黄庭坚常常以谦虚的口气谈到此茶。比如朋友黄冕仲向他索要双井茶，他在回诗中说很愿意与同宗朋友一起品茶，但不要嫌我家乡的草茶比不上建安贡茶："家山鹰爪是小草，敢与好赐云龙同？不嫌水厄幸来辱，寒泉汤鼎听松风。"

黄庭坚赠友人双井茶后，还要在书信中写明此茶的烹点法。双井茶先要筛拣一番，去除茶花茶籽和白毛，再略焙一会儿，然后用石碾碾成末，用甘泉注入汤瓶烧煮，点茶的盏先用火煮一下，汤瓶中的水一沸就可以点茶了，不能像建溪茶那样用极滚的水来点。

好友相聚常常把酒欢谈，黄庭坚中年以后体虚不喜饮酒，以茶作为最相宜的饮品，"好事应无携酒盒，相过聊饮煮茶瓶。"（宋·黄庭坚《公益尝茶》）"偶逢携酒便与饮，竟别我为何等人？"（宋·黄庭坚《用前韵戏公静》）他还以诗嘲弄酒徒王充道，说自己饮茶也能像神仙一样"龙焙东风鱼眼汤，个中即是白云乡"。（宋·黄庭坚《戏答荆州王充道烹茶四首》）

黄庭坚填过不少赞茶词，其中的一首《满庭芳》写得极为飘逸：

> 北苑龙团，江南鹰爪，万里名动京关。碾深罗细，琼蕊冷生烟。一种风流气味，如甘露，不染尘烦。纤纤捧，冰磁弄影，金缕鹧鸪斑。相如方病酒，银瓶蟹眼，惊鹭涛翻。为扶起尊前，醉玉颓山。饮罢风生两袖，醒魂到，明月轮边。归来晚，文君未寝，相对小窗前。

这阙词不仅是赞美北苑团茶，也同时赞美双井等草茶，"江南鹰爪"就是指草茶，黄庭坚曾有诗句"更煎双井苍鹰爪"。

黄庭坚的书法自成风格，在中国书法史上地位很高，其存世作品至今仍是名帖。存世作品尚有他的三首著名的咏茶诗，诗名为《奉同六舅尚书咏茶碾煎烹三首》：

> 要及新香碾一杯，不应传宝到云来。
> 碎身粉骨方余味，莫厌声喧万壑雷。
>
> 风炉小鼎不须催，鱼眼常随蟹眼来。
> 深注寒泉收第一，亦防枵腹爆干雷。
>
> 乳粥琼糜泛满杯，色香味触映根来。
> 睡魔有耳不及掩，直拂绳床过疾雷。

5.陆游的茶事人生

南宋诗人陆游，号放翁，山阴（今浙江绍兴）人。陆游活了八十五岁，在他漫长的人生中有一个重要角色，那就是茶。陆游自青年时代就立下报国之志，但终其一生都没有遇到机会，在朝中从未担任过要职，反而做过几任清闲的地方官，还曾被任命为管理皇家贡茶的官员。

历史上有个性、有思想的文人，坎坷不得志似乎是规律。在困苦徬徨的生活中，有的以酒麻醉自己，有的以茶清醒身心，或是亦酒亦茶；而诗人文学家一生都在创作、在思考，一瓯清茶陪伴他们度过晨昏，确实是天之所赐的心灵伴侣。茶不是奢侈品，是一种不受物质条件限制的东西，再清贫、再饥困，烹一壶茶是不难做到的。陆游恰恰是性格爽健的文士，茶在他的生活中是一份乐趣、一份寄托。每日烹茶品茶，出行则茶具随身携带，所到之地访茶访泉，品茶鉴泉，考察茶事，写茶诗。陆游这一生，虽未能金戈铁马沙场立功，却成就了诗人、茶人的一生，晚年自比为陆羽后身，“桑苎家风君莫笑，他年犹得作茶神”。

某年的春天，陆游在京师临安客居，希望能得到朝廷重用，但前景渺茫。雨后初霁，陆游给自己烹了一碗茶，他一边分茶，一边感慨良多：

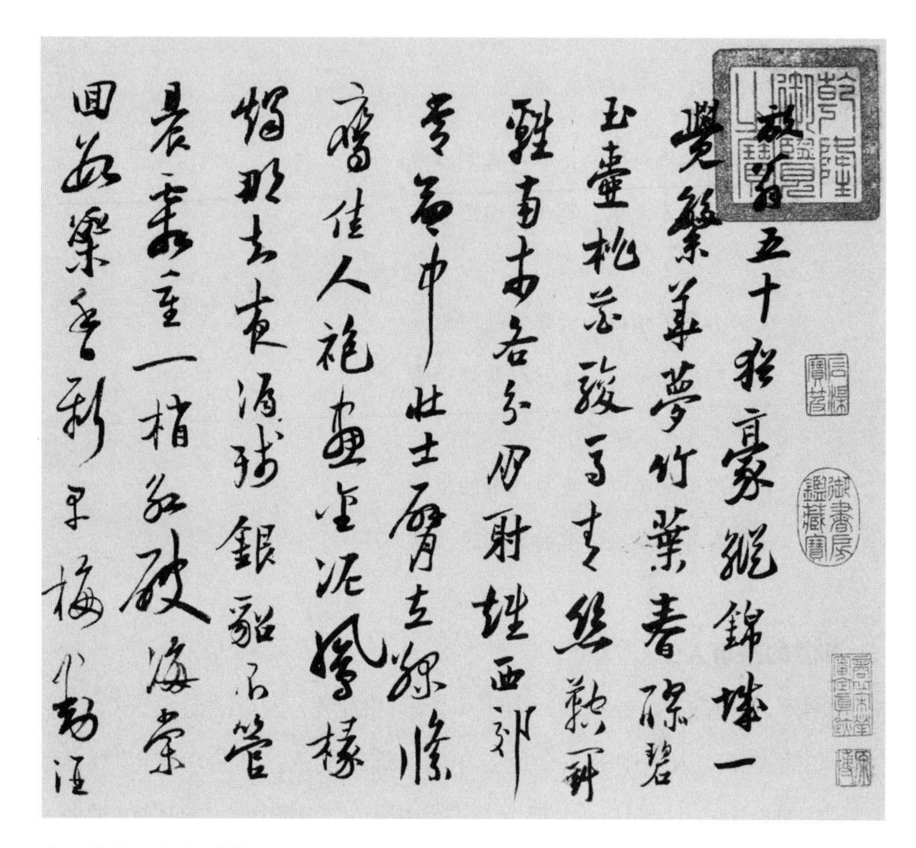

宋　陆游　行草《书怀成都十韵诗》局部

世味年来薄似纱，谁令骑马客京华？

小楼一夜听风雨，深巷明朝卖杏花。

矮纸斜行闲作草，晴窗细乳细分茶。

素衣莫起风尘叹，犹及清明可到家。

陆游回到家乡绍兴，怀着内心的彷徨，在兰亭看到一幅芸芸众生各守其务的市井图。他在茶坞喝了一碗新茶：

兰亭步口水如天，茶市纷纷趁雨前。

……

兰亭美酒逢人醉，茶坞新茶满寺香。

陆游离开家乡后，先后曾在福州、建康（今江苏南京）、四川，江西等地做官，每到一地，都要关注当地的茶事，品尝、比较各地茶品。他一生写过上万首诗，其中茶诗和提到饮茶的诗三百多首，是古代文士当中茶诗写得最多的一位。

陆游性情直率，与人交往不拘礼法，被人讥为颓放。陆游毫不退缩，我行我素，自号为放翁，从中年起就以放翁自称。陆游早年嗜酒，从青年到中年茶酒并存。中年以后常常舍酒取茶。茶，对于陆游的吸引力越来越大。陆游五十四岁那年被朝廷任命为福建路平茶公事，即负责贡茶事宜，此后专注于品茶鉴茶，“《水品》《茶经》常在手，前身疑是竟陵翁。”直至晚年“毕生长物扫除尽，犹带笔床茶灶来”。

陆游的家乡也是茶乡，山阴（今江苏绍兴）所产的日铸茶在当时就名闻天下。宋代除建安茶之外，最有名望的茶一是日铸，一是双井，可以与建安茶三分天下。这一点陆游与黄庭坚颇为相似，都生在著名的茶乡，自幼养成品茶的爱好，且一生爱茶懂茶。日铸是当地的一座山名，也写作日注，是春秋时期越王的铸剑之地，有泉甘美。欧阳修在《归田录》中评价此地所产之茶：“两浙之品，日注为第一。”范仲淹极喜日铸茶，他进行过一次试验性的评比，用清泉水，同时烹点建溪茶、日铸茶、卧龙茶、云门茶，范仲淹比较的结果是，日铸茶“甘液华滋，悦人灵襟”，当为第一。

日铸茶是陆游的随身物品，无论走到哪里都带着，装在一个小瓶里，用蜡纸丹印封之，另外顾渚茶也随身携带，装在一个红蓝色的缣囊里。走到哪里，茶灶都由仆僮携带，遇到新泉就停下来，汲泉试茶。陆游中年阶段在蜀地的时间较长，公务之余品茶鉴泉。例如一次在一个山洞前发现岩下深潭之水非常清幽，遂取水煎茶，作诗：

……

汲取满瓶牛乳白，分流触石珮声长。

囊中日铸传天下，不是名泉不合尝。

在蜀地，同僚、僧友知道陆游爱茶，都给他推荐赠送当地的茗茶，陆游有机会品尝日铸、顾渚以外的茶，这些茶虽然不是名传遐迩的上等茶，但馨香可人，使陆游获得了不少惊喜。在峨眉山尝到当地雪芽，陆游欣喜：“雪芽近自峨眉得，不减红囊顾渚春。”尝到蜀地的蒙山茶，陆游感叹：“饭囊酒瓮纷纷是，谁赏蒙山紫笋香？”僧人为他送来雾中茶，陆游静心自烹：“今日蜀中生白发，瓦炉独尝雾中茶。”友人余邦英给他送来一种名为小山的茶，陆游品后作诗：“谁遣春风入牙颊，诗成忽带小山香。”

醉后、夜晚、雪后、睡起，都要喝茶，陆游常常独自烹点。一日雪后，陆游看见雪化入井水，正可以烹茶，于是：

雪液清甘涨井泉，自携茶灶就烹煎。

一毫无复关心事，不枉人间住百年。

壮志难酬，把时光都用在了清闲事上，这不是陆游的本愿，但却是可以实现的诗意生活。有时深夜难眠，要以烹茶来消磨沉沉永夜。某夜，陆游无法入眠，身体刚从病中恢复，他放下书，推开门，夜深如水，四邻无声。他忽然想烹一瓯茶，却见“山童亦睡熟”，于是独自出门，“汲水自煎茗”。来到井边汲水，“铿然辘轳声，百尺鸣古井。肺腑凛清寒，毛骨亦苏省”。一个人深夜去古井汲水，只是为了烹一碗茶，这一定是一个心事重重、一腔孤愤积郁胸中之人，要用茶来化解。陆游担着水往回走，“归来月满廊，惜踏疏梅影”。这肯定是个早春时节，一年之计在于春，这一年的报国宏图恐怕仍是难以实现。月下梅花，寒风中顽强开了几朵，陆游唯恐踩到梅花影子上，损伤了瘦弱的寒梅。

陆游年过五旬后，仍未找到报国出路，也不被朝廷重用。淳熙五年（1178 年），陆游从成都回到临安，宋孝宗授给他的新职务却是福建路平茶公事，也就是建安负责贡茶的茶官。陆游无奈，长途跋涉再赴福建任所，从成都到建安这一路程长达八千里，从这年春天到次年年初一直奔波在路上。当陆游从朝廷接受茶官的任命时，颇有宿命之感，他甚至怀疑自己的前世就是唐代的茶仙陆羽，平时作诗也常用“桑苎翁”“桑苎家”“竟陵翁”自称。他做茶官的时间长达十年之久。

陆游踏着春雪以复杂的心态到建溪上任，感慨有心报国却报国无门，闲来品茶倒成为专职茶官。他在《适闽》诗中写道：

春残犹看少城花，雪里来尝北苑茶。
未恨光阴疾驹隙，但惊世界等流沙。
功名塞外心空壮，诗酒樽前发已华。
官柳弄黄梅放白，不堪倦马又天涯。

但作为嗜茶人，在建溪也算是收获不小，品尝了当时最为精制的团茶，过足了茶瘾，任职期间认真管理茶务，写下了不少赞美建溪茶的诗。

陆游在建安期间所写的咏茶诗《建安雪》，把茶香和飞雪的飘逸联系在一起，是他所有茶诗中最悲情浪漫的一首：

建溪官茶天下绝，香味欲全须小雪。
雪飞一片茶不忧，何况蔽空如舞鸥。
银瓶铜碾春风里，不枉年来行万里。
从渠荔子腴玉肤，自古难兼熊掌鱼。

在建安，看到精美的茶业生产，感到“不枉年来行万里”。行了那么远的路程，只是赴任为茶官，最初陆游的心里非常不是滋味，感叹壮志未酬，年已半百，现在在建安茶产地，能够歇一歇身心。窗外雪花飞舞，空中的飞雪如同白色的舞鸥，碾过的团茶也如同香雪般的粉末，疲惫的身心感到些许宽慰。自古鱼与熊掌难以兼得，不妨先在建安做一个管茶人吧。

陆游在建安的生活比较慵懒，作为茶官他要监管饼茶制作的全程，尤其是试茶一项，必须由他亲自体尝，别人是代替不了的。一天，陆游正在酣梦中，吏役把茶煎好，正准备请他试茶，他闻到茶的清香立即从梦中醒来，可见建安茶真是香气逼人。陆游事后作诗一首：

> 北窗高卧鼾如雷，谁遣茶香挽梦回。
> 绿地毫瓯雪花乳，不妨也道入闽来。

晚年的陆游，心态平和，不再像年轻时那么壮怀激烈了。他十

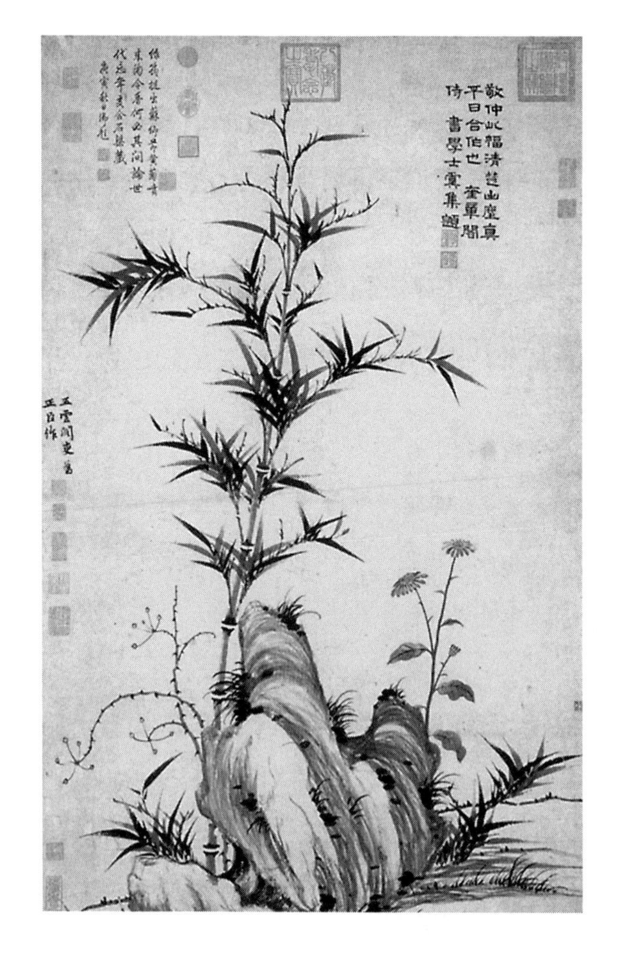

元　柯九思
《晚香高节图》轴

分注重养生，过着安贫乐道的生活："眼明身健何妨老，饭白茶甘不觉贫。"

陆游八十三岁时，作了一首诗《八十三令》，诗的最后一句提到"桑苎家风"，意思是他是陆羽陆氏家族传人，爱茶敬茶，一直保持着茶神的家风，来世有可能再作茶神：

> 石帆山下白头人，八十三回见早春。
> 自爱安闲忘寂寞，天将强健报清贫。
> 枯桐已爨宁求职，敝帚当提却自珍。
> 桑苎家风君莫笑，它年犹得作茶神。

6. 儒学大师朱熹与茶

中国自孔夫子的儒学大行其道以后，历一千多年，儒学领域没有出现里程碑式的人物，而恰恰在南宋，中国出现了一位儒学大师——朱熹。朱熹重新整理发展了儒学体系，创出儒学的新阶段理学。从茶界领域来讲，朱熹也是一位茶人，品茶赞茶、以茶喻理，为茶文化增

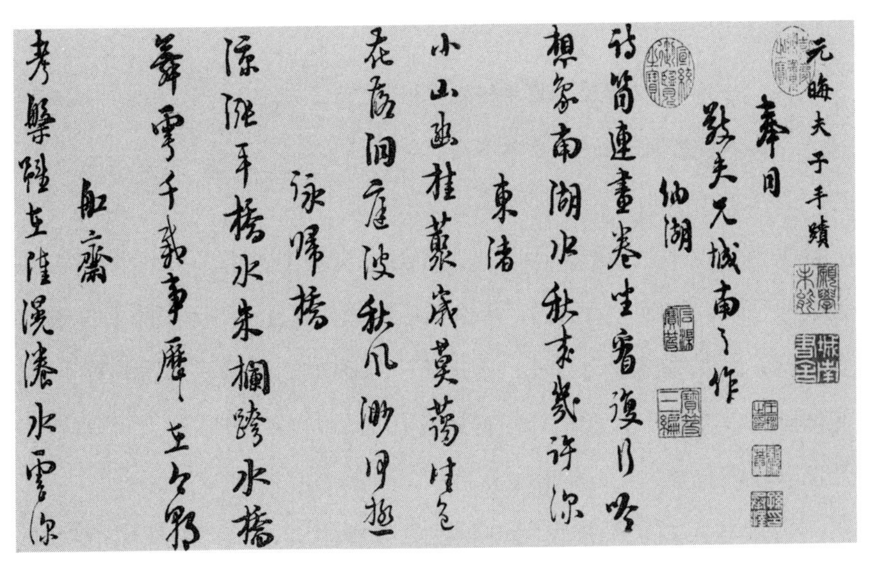

宋 朱熹 行书《城南唱和诗》局部

添了亮彩。

朱熹是江西婺源人，婺源是我国著名的茶乡，产茶的历史十分久远，唐代这里已经发展成为规模相当大的茶市，每年要从这里运出茶叶十几万驮，还要承担较重的茶税。朱熹的祖先朱瑰在唐天祐年间从歙县迁到婺源，当时朱瑰是一个武官，被歙州刺史陶雅任命戍守婺源，以茶院为官署，督征茶赋，从此带领全家迁到本地。朱熹后来在亲自撰写的《婺源茶院朱氏世谱序》中予以记述。

婺源有一个习俗，婴儿出生三日用茶叶、艾叶和石菖蒲煮的水洗浴。朱熹在茶乡长大，自幼沐浴茶的高洁、清香、平和，对于茶有具体而深入的了解和认识。从少年起，他就决定戒酒，以茶修德。朱熹年少时，与当地开普寺的住持圆悟禅师建立了深厚的友谊。宋代的佛寺经常举办茶会，朱熹经常到寺里参加茶会，与圆悟一起品茶论道。这种清静空明、心地澄澈的交流对朱熹影响极深。后来圆悟禅师圆寂，朱熹写诗怀念，即《香茶供养黄蘖长老悟公故人之塔并以小诗见意二首》：

摆手临行一寄声，故应离合未忘情。
炷香瀹茗知何处，十二峰前海月明。

一别人间万事空，他年何处却相逢。
不须更话三生石，紫翠参天十二峰。

朱熹年仅十八岁就考中乡贡，十九岁又考中进士，可谓少年得志。如果他是以入仕做官为目的，那么其后的人生是比较顺利的。但朱熹特立独行，以弘扬儒学为己任，走上了一条艰难的道路。其后的五十年，他做朝官仅有四十天，做外任官只有九年，大多数时间用于研究儒学，开创以性理心学为主旨的儒学新体系，开办书院讲学。

古代文人如果不在官场谋职就意味着生计困难，朱熹也是同样，日常生活简化到了最低程度，但即使如此，茶也是不可或缺的。这正应了茶神陆羽所说的，茶适合于精行俭德之人。朱熹谈到自己的日常生活说：“茶取养生，衣取蔽体，食取充饥，居止取足以障风雨。”

朱熹四十一岁时在福建崇安与建阳交界的云谷山修筑草堂，名为“晦庵”，在这里读书、讲学、著述。朱熹在草堂的北面亲自建造了一个茶园，栽种茶树，取名为“茶坂”。这个茶园既是他身体力行、修身养性的需要，也是他的一个生计。朱熹平日常常携着篮子采茶，归来制茶、烹茶。他写过一首《茶坂》诗，记述这种生活：

携籝北岭西，采撷供茗饮。
一啜夜窗寒，跏趺谢衾枕。

跏趺是梵语打坐的意思，诗中说茶令人清醒，他经常靠茶来夜晚思考。

朱熹五十四岁时在崇安的武夷山下兴建武夷精舍，开办书院，授徒讲学。书院周围有两处茶圃，在讲学间隙朱熹同样是种茶采茶，与友人、访客品茶论道，诗歌唱和。武夷茶品质超群，味极香醇，朱熹的《咏武夷茶》诗表达了他对武夷茶的高度赞赏：

武夷高处是蓬莱，采取灵芽余自栽。
地僻芳菲镇长在，谷寒蜂蝶未全来。
红裳似欲留人醉，锦幛何妨为客来。
咀罢醒心何处所，近山重叠翠成堆。

朱熹后来回到婺源祭祖，还特意带回了武夷茶苗十余株，在祖院种植。

武夷的九曲溪中，有一块巨石，可环坐八九人，四面为水，令人惊奇的是这块巨石的中央自然凹出一个小坑，正好可以用作茶灶。于是几位诗文同道和茶友就将此石称为茶灶，大家经常乘着小舟来石上围灶烹茶。朱熹赋诗曰：

仙翁遗石龟，宛在水中央。
饮罢方舟去，茶烟袅细香。

朱熹的《茶灶》诗流传开，几位好友对此非常神往，也作诗唱和。友人袁枢吟道：

摘茗蜕仙岩，汲水潜虬穴。
旋然石上灶，轻泛瓯中雪。
清风已生腋，芳味犹在舌。
何时棹孤舟，来此分余啜。

朱熹自幼就立下以茶修身的原则，此后一生都在实践。以茶修身，是对茶的文化内涵的高度评估，《朱子语类》有这样一段话："物之甘者，吃过而酸，苦者，吃过即甘。茶本苦物，吃过即甘。问：'此理何如？'曰：'也是一个道理，如始于忧勤，终于逸乐，理而后和。'盖理本天下至严，行之各得其分，则至和。"茶最初的苦味和过后的余甘，与人生的许多事同理，如求学，如处世。品茶，能够品出自然界和人生的许多规律。朱熹一生遵循"正心诚意"四字，反对掺以杂念。对于茶，朱熹也求真味，而宋代很多人饮茶还是喜欢掺一些姜盐等物，朱熹极力反对这种做法。朱子告诉门生，一个人的学问如何，好比一盏茶，"一味是茶，便是真才；有些别的味道，便是事物夹杂了"。他认为对于学问一定要纯一精一，才能不背离儒学的本旨。

朱熹在与门生讨论茶品时，把儒学的中庸理论用在了上面。在比较建茶与江茶（即草茶）的品性时，朱熹说："建茶如'中庸之为德'，江茶如伯夷叔齐。又《南轩集》曰：草茶如草泽高人，腊茶如台阁胜士，似他之说，则俗了建茶，却不如适间之说两全也。"朱熹此处的评价完全把茶概念化了，不是就茶论茶，而是以儒学的概念论茶。建安茶是正统的中正平和的，他把江茶比喻为伯夷和叔齐，这两个人是商代末年著名的隐士，以不食周粟而饿死于首阳山，虽然耿直但也有偏颇。朱熹认为建茶在诸茶中最具中庸之道，与朱熹同一时期、同为理学家的张栻在《南轩集》中以人品比茶品，把草茶视为草泽高人，把腊茶比做台阁胜士，朱熹认为这种比喻略为抬高了草茶，也略为贬低了建茶，因为草

明　郭诩《文公先生像》

泽高人的道德节操往往胜过台阁胜士。他认为建茶的品质已到了“中庸之为德”的境界，不偏不倚，中正平和，这是一种至德。

朱熹与陆游、辛弃疾都是同一时代人，巧的是他们都先后担任过武夷山冲佑观提举，这是一个虚职闲职，给那些得罪了权臣、不可重用之人。他们三人在朝中都是这样的角色。陆游做福建提举常平盐茶事时，朱熹正在武夷山提举冲佑观，这期间朱熹以武夷茶中的佳品送给陆游。朱熹六十一岁出任漳州知州，陆游则继任提举武夷山冲佑观。武夷山后来修建了一座三贤祠，纪念在武夷山驻留过的三位贤士。祠堂有这样一副对联：“山居偏隅竹为邻，客来莫嫌茶当酒。”这是朱熹的两句诗。三位贤士在这里的生活非常清贫但极为雅致，以茶修身、交友、育人。朱熹的朋友、诗人杨万里写过以茶喻人的两句名诗：“故人气味茶样清，故人风骨茶样明。”这是对茶的最好赞赏，也是对贤人雅士的最好比喻。

朱熹晚年遭到权臣韩侂胄的迫害，同时又被弹劾为伪学而落职归乡。乡居时，他受邀为人题字，以“茶仙”作为署名。以“茶仙”为代称，对朱熹而言，虽有遭迫害之人隐身避世的考虑，也同时表明，茶对于朱熹具有多么重大的意义。

朱熹的故居至今仍存活着当年朱熹种下的茶树。

下编

四 明代士大夫品茶盛事

现代人的饮茶方式，是在明代定型的。也就是说，中国人从明代开始的饮茶方式一直延续到现代。

明代的茶叶生产真可以用突飞猛进来形容，一是茶业产区之广，一是茶叶产量之大，一是茶叶品种之多。还有，茶叶就是从明中期开始出口，西方人开始接受茶这种饮品，由此推进成为世界性的饮料。世界科技史的研究者李约瑟博士谈到中国的茶叶对世界的贡献，曾高度评价说，茶叶是中国四大发明之外的第五大发明。

文人士大夫在茶文化发展的每一步，都起到了极其重大的作用。以往的朝代，文士们品茶赞茶，到了明代，文士们进而参与到选茶、制茶、开发茶饮新品种上面，其间充满雅趣，不少文士为茶文化投入了极多的时间和精力，而且乐此不疲。

中国古代人文方面，有很多一成不变的东西，比如政治制度、科举制度、儒学的“四书五经”，这些大的方面已经形成了固定法式，不容动摇；涉及民众生活的方面，比如土木建筑的材料和方法，医学理论手法也没有随着时代的发展而改变，都是遵照祖先的规矩一代代重复。但是茶这种饮品却是在发展中生存，在生存中发展，直到跻身世界三大饮料之一，仍没有停步，追求更加完美、更加多样的存在方式。这的确是值得中国人骄傲的一件事情。

明　陈洪绶　《品茶图》轴

（一）明代开拓茶事新局面

1. 回归自然的制茶方式

茶文化在明代进入了新的历史时期。从远古到唐宋，茶叶的制造形式一直在探索和变化，陆羽《茶经》所论述的茶叶制作法和品饮法，到宋代有了改变，到元明之交，又有了翻天覆地的变化。

茶的制作在元代发生了比较大的转变。从南宋开始，散茶与团茶渐渐平分天下。散茶与团茶相同的地方是，杀青仍用蒸青法，只是其后不再像制造团饼茶那样捣、拍、入模、烘干，而是直接烘干。大约从元代开始，散茶从传统的蒸青法转变为炒青法，炒青法更能保存茶叶的原色原味，而且有利于提升香气。炒青方法是只做散茶、无法做团茶的一种杀青法，炒青法取代蒸青法后，散茶也就取代了团饼茶。蒸青法在制作散茶上极少应用，明代数十种著名茶品中只有罗岕茶采用蒸青法。

宋代，人们在烹点散茶前，沿用饼茶的程序，先将散茶碾成末，所以宋代人饮用散茶,在烹点的阶段没有什么变化。大约是从南宋开始，有些人直接用水烹煮茶芽，这种方式到元代就比较多见了。元诗人李谦亨《土�茶烟》诗："汲水煮春芽，清烟半如灭。"形象地记述了烹煮芽茶的情况。

随着炒青散茶渐渐发展为主要茶品，人们在烹制茶水前，也渐渐不再碾末，而是直接烹煮或沸水冲泡茶芽。到了明代中期，碾末煎茶点茶法已经接近绝迹，只存在于闽广继续制做饼茶的少部分地区，国人已经习惯了冲泡芽茶的品茶方法。在士大夫的文词里，用一个字"瀹"表示泡茶。

明人罗禀《茶解》回顾了唐宋制茶法后说："曾不若今人止精于炒焙，不损本真。故桑苎（陆羽）《茶经》第可想其风致，奉为开山，其舂碾罗则诸法，殊不足仿。"意思是说，古人的方法，比不上今人专注于精炒烘焙，不损茶的本真。所以读陆羽的《茶经》，只是遥想他的风采，奉他为开山之人，至于他讲的制茶方面的舂、碾、罗、则一套，完全不必照着去做。清初文人张潮在冒襄的《岕茶汇钞》序中，谈到往古的制茶法："然有所不可解者，不在今之茶，而在古之茶也。古人屑茶为末，蒸而范之以饼，已失其本来之味矣。至其烹也，又复点之以盐，亦何鄙俗乃尔耶？夫茶之妙在香，苟制而为饼，其香定不复存。"明末文人已经完全不能理解唐宋文人品茶的方式，而是大赞今朝，厚今薄古。在茶事方面，中国人对待前辈的态度不那么谦恭，为了至臻完美，不再奉守成规，所以能够成就茶文化步步兴盛的局面。

2. 明代贡茶由团茶改为散茶

制茶、烹茶法的全面改变，是由贡茶的变化带动的。

回顾一下元代的贡茶。元代灭南宋后，朝廷继续由福建进贡茶叶，但不再是由建安一地修贡，地点改为武夷山区的崇安一带。崇安与建安都属于建宁府，武夷山就在崇安县境内。据《武夷山志》记载，至元十六年（1279年），浙江行省平章高兴在武夷产茶区得到数斤石乳茶，进献给朝廷。宫廷对此茶十分满意，于至元十九年（1282年）令崇安进贡二十斤。到元代末年，贡茶数额增至九百九十斤。元代的武夷御茶场即武夷官焙建立后，带动了武夷地区的茶叶生产，使得宋代在茶界独尊的建安北苑茶场衰落，建安茶在整个明代都没能复兴，明末清初人周亮工《闽小记》称："今则但知有武夷，不知有北苑矣。"

整个元代，贡茶一直是传统的团饼茶，也还在沿用宋代的龙团茶制法，龙凤团、密云龙的名称仍在。元代皇帝也经常赐给大臣贡茶，"讲筵分赐密云龙"。龙团茶仍要经过碾末，然后烹点。大臣虞集写过这样的诗句："摩挲旧赐碾龙团，紫磨无声玉井寒。"宰相耶律楚材写道："黄金小碾飞琼屑，碧玉深瓯点雪芽。"品饮贡茶的这种情趣与宋代别无二致。

但是在民间及士大夫私下的品茶生活上，元代渐渐发生着转变。

元代诗人汪炎昶在《咀丛间新茶二绝》中，写他摘取新茶直接咀嚼，感觉极有韵味，不经过复杂的制作，尝到了茶叶的本真滋味，诗中写道：

> 湿带烟霏绿乍芒，不经烟火韵尤长。
> 铜瓶雪滚伤真味，石硙尘飞泄嫩香。

从诗中可以看出，文人们在追求茶的真味，有一种强烈的减少制作程序以保存茶叶真味的愿望。宋代已经产生了散茶，元代除了宫廷，民间饮用散茶已经非常普遍。非常有意思的是，为皇宫修贡的武夷地区，也在大量生产散茶，而且散茶居于主流。元诗人蔡廷秀在《茶灶石》诗中写道："仙人应爱武夷茶，旋汲新泉煮嫩芽。"这个茶灶石，就是南宋儒学大师朱熹在武夷讲学时经常品茶的地方。朱熹当年所饮之茶，应是散茶无疑。当时朱熹带领学生亲自种茶采茶，品饮的就是制作简单而不失真味的芽叶散茶。比起散茶，团饼茶的制作要复杂得多，需要一套专业化的作坊和专业的用具、专业的茶工，这些朱熹的书院无法具备，只能自制散茶。

明朝开国之始，贡茶主要由武夷地区的建宁府贡进，还是依照宋代以来的方式，研造成团茶，有大龙团、小龙团。这滞后于茶事发展的状况，是一种恪守陈规的作法，从概念上人们仍以加工繁琐的龙团为精品。但洪武二十四年九月（1391年）明太祖朱元璋下发了一道诏令："岁贡上供茶，罢造龙团，听茶户惟采芽茶以进。"正式宣布皇室不再需要团饼茶了，这道诏令成了炒青散茶取代蒸青团茶的转折点。

明太祖的这一诏令，的确起到了分水岭的作用，从此，散茶成为绝对主流，由此炒青也成为主流制茶方法而延续至今。明太祖朱元璋为什么特意下发这么一道诏令？

明人沈德符在《万历野获编·补遗》中说："国初四方贡茶，以建宁、阳羡茶品为上。时犹宋制，所进者俱碾而揉之，为大小龙团。至

明太祖像

洪武二十四年九月，上以重劳民力，罢造龙团，惟采茶芽以进。其品有四，曰探春、先春、次春、紫笋。置茶户五百，免其徭役。按，茶加香物，捣为细饼，已失真味，宋时又有宫中绣茶之制，尤为水厄中第一厄。今人惟取初萌之精者，汲泉置鼎，一瀹便啜，遂开千古茗饮之宗。乃不知我太祖实首辟此法，真所谓圣人先得我心也。陆鸿渐有灵，必俯首服，蔡君谟在地下，亦咋舌退矣。”

其实早在明太祖发布诏令之前许久，明代的普通人已经不再饮用失去真味的团饼茶，朱元璋身为皇帝何必继续饮用已被扬弃的茗茶？既无真味又重劳民力，何苦？所以说，不是皇帝朱元璋带来了茶叶制作的革命，而是皇宫认可民间新的、返璞归真的炒青散茶为善品，想与民同乐。

再者，朱元璋早年是个僧人，他做皇帝前所接触的茶都是散茶，民间除了运往边地的饼茶以外，产茶地区已经散茶当道了。当了皇帝以后，朱元璋喝到传说中的龙凤团茶，到即位的第二十四年，他已经领略了复古茶的滋味好多年，最终决定放弃，让贡茶也回归到散茶的主流中去。明太祖的这个诏令，留给人们的解释是爱惜民力，其实爱惜民力只是其次，只是一举多得罢了。

客观上，明太祖的诏令一发布，完全颠覆了团饼茶高于散茶的观念，以往被称为草茶的散茶终于胜出。明太祖由此获得了一项业绩，奠定了中国茶叶的发展方向，其影响直到今天。

茶，进入明代以后，各地各具特色的名茶纷纷进入社会生活，各种茶品各擅风味，争新斗胜，宋代一茶独大的局面一去不复返了。

3. 明代僧寺制茶名品迭出

可以明确地说，中国古代僧人对茶文化的贡献是最大的。茶，虽不是佛教带来的，也不是僧人最先饮用的，但在几千年茶文化发展史上，僧人担当了主创者的作用。在茶树的种植上、采造上、饮用方式上，在发展茶饮新品种上，僧人都发挥了先驱的作用。他们的大部分创造性业绩，都没有留下个人姓名。

中国茶文化的发展和昌盛，受益于佛教僧侣的贡献，但从主观上讲，僧寺种茶造茶，出发点并不是为了造福社会，主要是为了自身的需要，兼有联络社会的意图。

我国有“自古名寺出名茶”之说。我国广大的平原早已开发为耕地，很少有野生的茶树和茶林，野生茶树大多出现在海拔不高的深山、自然条件比较温和湿润的林间。中国南方佛教兴盛，几乎每一座名山都被寺庙占据。寺院僧人又有饮茶的需求，因之，适宜茶树生长的地区，寺院周围都开辟了茶园，引种茶树;各种野生的茶树经过僧人的管理和采造，成为独具风味的名茶。

僧寺种茶，唐代已经比较常见。唐代高僧百丈怀海创立清规，倡行“一日不作，一日不食”的修行法则，僧众在寺院周围种粮种茶以自给。这是把修行之道与生存之道结合起来，使寺院有自己的经济来源。由此寺院产生了茶僧，在修炼的同时，以专业水准进行种植、采摘、制茶。唐代以前，不少寺院已经开始种茶，但把它视为规则，则是从怀海的《百丈清规》开始。在中国相当长的历史时期，也就是从南北朝寺院开始种茶一直到清末，寺院的茶叶种植水平和制茶水平以及品饮方式的进展方面，都是居于整个社会前列的。

我国历史以及当今众多的名茶中，有不少最初是由寺院种植的。中国最早的名茶四川蒙顶茶，最初是由汉代甘露寺普慧禅师吴理真种植的。蒙顶茶在唐朝以前就非常著名，作为贡茶从唐代一直延续到清代，清代将它用于祭祀。唐代的主贡茶阳羡茶，最初是由吉祥寺僧人引荐给常州刺史李栖筠的。陆羽在李栖筠席上，品尝后鉴定为“芬香甘辣，冠于他境”，建议上贡朝廷，这说明阳羡茶是由僧寺最先种植的。至今仍非常著名的碧螺春，其前身是由苏州水月院僧人培植的，在宋代已有记载，当时就称为水月茶。福建武夷山出产的“武夷岩茶”，以武夷山天心寺僧众采制的最为正宗，寺僧按不同时节采摘的茶叶，分别制成“寿星眉”“莲子心”和“凤尾龙须”三个品目。

普陀佛茶产于佛教四大名山之一的浙江舟山群岛的普陀山，直接取名为佛茶。此外黄山的“云雾茶”、庐山的“云雾茶”、云南大理感通寺的“感通茶”、浙江天台山万年寺的“罗汉供茶”、杭州法镜寺的“香林茶”、杭州龙井寺的“龙井茶”、徽州松萝庵的“松萝茶”、浙江惠明寺的“惠明茶”等，都是最初产于寺院中的名茶。清代贡茶之一的君山

僧寺制茶的情景（清　佚名　《制茶贸易场景图》之一）

银针，产自君山白鹤寺，清帝非常喜爱的“六安瓜片”，最初是产自齐云山的水井庵。

寺院中的茶叶，称作“寺院茶”，一般用途有三：供佛、待客、自奉。僧人们供佛用上等茶，待客其次，而自奉就用最末等的茶。“茶禅一理”的意识最初也是在寺院形成的。江南的许多寺院都设有“茶堂”，是寺院日常集中饮茶的地方，也举行公开的茶会，居士和信徒都可以参加，与住持、僧众一起品茶谈经，辩论佛理。

明代文士陆容有一首《赠茶僧》诗：

江南风致说僧家，石上清泉竹里茶。
法藏名僧知更好，香烟茶晕满袈裟。

茶与禅有相通之道，茶的味道清淡，“淡者，道也。”参禅需要清修，要用身心感悟，许多禅意只可意会不可言传。茶里面就有禅机。禅宗文化幸运遇到茶，茶也幸运被禅宗引为同色同味的良朋，使得茶文化获得宗教性的生机。僧人们早起第一件事即饮茶，然后再礼佛；饭后也是先品茶再做佛事，茶起着洗心清灵的作用。随着茶禅文化的建立，寺院规定，每天需在佛前、祖前、灵前供茶，新任住持晋山时举行点茶、点汤仪式。

日本的饮茶习俗也是由中国佛寺传播过去的，来华求法的日僧带着茶种回到日本种植。可见茶与禅一直是联系在一起的。公元 804 年日本僧人最澄来中国留学、带回茶籽试种于江州坂本，空海和尚来我国又带回茶籽试种，奉与嵯峨天皇。公元 805 年后，日本高僧荣西禅师两次来到我国留学，回国时带回了许多经书与茶种。荣西后来写成《吃茶养生记》一书，将饮茶与禅宗清修结合起来，在饮茶中体味清虚淡远的禅意，此书成为日本茶道的理论依据，从此茶道在日本建立并延续至今。

4. 明代陆羽型文人层出不穷

有思想有个性的文人士大夫，始终把品茶视为精神生活的重要一项，这一特点在明代尤为彰显。

雅人高士一生都在探索茶道形式上更淳朴、内涵上更幽深的境界。明代江南一带，有一些隐士兼茶人过着陆羽模式的生活，罗禀就是其一。罗禀是明末浙江慈溪人，生卒年不详，是明末众多嗜茶并且力行于茶事的文人之一。他隐居山林，平日种茶著书，会友烹茶。一天，罗禀与友纳凉于城西姜家山，山上生长着各种林木，罗禀看出在一片高树遮盖的树影下，有数株茶树，一直无人问津。罗禀随即非常内行地摘取茶芽数升，然后找来山庄的铁铛，加以清洗，在下面用松枝茅草点火。罗禀非常熟练地把茶放入铛中，边炒边揉。最后这几升茶芽炒成了几合（十合等于一升）成品茶叶。他拿出一部分派人送给户部，其余的令童子汲溪流之水，现场烹茶。罗禀亲自洗盏，与朋友细细品味新茶之香。

上面的情景，极像唐诗人刘禹锡《西山兰若寺试茶歌》中所描绘的现采现炒现烹的制茶方法，但不同的是，唐宋文人基本不参与或极少参与采摘炒制过程，大多只作为旁观者，明代文人雅士不再认为亲自动手做茶事是鄙事，在文人眼里，茶与书、画、墨居同等地位。唐代茶圣陆羽在文人中是第一位不以携篮采茶为鄙事者，在文人只能写诗作词、读圣贤书、“治国平天下”的观念主宰下，陆羽却能专心于一个植物种类，并为此奋斗一生，写出以“经”为名的书。的确是前无古人，但后有来者，这些后来者集中在明代。陆羽明代的知音比任何一个历史时期都多，陆羽类型的人物层出不穷，也都倾心尽力投身到茶事当中去，而且乐此不疲，写出自己对茶道的见解，因此明代的关于茶的书篇、专论非常多。中国茶文化的发展和繁荣，虽不是皆赖中国文士的努力，但若没有中国文士的参与，不可能发展到非常兴盛的地步。

罗禀在积十年种茶、采茶、制茶经验之后，写出了茶事专论《茶解》。他的朋友屠本畯说：“以斯解茶，非眠云跂石之人，不能领略。”也就是说，罗禀对茶有深入的了解，是因为他本人就是古人所说的眠云

明　董其昌　《夏木垂荫图》轴

跂石之人，也就是真正与大自然完全融合在一起的人，真隐士、真高人，所以他能真正体会茶的内涵。

茶，到了明代文人心里，早就不是一种植物了。在明代文人意识里，茶，是禅，也是道，也是儒。能汇集、能贯通这三者因素的人，应该就是逸人、高人、隐士。屠本畯说自己的朋友罗禀："性通茶灵，早有季疵（陆羽）之癖；晚悟禅机，正对赵州之锋。"

罗禀认为，人生最脱俗的状态就是："山堂夜坐，手烹香茗。至水火相战，俨听松涛。倾泄入瓯，云光缥缈。一般幽趣，故难与俗人言。"（明·罗廪《茶解》）

张源，江苏吴县人，其友人顾大典为张源的《茶录》写序，评议张源："明末隐于山谷间，无所事事，博览群书之暇，汲泉煮茗，以自愉快，无间寒暑。历三十年，疲精殚思，不究茶之指归不已。"明代东南四大名士之一的沈周在《跋茶录》中赞叹张源："樵海先生（张源字樵海）真隐君子也。平日不知朱门为何物，日偃仰于青山白云堆中，以一瓢消磨半生。盖实得品茶三昧，可以羽翼桑苎翁之所不及，即谓先生为茶中董狐可也。"一千五百字的《茶录》是张源向茶事前辈陆羽、蔡襄的致敬之作。

茶，在中国古代文人的生活中，的确远远不仅是一种饮品。试想，一个当代的作家或者研究员、教授，在工作中给自己沏一杯咖啡来提神醒脑，也值得一说？也谈得上脱俗？也要当做一种精神追求来展示于人？

明初有一位身份特殊的隐士，名叫朱权，号臞仙，又号涵虚子，丹丘先生，晚年又自号南极遐龄老人、云庵道人。他应该算是明代所有隐士当中最早一位写作茶事专著的。朱权的《茶谱》指导了整个明代文人雅士茶饮的情调，《茶谱》是宋以后茶书中最先把茶与隐逸、出世文化相结合的范本。

朱权在《茶谱》的序中说："予尝举白眼而望青天，汲清泉而烹活火，自谓与天语以扩心志之大，符水火以副内炼之功，得非游心于茶灶，又将有裨于修养之道矣。岂惟清哉？”朱权品茶是与天地交流，让自己的心胸扩大到无极，远远不止是对于茶灶的用心，是真正的修养以求道。不是一个“清”字可以概括的。

朱权说：“茶之为物，可以助诗兴而云山顿色，可以伏睡魔而天地忘形，可以倍清谈而万象惊寒，茶之功大矣！”

这是典型的中国古代文人逸士的情绪。朱权何许人也？

朱权（1378—1448），明太祖朱元璋第十七子。自幼机警多能，嗜学博古，自称“大明奇士”。朱元璋曾说：“是儿有仙分。”年十五，封于大宁（今属内蒙古赤峰市宁城县），称宁王。其兄明成祖朱棣发动战事夺取皇位，胁迫朱权参与，并承诺中分天下；但朱棣即位后，对朱权猜忌控制。朱权请求以苏州为封地，朱棣不许；朱权又提出到钱塘去，朱棣还是不允许。永乐元年（1403 年）二月，朱权被封到南昌。此后韬光养晦，在南昌王府建一座古朴的精庐，在里面鼓琴读书，隐逸学道，著书，涉猎经、子、九流、星历、医卜、黄老诸术,游艺琴曲戏剧。著作有辑《法鉴博论》《汉唐秘史》《史断》《家训》《宁国仪范》《文谱》《诗谱》《茶谱》等；编有古琴曲集《神奇秘谱》和北曲谱及评论专著《太和正音谱》，所作杂剧今知有十二种，现存有《大罗天》《私奔相如》两种；道教专著有《天皇至道太清玉册》。

朱权是明皇室人物中最倾心茶道之人，也是明代茶人里最有社会地位的一员。在《茶谱》里，朱权毫不以天潢贵胄、簪缨之家自居，而是把自己列入嗜茶的隐逸文人当中，并把这些人引为同类。

朱权说：“凡鸾俦鹤侣，骚人羽客，皆能志绝尘境，栖神物外，不伍于世流，不污于时俗。或会于泉石之间，或处于松竹之下，或对皓月清风，或坐明窗静牖，乃与客清谈款话，探虚玄而参造化，清心神而出尘表。”朱权想象与脱俗出尘的修道羽士、清客相会，要选在有泉、石、松、竹、明月、清风、明窗静室等要素的地方，这样才能进行清谈，大家娓娓道来，从容自如，探讨玄虚的事物，那种氛围可让人心神清澈，有脱尘出世的感觉。

明　仇英　《独乐园图》卷局部

这时候就应该有茶，而且茶在这种场合相当重要，或者可以说，以上这些人物都是为了与茶相匹配而来的。

朱权接下来就展示品茶的程序：“命一童子设香案携茶炉于前，一童子出茶具，以瓢汲清泉注于瓶而炊之。然后碾茶为末，置于磨令细，以罗罗之。候汤将如蟹眼，量客众寡，投数匕入于巨瓯。候茶出相宜，以茶筅摔令沫不浮，乃有云头雨脚。分于啜瓯，置之竹架，童子捧献于前。主起，举瓯奉客曰：‘为君以泻清臆。’客起接，举瓯曰：‘非此不足以破孤闷。'乃复坐。饮毕，童子接瓯而退。"

品茶就品这一瓯，这是朱权的茶道主张。品完茶后，主客"话久情长，礼陈再三，遂出琴棋"。

朱权生活在明初，当时贵族品茶还在沿用古法，即先碾茶为末，再点茶，这是一种人们早已习惯了的末茶饮法。朱权在这篇《茶谱》里，提出了他所赞成和意欲推广的叶茶饮法。朱权说："然天地生物，各遂其性，莫若茶叶，烹而啜之，以遂其自然之性也。予故取烹茶之法，末茶之具，崇新改易，自成一家。"朱权认为，直接烹制叶茶，更遂合茶的天性，要依此天性去做。虽然叶茶饮法已经在现实中存在，但是第一次将它写进茶书，是需要勇气的，朱权是第一人，因而称自己要自成一家。

朱权之前，没有人勇于在茶书上认可直接烹煮茶叶的饮法，但他并没有同时否定末茶饮法，他款待清客的茶也是沿用末茶点茶法。有人认为朱权主张品茶就是全部用茶叶冲泡，那说明他没有读懂朱权的《茶谱》。朱权表明他要在两方面即烹茶之法、末茶之具上崇新改易，自成一家。其中"末茶之具"说的是他要改进茶磨和茶碾的制作材料，主张用石制，他特意指出要用青礞石，这种石材有白青两种，其中青色的碾成末可以入药，作用是化痰去热，可见朱权很有中医知识。他在这一节写道："磨以青礞石为之，取其化痰去热故也，其他石则无益于茶。"茶碾，朱权也主张用青礞石，不能再用以往的金、银、铜、铁，因为这些金属都能产生叫做"鉎"的东西，"鉎"是金属表面的锈物，有一种金属的辛腥气，掺入茶末中当然不好。

至于茶叶直接用沸水冲泡而饮，是在明代中后期广泛采取的品茶方法，明初尽管已经饮用散茶，但普遍实行的是烹煮法。明代嘉靖年间茶人陈师在《茶考》中记载："杭俗烹茶，用细茗置茶瓯，以沸汤点之，名为撮泡。北客多哂之，予亦不满。一则味不尽出，一则泡一次而不用，亦费而可惜，殊失古人蟹眼、鹧鸪斑之意。"这种饮法与当今的泡茶法别无二致，但当时杭州以外的北方人都觉得可笑，陈师本人就是杭州人，他对本地新兴的茶饮法也看不惯。但是很快，大约十几年时间，这种撮泡法就传播开了，迅速普及。北方人对此不再觉得可笑，对茶事有研究的文人也确认，这种方法比烹煮法更接近自然。

朱权的《茶谱》是明代存世的第一部茶书，此书带动了明代无数后来的知音去品茶、悟茶、探求制茶的完美和品茶的艺术化，其后有五十多人撰写茶书，使明代成为产生茶书最多的朝代。在这些人当中还有另一位皇室成员、明宪宗第六子朱祐槟，他也编辑了一部《茶谱》，乃辑录前人之作。

5. 明代文人参与采茶制茶

明代许多东南文士参与了茶品的鉴赏，对茶树的种植、采摘、炒焙、收藏、茶具、择水、烹点样样精通，许多人把茶事的经验写成茶书，予以推广或引起广泛的注意。在明代文士中，对茶事的研究和探讨已经形成风气，除了茶书纷现之外，明代还有大量的文人笔记，有关茶的采制、品鉴的内容比比皆是。

文人采茶制茶始于唐代陆羽，之后，这方面比较知名的文士有白居易、韦应物、陆龟蒙等。白居易是在官型文人，陆龟蒙则是隐士型文人。陆龟蒙是今江苏吴县人，号江湖散人，做过湖州刺史幕僚，后来索性务农。陆龟蒙居住的地区就是唐代贡茶的产地，陆龟蒙除了经营百亩低洼田以外，还在顾渚山下经营了一座茶园，每年收租。在这样的物质基础上陆龟蒙过上了悠雅闲适、逍遥散淡的生活，常携茶灶、书籍、笔床、钓具泛舟往来于太湖。

明朝东吴一带也产生了不少陆龟蒙式的人物，主要集中在茶乡，比如顾渚本地文士姚绍宪在顾渚的明月峡建了一座茶园，明月峡是当时顾渚一带茶品最好的地方，姚绍宪将茶园租给茶农，每岁收取租金。平时他也专注于探究种茶制茶品茶的真谛，“自判童而白首，始得臻其玄诣。”意思是他从一个刚通过童生考试的少年一直到白了头，才弄懂茶的玄妙道理。姚绍宪与《茶疏》的作者许次纾是好友，每到新茶采制的

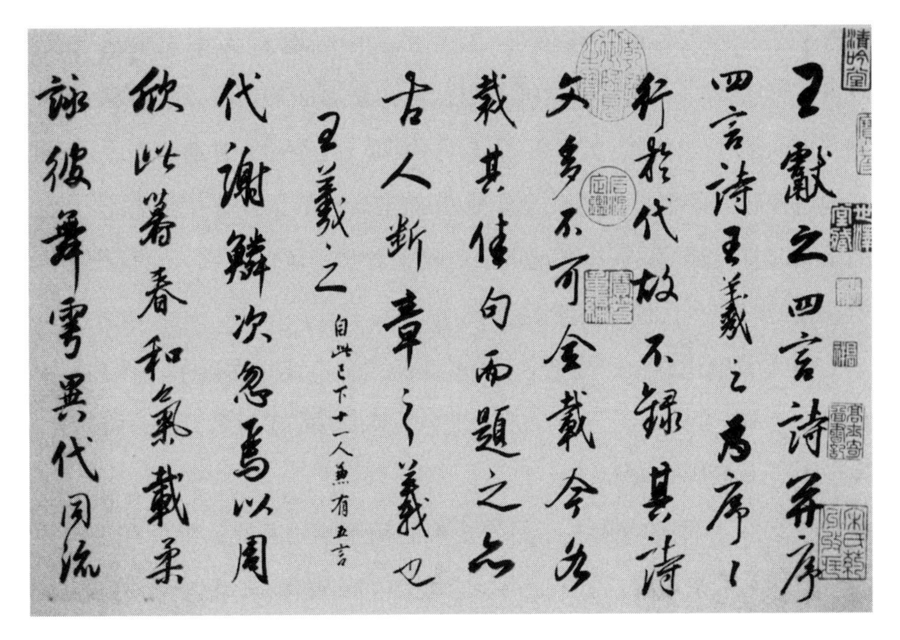

明　董其昌　行书《临柳公权兰亭诗》局部

时候，许次纾都要从武林带着所有茶具到他的明月峡茶园来，两人汲取金沙、玉窦二泉，细细品尝各种茶叶，探讨品鉴，定出茶品的高下。

明代东南文士经营茶园，有生计上的考虑，在产茶区拥有田亩同时又嗜茶的文士，建一座茶园顺理成章，一举三得，既可以维持生计，又能够满足爱好，更能展现自己高雅的情趣。有些隐士在山间隐居，也开辟茶园。徐𤊹有一首《茶园》诗写他的茶园："岭半斜通路，山家历几环。谁知岩穴里，宛若武陵间。"他自己的小楼离江边不远，楼前翠竹掩映，楼后涧中流水潺潺。虽然诗中一句没有提茶园，但所有的意境都是为了衬托这个世外的茶园。

《渔洋诗话》中提到一位隐士林确离，率子孙种茶，非常认真，和农夫一样"躬身畚锸负担"，夜晚则教导子孙们读《毛诗》《离骚》。路过的人，每每看到三四个少年，头戴幅巾，赤脚挥锄，琅然而歌，简直就像看到古画当中的情景，不禁赞叹。

作过朝中礼部尚书的吴宽也有自己的茶园，吴宽是个茶道中人，爱茶到了依赖的程度，其茶诗《爱茶歌》中写道："堂中无事常煮茶，终日茶杯不离口。当筵侍立惟茶童，入门来谒惟茶友。"他也收集、补编茶书，他在诗中说："《茶经》续编不借人，《茶谱》补遗将脱手。"看来他也在研究茶事，他的实验基地就是自家的茶园："平生种茶不办租，山下茶园知几亩。"不办租就是亲自种植养护，不假手别人。这个茶园就建在他的家乡，也就是阳羡茶乡。

茶人罗禀说到自己建造茶园的起因："余自儿时性喜茶，顾名品不易得，得亦不常有，乃周游产茶之地，采其制法，参互考订，深所体会，遂于中隐山阳栽植培灌。"

更多并不种茶的士人，因为爱茶而精于鉴别茶品，继而在茶叶采收季节加入采茶人群。所采之茶大多是山间的野生茶，这些野生茶树往往由附近的寺院管理，平日的收益用于维持寺院生活。

明人蔡家挺的《龙湫背采茶》诗曰："野人导我上峰巅，已讶栽茶定有仙。"茶树野生，栽茶人应该是仙人。"白云满袖香先异，绿雪盈筐色可怜。"茶树生长在云雾缭绕的半山，茶香异于寻常，嫩绿的茶芽令人怜惜。"只为悬流人罕到，孤僧得价胜耕田。"平日僧人采摘野生茶，可以换取比耕田更多的利益。

文人参与采茶，除了对品茶鉴茶有极大的兴趣，想亲自过过瘾以外，还有一个动因：明代名茶迭兴，伪茶也随之入市，以致鱼龙混杂，真伪难辨。士人为了获得原产地的真茶，遂结伴入山去采茶制茶。伪茶的出现有两种情况，一为名茶供不应求，名茶产主不得已用赝茶替代，这种情况并不多，主要是虎丘茶和松萝茶。虎丘寺僧根本不可能应对过大的需求，便用"替身茶"混充虎丘；另一种情况比较多见，属于行业的不正当竞争，名茶价高，使得贪利之徒假冒名茶出售劣茶。

因而每年采茶季节到来，东南不少爱茶的士子到产茶地采茶，亲自炒制，现场品尝新茶。吴宽与沈周就曾游虎丘，两人亲自采茶，又以极高的兴致烹尝，手煎对啜，大解茶癖。

对茶的品质极为讲究的文士来讲，即使没有伪茶，也要追寻名茶中的极品，也要亲自采获。同样的名茶会因生长地段的不同，产生细微的差别，优中会有更优，也会有稍劣者。屠隆在《茶说》中说："阳羡俗名罗岕，浙之长兴者佳，荆溪稍下。细茶其价两倍天池，惜乎难得，须亲自采收方妙。"

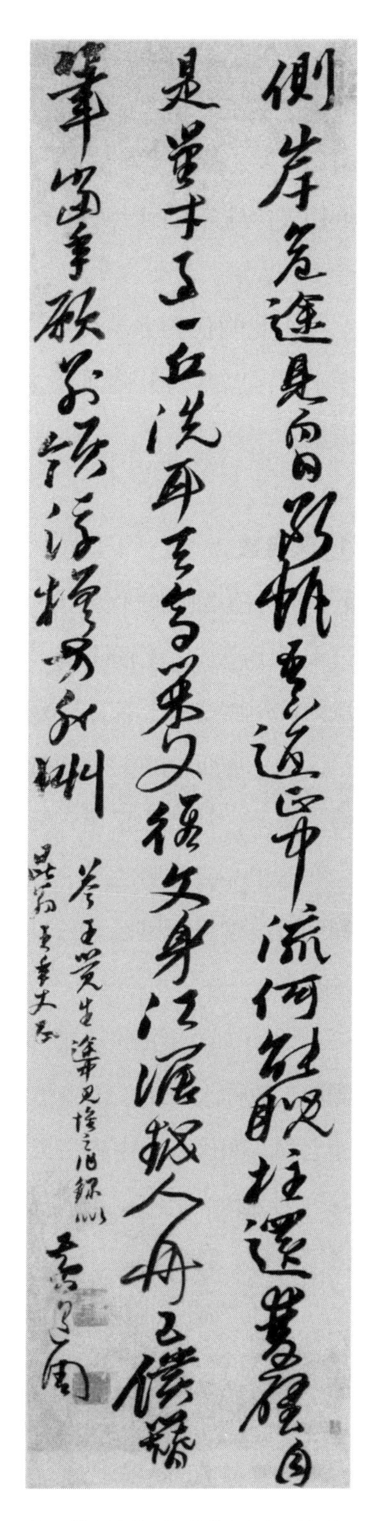

明　黄道周行书《途中见怀诗》轴

（二）明代名士与明代名茶

明代不论是茶叶的种植面积，朝廷在茶产业上获得的税收，还是茶叶的品类、饮茶的方法，都产生了极为重大的进步。明代的茶叶不再有独一无二、至高无上的名茶，茶叶产业各路大军齐头并进，各有千秋，后起之秀也不断产生。

茶产业在发展过程中，茶人不断尝试，不断创新，不再是仅仅顺应朝廷，而是面对所有的品茶人。中国茶业六大茶系中的名茶，大多在明代就已形成。

明代的名茶除武夷茶以外，大多产生在长江三角洲，即天目茶、虎丘茶、天池茶、松萝茶、罗岕茶、龙井茶，这是人杰、地灵两种因素使然。地灵不言而誉，长江三角洲的气候地形非常利于茶树生长；但是南方土地广大，适合茶树生长的地灵之处比比皆是，长江三角洲名茶之盛，更有赖于人杰，这是一个非常有意味的话题。长江三角洲人才辈出，当时中国几乎80%的人才都产生在那里，而中国古代文士与茶建立了密切的关系，他们积极参与茶叶的生产和制作，品尝、比较，时加褒贬，这对于名茶的产生和发展，利处更大。

因此明代的名茶，更可以说是名士评比下的名茶。虽然有些茶在后来不再兴盛，但在当时足以和名士风流共舞，足以供后来的茶人怀旧、借鉴。

1. 天目茶

陆羽生活的时代，天目山已经有野生茶。陆羽在《茶经》里提到过天目山产茶，比较简略："杭州临安、于潜二县生天目山，与舒州同。"意为杭州临安、于潜二县出产于天目山的茶，与舒州茶品次相同。但就是这种一带而过的文字，都是陆羽付出心血之后得来的。陆羽曾前往天目山采茶，其友人皇甫曾写过一首《送陆鸿渐天目采茶回》。诗僧皎然也在这里品尝过野生茶，写诗："喜见幽人会，初开野客茶。……稍与禅经近，聊将睡网赊。"这位茶僧兼诗僧在历史上第一次把茶与禅经联系起来。

天目山位于浙江省临安县，东天目和西天目顶峰各有一池，形如明目，故称天目山。山上植物种类极为丰富，达三千多种，有天然植物园之称。明代茶道中人将天目茶与"虎丘""天池""阳羡""六安""龙井"列为六大名茶。公安派名士袁宏道在《天目山记》中称："天目山区三件宝，茶叶、笋干、小核桃。"又言："天目第七绝，头茶之香者，远胜龙井。"在《袁中郎尺牍》中，袁宏道赞天目山："天目奇胜，甲于西浙。"他曾与友人攀登此山，住山中五日。天目山气候温湿，长年的植物落叶形成了灰化棕色森林土，腐植质厚达二十厘米左右，土壤疏松，终年云雾笼罩，年平均雾日在二百五十天以上，利于茶树生长。但由于山比较高，寒冷时段比较长，冬日多雪，茶的萌发比较晚。茶树在低于海拔一千二百米的半山生长较好。

天目茶的美名与天目山风光有极大关系。天目山有极为壮美的天然景观，奇峰异石，古刹禅寺，有仙峰远眺、云海奇观、平溪夜月、悬崖瀑布等风景，吸引无数的文人雅士到这里游赏、访寺问禅。早在东晋这里就有寺院，后来南梁的著名太子萧统在这里修学，建了一座昭明禅寺，留下一段传奇般的经历。昭明太子研修佛经极为刻苦，他在东天目

昭明太子像

山的石台上分解《金刚经》，用眼过度，双目俱枯。宝志禅师用流泉为他洗目，复明。天目山至今仍留有梁朝“敕赐东天目昭明禅寺”字样的万斤钟一口，分经台、洗眼池古迹尚存。宋代大文学家苏轼作杭州太守时多次来到天目山，描写天目山的壮景：“众峰来自天目山，势若骏马奔平川。”“晴空偶见浮海蜃，落日下数投林鸢”。

天目茶的美名与这里的寺僧精心茶事是分不开的，寺僧专门研制了一种天目盏，用于招待宾客。南宋时，日本留学僧人在天目山及附近的径山学法，带回了天目盏。此茶盏传至日本，极受敬慕，后来日本茶道中使用的茶碗，就是天目盏。天目盏又称天目木叶盏，日本平凡社的《世界百科大辞典》曰：“天目盏为黑色及柿色铁质釉彩陶瓷茶碗的统称。”日本博物馆现藏有三只当时的天目盏。

2. 虎丘茶、天池茶

苏州一地是文人渊薮，明代这里出了两种声名极盛的茶：虎丘茶和天池茶。

虎丘茶名气很大，产量很少，由虎丘寺僧人种植和采摘制作，茶园就在寺院的旁边。虎丘茶很有特点：“叶微带黑，不甚苍翠，点之色白如玉，而作豌豆香，宋人呼为白云花。”（见《虎丘山志》，康熙十五年修）可见宋代虎丘茶已经有一定名望了。明代茶学家屠隆在《茶说》中说虎丘茶：“最号精绝，为天下冠。惜不多产，皆为豪右所据。寂寞山家，无由获购矣。”屠隆本人都没能获得机会品尝，在茶品中他仍将虎丘列为第一，可见虎丘茶在当时名声之大。明末状元文震孟是苏州本地人，他对虎丘茶推崇备至，带着乡土的自豪评价：“吴山之虎丘，名艳天下，其所产茗柯亦为天下最，色香味在常品外，如阳羡、天池、北源、松萝俱堪作奴也。”当时有一位明末无名氏的《茗笈》形容虎丘茶更为夸张：“品茶者从来鉴赏，必推虎丘第一，以其色白香同婴儿肉，此真绝妙之论也。”婴儿肉谅谁也没吃过，只是明代士人欲形容虎丘茶美，在人世间找到的最绝的比喻。从中可以想见，虎丘茶一定在茶的品种和制作方面有别人达不到的优势，令茶界老饕赞不绝口。

虎丘茶的名声大，一是产量极低，物以稀为贵；一是加工制作有精到之处，后来的名茶松萝茶的制法就是从虎丘茶传过去的。虎丘之名贵，还有一个更加重要的因素就是文人雅士的交口称赞。明嘉靖年间著名文学家王世贞写过一首赞虎丘茶的诗《虎丘试茶》：

洪都鹤岭太麓生，北苑凤团先一鸣。
虎丘晚出谷雨后，百草斗品皆为轻。
惠水不肯甘第二，拟借春芽冠春意。
陆郎为我手自煎，松飚泻出真珠泉。
君不见蒙顶空劳荐巴蜀，定红输却宣瓷玉。
毡根麦粉填调饥，碧纱捧出双蛾眉。
挡筝炙管且未要，隐囊筠榻须相随。
最宜纤指就一吸，半醉就读离骚时。

明代大书画家徐渭收到朋友惠赠的虎丘茶，写诗称赞：

虎丘春茗妙烘蒸，七碗何愁不上升。
青箬旧封题谷雨，紫砂新罐买宜兴。
却从梅月横三弄，细搅松风炧一灯。
合向吴侬彤管说，好将书上玉壶冰。

徐渭还有一诗，称："杭客矜龙井，苏人伐虎丘。""伐"是得意、自豪之意。明代中晚期杭州有龙井茶、苏州有虎丘茶，两者各为两地的骄傲，当时虎丘茶的名声远在龙井之上。李攀龙诗《寄赠元美龙井茶》：

美人持赠虎丘茶，起汲吴江煮露华。
龙井近来还此种，也堪清赏属诗家。

虎丘塔及虎丘寺（明　沈周　《虎丘十二景图》册之一）

虎丘茶要懂得鉴赏茶品的人才能真正识别，此茶极为稀有难得，很多人不是没机会尝到，就是喝了赝品自己却不知晓。有位名士徐茂吴极善鉴茶，令很多人折服。一次他与友人到老龙井产茶地买茶，当地人数十家出茶，徐茂吴依次取样品尝，认为大都不是正宗，只从中选出一二两，断定为真物买走了。他品尝过所有当时的名茶，认为虎丘第一。要买虎丘茶同样只能到产地去买，市场上没有。徐茂吴常到虎丘寺用一两银子购买虎丘茶一斤。寺僧们也是看人给货，有些不懂的人，他们是不肯拿出真品出售的。但徐茂吴一来，寺僧们不敢不拿出真品。后来听说，有些不懂鉴茶的人即使出更大的价钱也买不到真品。

虎丘茶常与天池茶并称，天池茶产于苏州的天池山。明代一些鉴茶行家，也将天池茶列为天下第一。例如屠隆在《茶说》中评点天池茶："青翠芳馨，瞰之赏心，嗅亦消渴，诚可称仙品。诸山之茶，尤当退舍。"每年谷雨前后，虎丘、天池茶园忙着采茶制茶，苏州一带的文人雅士们相约到虎丘、天池品试、尝新。

王士性是明代地理学家，经历丰富，眼界很宽，他足迹遍布中国大部分地区，所到之地遍览山川风物，写成了一部《广志绎》。王士性在书中谈到茶叶："虎丘、天池茶今为海内第一。余观茶品固佳，然以人事胜。"王士性走遍了全国大部分地方，所到之处都要鉴赏当地茶品，谈到虎丘、天池为天下第一，并不是他本人的观点，而是当时的共识。他的论点是，虎丘、天池确实很好，但好在人事不是好在天生。所谓"人事"，就是茶叶的加工出色，也就是制茶的人手艺、方法非常出众。王士性说："其采揉焙封法度，锱两不爽。"这就点明了虎丘茶是因制作优异而胜出的。明末茶人冯时可在他的《茶录》中写道："若采造得宜，便与醍醐甘露抗衡，故知茶全贵采造。苏州茶饮遍天下，专以采造胜耳。"

明代文人士大夫非常关心茶叶制作的进步，从众多士人的茶书中可以看到，士人们都在研讨茶叶制作的优劣，何佳何损。明代一改古来的蒸青法，炒青成为制茶新法，但在炒青的具体操作上，也有粗精优劣之分。譬如田艺衡在《煮泉小品》中说："况作人手、器不洁，火候失宜，皆能损其香色也。"虎丘茶的炒制技术非常接近现代的方法，而且人工付出更多、更精细。

虎丘、天池茶明末清初就绝迹了，人们只能从松萝茶的制法来想象虎丘茶，因为松萝茶的制法是从虎丘茶传过去的。

虎丘、天池茶为什么绝迹了？是怎样绝迹的？

虎丘茶只产于虎丘寺，极为稀有难得，又极负胜名，客观上需要一个强大的力量保护，但事实上没有，只有一个住持、几十个寺僧。天启四年（1624年）虎丘茶遭遇了一场劫难。

据传，明代天启四年有个大员驾临苏州城，其人久闻虎丘茶大名，强令寺僧献茶。虎丘茶由于索求人多，供不应求，当时已无茶可献。不料大员恼羞成怒，动用刑具，虎丘住持惨遭毒打。住持回去后悲愤欲绝，令和尚们把茶树连根刨了。若干年后，有位虎丘寺的僧人到徽州休宁采了茶种回来培植，按照传统方法培植出新一代的虎丘茶，但僧人们已无心再令其兴盛，茶园也就几株茶树，寺僧们自己饮用都不一定够。

虎丘茶的命运令人悲叹，但即使不发生明末大员勒索献茶的事件，虎丘茶也难以为继。《吴郡虎丘志》记载："虎丘茶，僧房皆植，名闻天下。谷雨前摘细芽而烹之，其色如月下白，其味如豆花香。近因官司征以馈远，山僧供茶一斤，费用银数钱。是以苦于赉送，树不修葺，甚至刈斫，因以绝少。"明末无名氏的《茗笈》上说："然凭万顷云俯瞰僧园敝株尽矣，所出绝稀，味亦不能过端午。"到了清初，虎丘茶已经快成文物了，清初学者尤侗在《虎丘试茶》中讲到虎丘茶园的状况："虎丘之茶，名甲天下；官锁茶园，食之者寡。"

至于天池茶为什么绝迹，无人记载。虎丘和天池这两种茶有些方面可以肯定，在产量上同样很低，在制作上也有互相借鉴的可能。虎丘寺僧惨遭折辱之事，对天池茶产生的影响一定不小，但具体情形不得而知。冯时可在《茶录》中写过这样一件事："松郡佘山亦有茶，与天池无异，顾采造不如。近有比丘来，以虎丘法制之，味与松萝等。老衲亟逐之，曰：'无为此山开羶径而置火坑！'盖佛以名为五欲之一，名媒利，利媒祸，物且难容，况人乎？"用虎丘法制茶，能大大提高茶的品质，这是好事，但老僧惧祸，急将学来新法的小和尚赶走了。所谓羶径是指羊的羶味吸引兽类蝼蚁争相赶来，打通前往这里的道路，酿成灾祸。

从上面那件事上，也可以看出虎丘茶的制法已经被很多人学会。虎丘茶虽然湮没无踪了，但它的制茶方法不仅没有绝迹，而且领导了其后中国的制茶工艺，直到今天茶界从业者仍在享用他们的创造性成果。

当今茶人们再临剑池旁的虎丘寺，一定要真心诚意凭吊一下虎丘寺的僧人们为茶事所付出的心血和牺牲。

天池茶产地天池山
（元　黄公望　《天池
石壁图》轴 ）

3. 松萝茶

产自安徽的松萝茶，可以说是虎丘茶的真传弟子。明代冯时可《茶录》记述："徽郡向无茶，近出松萝茶，最为时尚。是茶，始比丘大方。大方居虎丘最久，得采造法。其后于徽之松萝结庵，采诸山茶于庵焙制，远近争市，价倏翔涌，人因称松萝茶，实非松萝所出也。是茶比天池稍粗，而气甚香，味甚清，然于虎丘能称仲，不能伯也。"隆庆年间，法号大方的僧人原住虎丘寺，掌握了虎丘茶的制作方法，后来大方离开虎丘寺院，来到安徽歙县松萝山结庵，用虎丘法制茶，另立门户，取名松萝茶。很快松萝茶就声名鹊起，与虎丘茶并列为名茶。

僧人大方对继承和发展制茶技术是有贡献的，如果他没有离开虎丘寺，或者离开虎丘寺后不再制茶，那么虎丘的技术真要失传了。僧人大方不管是有心还是无意，在茶史上留了名，中国的茶叶名品记下始创者名字的很少，松萝茶是其一，此后这种制法也冠之以松萝法。

何谓松萝法？明代闻龙《茶笺》记载："茶初摘时，须拣去枝梗老叶，惟取嫩叶，又须去尖与柄，恐其易焦，此松萝法也。炒时须一人从旁扇之，以祛热气，否则色香味俱减。予所亲试，扇者色翠，不扇色黄。炒起出铛时，置大瓷盘中，仍须急扇，令热气稍退。以手重揉之，再散入铛，文火炒干入焙。盖揉则其津上浮，点时香味易出。"

同一时期罗廪《茶解》中谈到松萝茶，言："松萝茶出休宁松萝山，僧大方所创造。其法，将茶摘去筋脉，银铫炒制。今各山悉仿其法，真伪亦难辨别。"这里提到松萝法的一个非常重要的方面，即用银铫炒制，银铫比一般的铁锅更具优势。另外，松萝法被许多茶人学会，传播了出去，因而号称为松萝茶者，并非真正由松萝庵所制。

罗禀的朋友龙膺君为《茶解》写了一篇跋，也特别谈到传播松萝法的事。龙膺君说他的家兄也有一个茶圃，还是沿用传统的蒸青法制茶，"弗知有炒焙揉挼之法。"龙本人到松萝茶产地一带做官，游松萝山，"亲见方长老制茶法甚具，予手书茶僧卷赠之。归而传其法。"回去后，将松萝法传授给其兄，其兄及茶园里的仆佣最初还很不习惯，但是看到朋友罗禀也在用松萝法，其兄遂决定彻底采用松萝法。

松萝茶在明代文人当中得到了很多赞赏，袁宏道记述："近日徽有送松萝茶者，味在龙井之上，天池之下。"明末学者、藏书家谢肇淛在《五杂俎》中评点名茶："今茶之上者，松萝也、虎丘也、罗岕也、龙井也、阳羡也、天池也。"显然把松萝排在虎丘前面。

松萝制法有一个特殊环节，就是去尖。芽尖本是茶最嫩的部分，为什么要去尖，带着这个问题，谢肇淛上过松萝山。谢肇淛后来在《五杂俎》中说："余尝过松萝，遇一制茶僧，询其法，曰茶之香，原不甚相远，惟焙者火候极难调耳。茶叶尖者太嫩而蒂多老，至火候匀时，尖者已焦，而蒂尚未熟，二者杂之，茶安得佳？松萝茶制者，每叶皆去其尖蒂，但留中段，故茶皆一色，而功力烦矣。宜其价之高也。"松萝茶区别于其他名茶的特色就是：色重、香重、味重。

松萝茶更是我国出口最早的名茶之一，至少在十八世纪初已经出口到欧洲。于1732年沉没的瑞典商船"歌德堡号"上，发现货物中有中国的武夷岩茶和松萝茶。又有证据表明，1785年前松萝茶就已少量流入英国市场。英国学者威廉·乌克斯在《茶叶全书》中提到了中国的松萝茶。1840年前松萝茶通过广东"十三行"出口英国，得到英国市民的喜爱。

清代江澄云《素壶便录》中亦云："茶以松萝为胜，亦缘松萝山秀异之故。山在休宁之北，高百六十仞，峰峦攒簇，山半石壁且百仞，茶柯皆生土石交错之间，故清而不瘠，清则气香，不瘠则味腴。而制法复精，故胜若地处产也。"《休宁县志》也记载松萝山的形态："山峰插天，峰峦攒簇，松萝交映。"可见松萝山的地理环境虽然适合中国传统的种茶理论，但采摘有一定难度，相当辛苦，产量也不会很高。当时安徽休宁一带流传着这样一首采茶歌："松萝茶，喷喷香。松萝人，好悲怆。爬山越岭摘茶忙。山越高，茶越好，石壁岩里茶更香。跌断骨头哭断肠。"各地的茶歌，都有一点点幽怨，但这一首不仅仅是幽怨，而是接近哭诉了。同时也表明，采茶人确实是采野生茶。

松萝山主要野生植物是松树，松间有大量的松萝共生，所以得名松萝山。松萝是一种地衣植物，呈树枝状悬垂于高山针叶林枝干间，少数生于石上。松萝可入中药，含有松萝酸等抗菌素，可祛痰、治疗溃疡炎肿、头疮、寒热等症。但松萝茶是松萝茶，松萝是松萝，中国还有一种茶叫做“松针茶”，与松针是两回事，正如福建的水仙茶与水仙无关。松萝可以治病，但松萝茶就是茶，不是松萝制的茶，也不是加入松萝以后再制成的茶，但自明代以来，不少人将松萝与松萝茶混为一谈，

猴子采茶情景（清　佚名　《制茶贸易场景图》册之一）

把松萝的药用功能说成是松萝茶的功能。松萝茶生于松萝较多的地区，多少会受一点儿侵润，茶是一种很能吸收其他物质的一种植物，茶与花果树杂种就能吸收花果香，但仍是以茶香为主，不可能以花果香代替本味，更不可能直接代替花果食用；松萝茶亦如此，即使是有一定的药用功能，也是指与松萝混生在一起的野生茶树，产自其他地方也叫松萝茶者，更不具备类似于松萝的药用功能。

其实松萝山的野生茶树很少，清代有这样一个超现实主义的神奇传说，据宋永岳《亦复如是》记载：制艺名家徐焕龙一次到徽州，慕松萝茶之名，专程到山寺一访。寻不到茶树，问僧人茶产于何处，僧引至后山，只见石壁上蟠屈古松，高五六丈，不见茶树。僧曰："茶在松椏，系鸟衔茶子，堕松椏而生，如桑寄生然，名曰松萝。"徐焕龙见此茶悬空而生，问采摘之法，僧以杖叩击松根石罅，大呼："老友何在？"几只巨猿从山间跳跃过来，僧人先喂给它们果子，然后猿猴们训练有素地依次上树采撷茶叶。

明代茶书作者之一的徐㶿在《茗谭》中说："余尝至休宁，闻松萝山以松多得名，无种茶者。《休宁志》云，远麓有地名榔源，产茶。山僧偶得制法，托松萝之名，大噪一时，茶因涌贵。僧即还俗，客索茗于松萝，司牧无以应，往往赝售。然世所传松萝，岂皆榔源产欤？"这条资料未必公允，但至少说明产自松萝山的茶叶少之又少，远远供不应求。

松萝茶的确很大一部分采自附近的琅源山。松萝山与琅源、天宝、金佛诸名山相连，属黄山、白岳（齐云山）之间，琅源更适宜大面积人工种植茶树。

《茗谭》提到的"僧即还俗"一语，似是指松萝茶的创始人大方和尚后来还俗了，松萝庵在制茶方面后继乏人。所幸的是，松萝茶的制法大方和尚没有保密，这样松萝茶就不会"人亡政息"，没有像虎丘、天池茶那样盛名之后湮没无闻。

明中晚期对茶事有天赋和兴趣的人士层出不穷，从松萝茶兴旺到出口的成果上看，肯定有茶界从业人、爱好者为松萝茶的发展作出了极

明　蓝瑛

《松萝晚翠图》轴

大的贡献。值得令人庆幸的是，松萝茶仍在原有的古代基础上生存和发展，2008年世界绿茶协会在日本静冈举办的世界绿茶大会上，休宁出产的琅源松萝牌“松萝嫩毫”获得世界绿茶“最高金奖”。

4. 阳羡茶

雪芽为我求阳羡，乳水君应饷惠山。

这是宋代文豪苏东坡赞美阳羡茶的诗句。阳羡茶是唐朝著名的贡茶，唐代卢仝著名的七碗茶诗，赞的就是阳羡茶。进入宋代，福建的建安茶取代了阳羡及毗邻的顾渚茶，湖州一带茶园确实没有了唐代的兴旺景象，进入了低谷。但是整个宋代阳羡茶仍然是东吴一带乃至全国的名茶，文人雅士路经东吴，常常用惠山泉来烹阳羡茶。这时候的阳羡茶不再制成团饼，而是原生态的草茶。南宋郑樵《通志》载：“自建茶入贡，阳羡不复研膏，只谓之草茶而已。”草茶即芽茶，常称为雪芽，非常接近现今的茶叶。

明初，阳羡茶又成为贡茶之一，明代的贡茶主要有两个产地，一是宋元以来的武夷茶，一是宜兴的阳羡茶。这两处贡茶量都非常大，其他地方也有零星的土贡茶，但在入贡量上远不能跟阳羡茶比。

可以说，随着明代的建立，阳羡茶又恢复了繁荣。关于明代阳羡茶上贡的数量，明人沈德符的《万历野获编》有所透露：宣德六年（1431年）常州知府给皇帝上了一封奏章，言“本府宜兴县旧贡茶额止一百斤，渐增至五百斤，近年乃至二十九万斤”。这年宜兴缴纳如此之多的贡茶，备感艰难，纳上二十万斤后，还有九万斤收不上来，常州知府为此向皇帝上奏，乞恩于皇帝，请求宽免这九万斤。明宣宗很是体谅民艰，不仅免了这九万斤，还下令今后将贡茶数量减半，即从二十九万斤减到十四万五千斤。沈德符评点此事：“时去二祖庙未远，且宣宗圣德，尚不免加旧额至数十倍，即云减半，为数亦不少矣。况后世但知增，不知减耶？”

宜兴茶民非常值得同情，也值得感慨。唐时风光无艰，也带来了不少劳碌；宋时不再风光，但冷清的滋味更加难受。明代似乎重现了唐代的风光，但却是和武夷茶平分天下，并没有完全重演唐代的风光，同时劳碌却加倍了。唐代一万余斤的贡赋，明代增至十几、二十余万。但不同的是，明代宜兴茶人的怨叹少了，创新意识强了，在茶香中辛勤劳作，在贡赋之余开创新品。茶具方面，宜兴人始创紫砂壶品饮方法，为茶艺带来了更加清新自然的气韵，为茶文化作出了贡献。

明宣宗坐像

阳羡在明代仍列居名茶的前几位，比之虎丘、天池、松萝、龙井、罗岕,阳羡茶是唯一的历史名茶,业绩相当稳定,给人以历久常新的感觉。获得了明代文人雅士的交口称颂。明代东南文士对阳羡茶一直怀有不容置疑的喜爱。吴宽，长州人，成化中会试、廷试皆第一，在朝中任阁臣多年，一生留下许多赞美阳羡茶的诗句，如：“今年阳羡山中品，此日倾来始满瓯。”“阳羡茶适至，新品攒寸莲。是非龙凤团，胜出蔡与丁。”“具区（具区即太湖）舟楫来何远，阳羡旗枪瀹更新。”明代文坛复古领袖王世贞收到友人赠送的阳羡茶，写诗：“君携阳羡茶，荐以中冷水。高卧读离骚，林端月初起。”

晚明四大名士之一的文徵明对阳羡茶也极有感情，日常饮用多为阳羡茶，“莫道客来无供设，一杯阳羡雨前茶。”文徵明多次前往惠山，与友人以惠泉烹阳羡茶，每每写诗留念，“邂逅高人自阳羡，淹留残夜品枪旗。”“绢封阳羡月，瓦缶惠山泉。至味心难忘，闲情手自煎。”“谏议印封阳羡茗，卫公驿送惠山泉。百年佳话人兼胜，一笑风檐手自煎。”

四大名士之一的唐寅一生诗作不多，但也提笔《咏阳羡茶》：

千金良夜万金花，占尽东风有几家。
门里主人能好事，手中杯酒不须赊。
碧纱笼罩层层翠，紫竹支持叠叠霞。
清明争插西河柳，谷雨初来阳羡茶。
二美四难俱备足，晨鸡欢笑到昏鸦。

文士马治有一首《阳羡茶》诗：

灵匠发天秀，泉味带香清。
蛇衔颇怪事，凤团虚得名。
采摘盈翠笼，封贡上瑶京。
愿因锡贡余，持赠远君行。

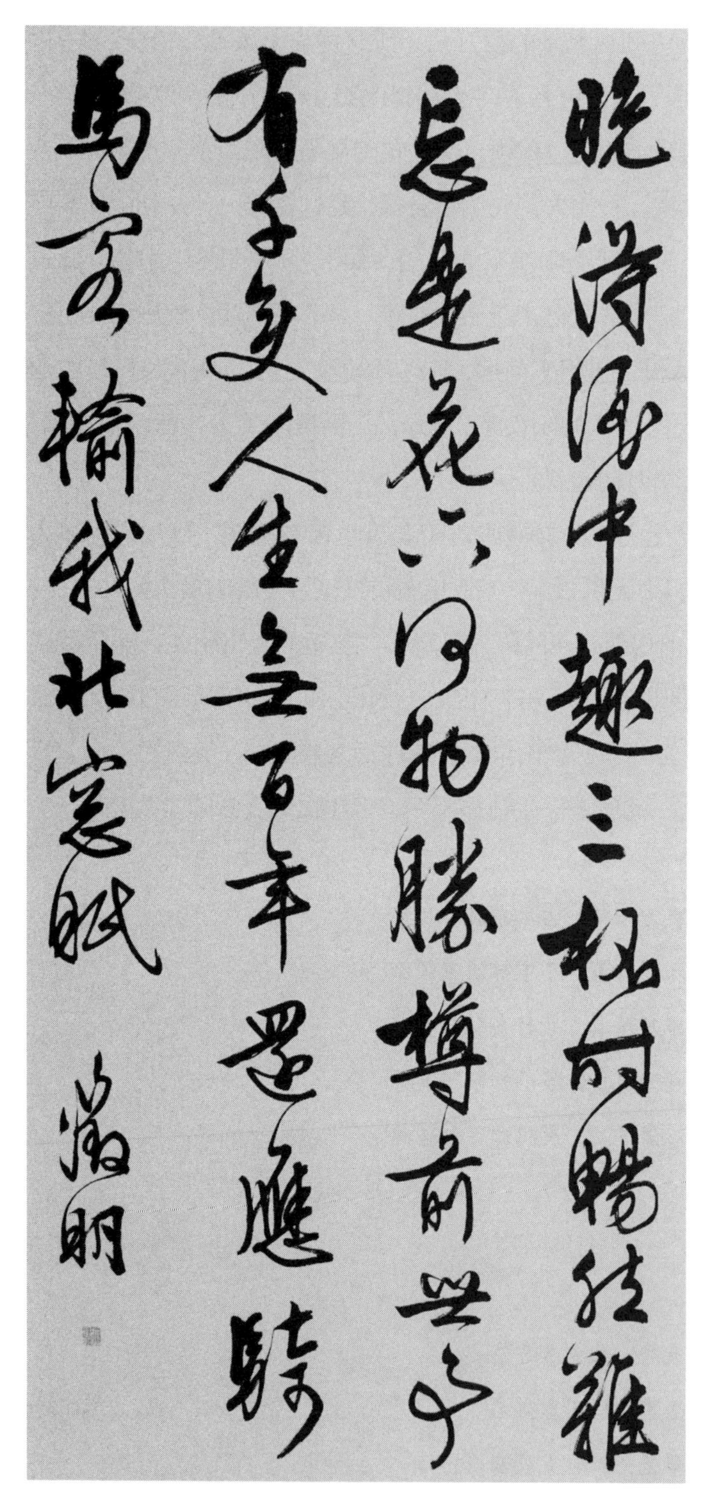

明　文徵明　行书《五律诗》

诗中这一句“蛇衔颇怪事，凤团虚得名”非常有意思，很多人一带而过，不太明白含意，其实留心茶诗就能会心一笑。宋代大文人欧阳修非常痴迷崇拜建溪龙凤团，因为那是精工打造的艺术化的贡茶。为烘托龙凤团，欧阳修在一首诗中把唐时的贡茶形容得极糟：“每嗤江浙凡茗草，丛生狼藉惟藏蛇。岂如含膏入香作金饼，蜿蜒两龙戏以呀。”关于阳羡茶的起源的确有一个与蛇相关的传说，《檀几丛书》中记载：“义兴南岳寺，唐天宝（唐玄宗年号）中有白蛇衔茶子坠寺前，寺僧种之庵侧，由此滋漫，茶味倍佳，号曰蛇种。土人种之，每岁争先饷馈，官司需索，修贡不绝。”但被欧阳修诗中写成“丛生狼藉惟藏蛇”味道就变了。时过运转，当年被欧公小看的江浙凡茗草，又封贡上瑶京了，凤团反而不见了。吴宽的那句“是非龙凤团，胜出蔡与丁”也是不服宋代的龙凤团，最后以赢家口气写的，蔡与丁是宋代积极打造龙凤团的朝官蔡襄、丁谓。

明代的阳羡茶与唐代相比，制作方法上已经不能同日而语了，唐代的饼茶全无踪影，完全是炒青散茶，而且在茶业制作竞争激烈的明末，能采纳新法，更多保留茶叶本身的真香。吴宽《饮阳羡茶》诗中赞道：“自得山人宣妙诀，一时风味压南州。”

5. 罗岕茶

晚明风流才子冒襄很讲究品茶，他唯一推崇的是罗岕茶。由于嗜茶，冒襄编写了一卷《岕茶汇钞》里，列居明代茶书之一。清初名士、《幽梦影》的作者张潮为冒襄此书写序说：“茶之为类不一，岕茶为最。”表明，冒襄写茶书，是因为他喜好当时品位最高的罗岕茶。明代茶书作者之一的许次纾在《茶疏》中说：“近日所尚者，为长兴之罗岕。”

罗岕茶兴起的时间很晚，周高起在1640年前后写了一篇《洞山岕茶系》茶书，言：“今岕茶之尚干高流，虽近数十年中事……”可见是在明代终结的前数十年才兴起的。

岕茶兴起后，被不少文人奉为第一茶品。文徵明的曾孙文震亨就认为论滋味岕茶第一，在《长物志》中言：“虎丘最号精绝，为天下冠……然其味实亚于岕。”同时他认为松萝茶也不如岕茶。

罗岕茶这个名称明代以前没有，似乎是一种新茶，但是它的产地是江苏与浙江交界的山中，这个地方就是唐代著名的贡茶顾渚紫笋的产地。时光流转，地方还是这个地方，但当地人都已不记得顾渚紫笋的名字了。宋代结束顾渚紫笋上贡后，当地农人避免了每年春天的一场苦役，朝廷又实行茶叶专卖，原有的茶场渐渐萎缩，随着年代更迭，很多老茶树的根枯死。罗岕之名，起自于一位姓罗的隐士，大约在唐末隐居在这一带山区，这里的山南面是浙江、北面是江苏，“岕”字的意思就是两地交界的山。罗隐士在这一带种茶，久之，此地的茶就被称为罗岕茶。

明清之交，罗岕茶被文士们津津乐道，因为与阳羡茶产地邻近，很多文士很少再提阳羡，或者把罗岕当做阳羡的新称谓，如屠隆在《茶说》中认为：“阳羡，俗名罗岕，浙之长兴者佳。”清代金武祥甚至说：“阳羡茶总名岕茶。”这就弄混了，历史上曾经有很多人把阳羡茶与顾渚茶混为一谈，只因为产地临近。阳羡茶产自宜兴，罗岕茶的产地在宜兴南八九十里。“岕”字的意思很明白，就是交界，罗岕茶实际与唐代顾渚茶的产地相重叠。明末无名氏的《茶笈》中说：“近日所尚者为长兴之罗岕，疑即古顾渚紫笋。”罗岕茶应该是当年的顾渚茶，但未必是当年的老茶树的直系后代。明代茶书作者周高起在《洞山岕茶系》中说：“贡山茶今已绝种。”

统称为罗岕的丘陵地带面积很大，据称有八十八处，所产之茶都称为罗岕茶，细分之下品质不完全一样，经晚明文士的鉴赏，产于洞山或老庙后的茶是岕茶中最好的。周高起认为，老庙茶好，因素之一是这里的茶树是唐宋遗留下来的老茶树。他在《洞山岕茶系》中说：“所以老庙后一带茶，犹唐宋根株也。”“茶皆古本，每年产不廿斤，色淡黄不绿，叶筋淡白而厚。”洞山的地理位置在罗岕也占优势，明代茶书作者之一的冯可宾在《岕茶笺》中说 :“洞山之岕，南面阳光，朝旭夕晖，云滃雾浡，所以味迥别也。”

广义上这一带叫做罗岕，而狭义的罗岕即文人雅士们称道的罗岕茶就是指洞山庙后茶，有时就用洞山或庙后代指罗岕。而唐代顾渚之名尚在，它是明代罗岕地区八十八处产茶地的其中一处，在唐代顾渚则代指这一带产茶区。明代顾渚所产之茶经茶人鉴别，比不上庙后，其味较重，不如庙后清淡，周高起在《洞山岕茶记》中把顾渚所产的茶列为岕茶系中“不入品”类，在其上有四品。这只能说明顾渚茶与罗岕的清淡主旨有很大的不同，明末雅士张大复在《梅花草堂笔记》中说 :“松萝之香馥馥，庙后之味闲闲，顾渚扑人鼻孔，齿颊都异，久而不忘……吾深夜被酒，发张震封所贻顾渚，连啜而醒。”张大复在论及茶的不同品位时说 :“其妙在造，凡宇内道地之产，性相近也，习相远也。”也就是说，罗岕茶的清雅风味与它的造法有关。

罗岕茶的兴起与长兴知县熊明遇有一定关系。熊明遇在万历三十六年（1608 年）前后任长兴知县，即罗岕茶产地的地方官。这期间他写了一篇《罗岕茶记》，对宣传罗岕茶起到了不小的作用。其后的明末几十年当中，罗岕茶如日中天，成为最受文人雅士欢迎的名茶。谈到罗岕茶的气味之美，熊知县用“婴儿肉香”来形容，也就是很淡很嫩、颜色比较浅，他是第一个用婴儿肉香来比喻茶的，其后无名氏编写《茗笈》引用了熊的说法，并大力加以肯定。熊明遇为了烘托罗岕茶味美，先是把同一时期的名茶都予以贬低，只将虎丘茶拿来与它相提并论 :“茶之色重、味重、香重者，俱非上品。松萝香重，陆安味苦，而香与松萝同。天池亦有草莱气，龙井如之，至云雾则香重而味浓矣。尝啜虎丘茶，色白而香，似婴儿肉，真精绝。”而罗岕茶经过他本人很好的收贮，即使放到冬天，仍“味甘色淡，韵清气醇，亦作婴儿肉香，而芝芳浮荡，则虎丘所无也”。其他文人雅士形容罗岕茶的气味为兰花香，冯可宾的《岕茶笺》区别洞山罗岕与普通罗岕 :“茶虽均出于岕，有如兰花香而味甘，过霉历秋，开坛烹之，其香愈烈，味若新。沃以汤，色尚白者，真洞山也。”《小窗幽记》的作者陈继儒在《试岕茶作》中写道：“明月岕茶其快哉，熏兰丛里带云开。”也是说罗岕茶的香气令人联想到兰香。陈继儒又在《白石樵真稿》中赞美罗岕茶：“昔人咏梅花云‘香中别有韵，清极不知寒’，此惟岕茶足当之。”

罗岕茶的采摘与制作与当时的普遍作法不同。

罗岕茶采摘比别的茶晚，要到立夏以后才摘。许次纾的《茶疏》中言：“岕茶非夏前不摘。初试摘者，谓之开园。采自正夏，谓之春茶。”岕茶的春茶实际是在正夏采摘的。

罗岕茶不采用当时通行的炒青法，而用蒸青。闽龙《茶笺》上说：“诸名茶，法多用炒，惟罗岕宽宜于蒸焙，味真蕴藉，世竟珍之。”罗岕茶叶晚摘所以叶子宽大，不适于炒焙，而紧邻它的阳羡、顾渚离洞山那么近，并不仿照岕茶法采摘、蒸焙，所以味道与罗岕相去甚远。岕茶的产生是一项发明，是谁创造性地开发了这个茶品？清初文人施闰章在《岕茶歌》中有一句：“问谁造者唐与朱，苦心创获前代无。”其自注云：“唐子晋、朱日如。”说明此茶不是集体无意识的成果，是茶人唐子晋、朱日如创造性的成果。

除了采摘蒸焙法之外，最好的罗岕茶长在深山中，确属天然绿色植物，但山深地险，管理和采摘都比较困难，所以异常珍贵。陈继儒喝到罗岕茶时，不免联想到采茶人的辛苦，写道：“一瓯花乳非容易，常伴深山虎穴来。”

冒襄在《岕茶汇钞》中写道了几位一生奉献给茶事的老茶人。一位是姓柯的茶农，每年春初秋初，两次深入洞山一带，为他采茶，连续十五年。每次采来十余种不同的岕茶，这其中，最香最妙的那一种极得冒襄的赞赏：“其最精妙，不过斤许数两，味老香深，具芝兰之性。”还有一位平日住在吴门的老人朱汝圭，冒襄认识他时，老人已经七十四岁了。朱汝圭自幼就特别喜欢茶，好似在胎儿时就结了这个不解之缘。他从十四岁起到岕山采茶、制茶，每年春秋两次深入岕山忙于茶事，六十年经历了一百二十番。朱汝圭爱茶，已经取代了其他的口腹之欲。他的子孙当了秀才，老人因为他们不嗜茶，不似阿翁，所以不接受其赡养。朱汝圭“每竦骨入山，卧游虎虺。负笼入肆，啸傲瓯香。晨夕涤瓷洗叶，啜弄无休。指爪齿颊，与语言激扬，赞颂之津津。恒有喜气妙气。与茶相长养，真奇癖也”。真是一位有性格、有气魄、有恒心的茶人！

冒襄提到朱汝圭晨夕“涤瓷洗叶”，涤瓷好理解，洗叶何谓？这

辛劳的茶农（清　佚名　《制茶贸易场景图》册之一）

不是冒襄随便写的，冒襄料想不到后世之人弄不懂岕茶了，就没解释。洗叶是岕茶饮法的一个步骤。罗禀《茶解》云："岕茶用热汤洗过挤干，沸汤烹点。缘其气厚，不洗则味色过浓，香亦不发耳。自余名茶俱不必洗。"从许次纾的《茶疏》中看，洗叶不仅是为了味道，也是洁净之必须："岕茶摘自山麓，山多浮沙，随雨辄下，即着于叶中，烹时不洗去沙土，最能败茶。"因之洗叶是岕茶独有的特点。朱汝圭每天早晚喝茶，别的饮食方面都不讲究，而每天洗涤茶具，洗茶叶，表明他十分懂行，内心虔敬，是以非常认真的态度对待饮茶这件事的。

关于朱氏家族与岕茶的紧密关系，清初文人施闰章曾用茶诗赞颂唐氏与朱氏两姓茶人的贡献，他另有一首茶诗，诗题就是《洞岕以朱氏擅名，吴下谓之朱茶》，写道："制作丁姚皆好手，风流底事独朱家。"表明当地朱氏人家就是最好的岕茶手艺人。不知这个朱家是否就是朱汝圭族系。

冒襄的朋友张潮生活在清初，他在冒襄《岕茶汇钞》的跋中说："计可与罗岕敌者，唯松萝耳。"张潮本人比较喜欢松萝茶，关于松萝与罗岕，他写过一首诗给冒襄："君为罗岕传神，我为松萝叫屈。同此一样清芬，忍令独向隅曲？"

几百年又过去了，如今谁还拿松萝和罗岕试比香？新的名茶层出不穷，希望有一天，这些历史名茶不再仅仅从茶史中发出清香，还能在现实中再现风采。

6.熏花茶

花茶又叫做熏花茶，始于宋代。宋代建安龙凤团茶就加入香料龙脑以增香，那时的贡茶应该算是花茶前身。南宋庄绰的《鸡肋编》中记载："入香龙茶，每斤不过用脑子一钱，而香气久不歇。以二物相宜，故能停蓄也。"是说在每斤龙团茶中加入龙脑香一钱，龙脑与茶香互宜，可以使香气保持长久。后来经过数代茶人的探索，认为这种增香法弊多利少，破坏了茶的真香，不再沿袭。但在品茶的生活中，文人

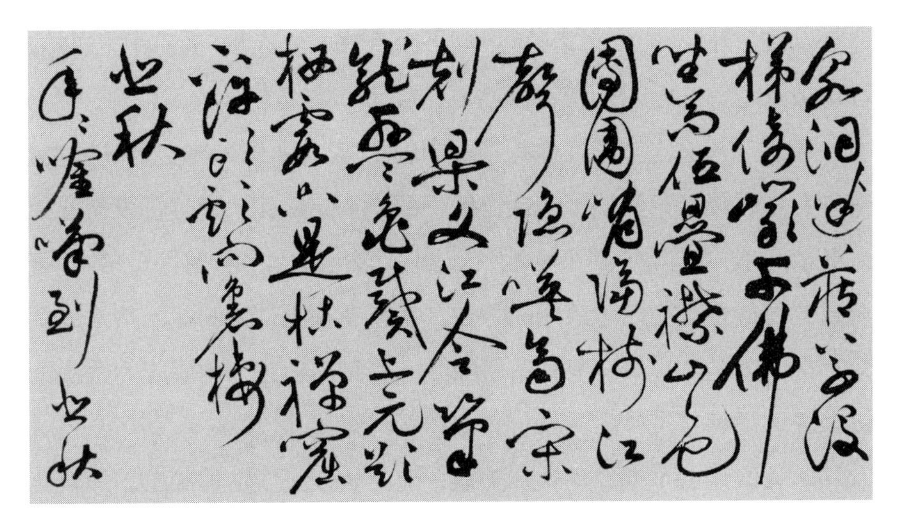

明　祝允明　草书《自书词》卷局部

雅士们除了品尝茶的真香外，也比较喜欢带有花果香的茶饮。文士的诗意化生活就包括自己动手制作茶饮，不仅仅是品其香，更在于制作时的诗意气氛。

南宋人赵希鹄在《调燮类编》中讲到了用多种芳香的花卉熏茶，“木樨、茉莉、玫瑰、蔷薇、兰蕙、橘花、栀子、木香、梅花皆可作茶。诸花开时，摘其半含半放香气全者，量茶叶多少，摘花为伴。花多则太香，花少则欠香而不尽美，三停茶叶一停花始称。如木樨花，须去其枝蒂及尘垢虫蚁，用磁罐一层花一层茶投间至满，纸箬絷固入锅，隔罐汤煮。取出待冷，用纸封裹，置火上焙干收用。诸花仿此。”

明太祖第十七子宁王朱权在《茶谱》中，专门写了“熏香茶法”一节：“百花有香者皆可。当花盛开时，以纸糊竹笼两隔，上层置茶，下层置花，宜密封固。经宿开换旧花。如此数日，其茶自有香气可爱。有不用花，用龙脑熏者亦可。”这是明初，后来用花熏比较通行，不再用龙脑。

由钱椿年初编、顾元庆删定的《茶谱》，约成书于嘉靖二十年（1541 年），列述了制作橙茶、莲花茶的工艺，橙茶：“将橙皮切作细丝，一斤以好茶五斤焙干，入橙丝间和。用密麻布衬垫火箱，置茶于上烘热，净绵被罨之。三两时随用建连纸袋封裹，仍以被罨焙干收用。”

明末风流文士屠隆在他的茶书中说：“茗花入茶，本色香味尤嘉。茉莉花：以热水半杯放冷，铺竹纸一层，上穿数孔。晚时，采初开茉莉花缀于孔内，用纸封不令泄气。明晨取花簪之，水香可点茶。”屠隆讲的是他自己生活中采用的办法。在所有花中，茉莉花入茶是最受欢迎的，茉莉味也最容易被茶所吸收。若是其他花，用屠隆的做法全无效果。

古人饮用茶早期，喜欢加姜盐，北方游牧民族常加油酪。加姜盐的做法唐宋十分普遍，陆羽《茶经》里就把放盐视为正规饮茶法，到宋代苏轼这种高雅文人日常饮茶，也常调入姜盐。苏轼多年下来，觉得加姜尚可，加盐则不必，故在《东坡志林》中说：“然茶之中等者，若用姜煎，信佳也，盐则不可。”但对一些比较苦的茶，也倾向于加一点儿盐。他在《物类相感志》中说：“芽茶得盐，不苦而甘。”再者古代水质净化技术不发达，普通水中常带酸苦碱味，加点儿姜盐可以掩盖和化解异味，这是古人的不得已处；若是用名泉、清泉烹茶，不必加任何东西，这时候茶的真香才能出来。至于日常以肉为主食的民族，他们是酪中加茶而不是茶中加酪，用茶削减油腻，与他们的生活需求有关，这就不必讨论了。

有些茶书作者对茶叶增香为花茶，视为有损茶叶的真香，与加姜盐异曲同工，所以持批评态度。约成书于嘉靖三十三年（1554年）的《煮泉小品》中，作者田艺蘅先是批评了古人加姜盐：“余则以为二物皆水厄也。”然后将北方人调以酥酪的油茶说成是“蛮饮”，继而说：“人有以梅花、菊花、茉莉花荐茶者，虽风韵可赏，亦损茶味。如有佳茶，亦无此事。”

确实，人们自行加工花茶是不用上好的茶叶，上好的茶叶再用花熏，就是真不懂茶了。熏花制成花茶，既是一种情调，又是一种陈茶的再利用法，在明清的北方，从士人到普通百姓，花茶为他们带来了很多惬意，茉莉花窨制普通茶叶，宛如给茶带来一种新生，香气氤氲，带给人春天的味道。

（三）明代文士的饮茶风尚

1.明代文士的日常生活与茶

中国古代“士农工商”组成了社会四个分工、四个阶层、四种角色。士，简单说就是读书人，一部分读书人获取功名之后做官，一部分人并没有进入官场，或从官场中引退，这些人是闲士，中国古代文人的性格在他们身上更能体现。如果有一定的物质基础，不被谋生所迫，这一部分士人的生活是比较切合文人性格的。明代以长江三角洲一带的文士为代表，这里山清水秀，物阜民丰，儒学深入民心，寺观遍布山林，士绅的宅院建造得如同山水画境。这一带非常适宜茶树生长，也是当时名茶荟萃之地，在士人当中产生了很多茶道的知己。

茶已经渗透进明代文士的日常生活，要过有品质的生活，一天都离不开茶。茶在文士生活中可以清心悦神、助兴。文徵明的曾孙文震亨在《长物志》中把饮茶与焚香视为风雅生活的必要组成部分：“香、茗之用，其利最溥。物外高隐，坐语道德，可以清心悦神；初阳薄暝，兴味萧骚，可以畅怀舒啸；晴窗拓贴，挥尘闲吟，篝灯夜读，可以远辟睡魔；青衣红袖，密语谈私，可以助情热意；坐雨闭窗，饭余散步，可以遣寂除烦；醉筵醒客，夜语篷窗，长啸空楼，冰弦戛指，可以佐欢解渴。”在古代没有茶之前，文人们用香来点缀风雅生活，有了茶，香就得屈居次位了。

明代文士日常的饮茶，是不拘地点和形式的，冯可宾《岕茶笺》中列出了可以饮茶或与茶相配的地点、场合：“无事，佳客，幽坐，吟咏，挥翰，徜徉，睡起，宿醒，清供，精舍，会心，赏鉴。”可以说，只要是在休闲生活中，随时都能用一杯茶来做伴。无事的时候，品茶是一种清兴；佳客来访，茶能代替主人为客人洗尘，联络情谊；一人独坐冥想时，茶能助人幽思；吟咏时，茶能令人神思清越；挥翰时，茶能激发人的想象；倘佯时，茶能破解孤闷；睡起时，茶能唤醒人的神智；宿醒时，茶能以清气驱除酒的浊气；在佛像和先人尊者像前，可以奉上茶作为清供；佛寺精舍或处士修禅的精舍，以茶助人修行；会心时，比如读书读到会心处，来一壶清茶以畅心怀；鉴赏时，比如鉴赏古玩，来一壶茶可以悠然自得地享受品鉴之乐。

许次纾的《茶疏》中也列出了适宜品茶的时间、场所、状态："心手闲适，披咏疲倦，意绪棼乱，听歌拍曲，歌罢曲终，杜门避事，鼓琴看画，夜深共语，明窗净几，洞房阿阁，宾主款狎，佳客小姬，访友初归，风日晴和，轻阴微雨，小桥画舫，茂林修竹，课花责鸟，荷亭避暑，小院焚香，酒阑人散，儿辈斋馆，清幽寺观，名泉怪石。"这其中，没有一种是属于口渴而需要饮茶的状态，这就是文人饮茶的风格。

一起品茶的人一定是有品位的人，但同时不能多，宋代黄庭坚说过："品茶一人得神，二人得趣，三人得味，六七人是名施茶。"明代张源在《茶录》中据此补充说："饮茶以客少为贵，客众则喧，喧则雅趣乏矣。独饮曰神，二客曰胜，三四曰趣，五六曰泛，七八曰施。"

许次纾认为，如果不是气味相投的朋友，就不必一起精细地品饮好茶，喝酒或是备些普通茶就行了。"宾朋杂沓，只堪交错觥筹，乍会泛交，仅须常品酬酢"。

中国古代文人品茶，并非规则、程序至上，如日本茶道一般，中国古代文人在品茶形式上不拘一格，但内心极为虔敬。在饮茶上极讲究一种雅致、出尘脱俗的感觉。中国文人最怕一个"俗"字，如果他们设定了一个饮茶的方式，一旦普及，人人如此，也就俗了。中国古代文人极其细腻敏感，也极其洒脱自然，内心有一种极度的自尊，在生活困窘时也要保持清高，而茶是最能与中国古代文人性格匹配的。

明代以前的中国历代文士，不论是在朝的，还是在野的，都企图超越短暂的生命，追慕仙人羽士，企图实现升仙、长生不老的梦想，寄奢望于炼丹术。宋代大文豪苏轼内心仍然存在着长生这个梦想，但到了

飯苓賦　為進士劉君時服作　太原祝[illegible]
僕少自三河歸蘇臺過首陽道且來陟降崇巖經行喬林憩息旅痛因遂幽尋忽有見者壇壤賁起光氣
離奇封以英英之雲覆以丸丸之枝恍兮惚兮不知其中之物為誰也有仙人雲中來斸地而去追而問
焉儒人告曰其為物也出自松根本乎膏液天和融昱地氣騰蔚凝脂之所滲漉流肪之所滴瀝始焉聚
沫終以成質積雪結皓靈砂貫赤柔匪若酥堅不及石非附木而標神未瑩膚而名珀此伏苓也言已而
逝僕恒識之昨日友人彭城子來謁請賦飯苓僕曰子之飯奚如也曰始訏謨痾后祈脩齡接玄經於炎
皇稽隱訣於初平迺察靈餌采植英或食熟或啗生和雲盛筐帶月入鐺剝膚乾蒸集露共烹浮浮兮蒼
霧之滃興旋旋乎皓霰之溥零或兼製而單餐或它劑以佐并於是垢腐刮焦府榮脫胘纏中氣盈徐完
元滈關通神明將翔九寥而彫三精爲徽苓之勳亦盛哉僕曰然此亦子之讓辭也未究玄績吾聞李生
袼識於魏人陶子受餉於蕭辟雖梁國之龍有嘉必牛豁之負斯極也彭城子曦杼文繡膺鏡日月幽馨
蘭芷温理環玦淵騫棲德商偃詒業故其嚅嚌以道而服食以時匪損其疾乃觀厥頤寧朵含龜乎周蕨
而朵頤于漢芝乎藥國者既搴其芳談易者亦受其粲推繁華於寂寥兮保明悊於希夷斂志意而疆氣
母兮康龍替於七之遺秉元精而上征兮諧洪化之無私挽喬耽而游五泰兮與義炎而一期即仙人之
所告也吾與爾麇之

明 祝允明 行书《饭苓赋》轴

明代，长生梦基本上在文士的头脑中熄灭了。文士们努力争取在现实世界中活得自在诗意，如游仙般度过有限的人生，因而建造楼台宅院，常伴风花雪月，吟赏四时美景；或寻山水佳处，构建草庐水榭，听蝉声鸟语，看日出月落。这时候，茶是万万不可少的。

茶，不再是长生不老的仙药，而是营建世上风雅生活的元素。明代士人尤其是东南文士，真是诗书棋画样样兼修，赏心乐事无所不为，以风雅自负，以风流自命，甚至以挟妓为韵事。文士们为自己营造了这样一个亦实亦虚的生活氛围：烟霞风雪，江山塘岸，春宵晓暮，翁僧渔樵，花柳苔萍，蜂蝶莺燕，台槛轩窗，舟船壶杖，梦忆愁恨，裙袖锦绮，茶浆饮酌，骚赋题吟。

在这种锦绣生活中，茶，是一种角色、一种元素、一种陪衬，不可或缺，恰如一位清客。

2. 明代文士的性灵生活与茶

明代文士有一种集体性格，特别是长江三角洲一带山清水秀之地的文士，对于人生有着异于其他时代、异于其他人群的态度。这种文人性格的养成，既有几千年中国古文化的积淀，又有明代思潮的特性。明代中国文化已经发展到儒、释、道三教合流的阶段，文士的思想意识同时受儒、释、道的侵染。儒是经世致用之学，释是出世静空之学，道是修身养性之学，明代文士把这三种体系熔于一炉。在明清两代文人心目中，茶不仅与禅一味，也与儒一味，与道一味。再者，对于生活在长江三角洲为代表的明代名士看来，茶，也与山水一味。

杨维桢，元末明初人，号铁崖，他有一篇《煮茶梦记》，写自己过着出世的性灵生活："铁崖道人卧石床，移二更，自微明，及纸帐梅影，亦及半窗，鹤孤立不鸣。命小芸童汲白莲泉，燃槁湘竹，授以凌霄芽为饮供。乃游心太虚，恍兮入梦……"

杨维桢是江阴（今浙江绍兴）人。少年时苦读万卷书，其父杨宏在铁崖山中筑了一座藏书楼，命他在楼上读书，五年不许下楼，撤去梯子，每天用辘轳传送饭食。中进士后杨维桢担任过天台县尹，杭州四务提举，建德路总管推官。杨维桢的诗风诡异奇谲，极富联想，号“铁崖体”，独领元末文坛风骚四十余年。元末战乱，杨维桢不赴张士诚之召，隐居江湖，在松江给自己建了一座园圃蓬台，不问世事，不讲世间虚礼。门上写着榜文：“客至不下楼，恕老懒；见客不答礼，恕老病；客问事不对，恕老默；发言无所避，恕老迂；饮酒不辍车，恕老狂。”杨维桢的独特才华、人品，成为江南一带缙绅文士趋慕的对象，每日造访者络绎不绝。杨维桢个性洒脱，狷狂不羁，他要在世间实践传说中的神仙生活，他在《梦洲海棠城记》中表白：“吾尝谓世间无神仙则已，有则自是吾辈中人耳。”他在松江园圃过着《煮茶梦记》中亦实亦虚的生活。出门在外，头戴华阳巾，身披羽衣，《明史》本传谓其：“或戴华阳巾，披羽衣，坐船屋上，吹铁笛作《梅花弄》，或呼侍儿歌《白雪》之辞，自倚凤琶和之，宾客皆翩跹起舞，以为神仙中人。”

明代嗜好饮茶、实践性灵生活的东南文士，大多是杨维桢这种性格。

谢肇淛相对来说是一位比较严肃的文人，他也向往一种洒脱自如、置身山水之间、闲云野鹤般的生活，在这种生活里，茶是极为重要的角色。他描述自己最向往的人生状态是：“竹楼数间，负山临水，疏松修竹，诘屈委蛇，怪石落落，不拘位置，藏书万卷其中。长几软榻，一香一茗，同心良友，闲日过从，坐卧笑谈，随意所适，不营衣食，不问米盐，不叙寒暄，不言朝市，丘壑涯分，于斯极矣。”

大约在万历三十年前后的一个春天，一群文士在无锡惠山泉畔汲水烹茶，公安派名士袁宏道带来了天池斗品，即最好的天池茶。袁宏道刚刚从吴县知县上卸任，在无锡、杭州一带游历。众人品着茶，其中一人问袁宏道：“公今解官亦有何愿？”袁宏道说：“愿得惠山为汤沐（即封地），益以顾渚、天池、虎丘、罗岕，如陆（陆羽）蔡（蔡襄）诸公者供事其中，余得披缁老焉，胜于酒泉醉乡远矣。”袁中郎对自己未来生活所做的美梦就是，让皇帝把惠山封给他，他可以每日饮惠泉，品诸种美茶，让茶道中人陆羽、蔡襄等服务于他，他自己以一个老僧的身份享受着世外生活，一直到终老。

屠隆的《茶说》有一项“幽人首务”，所谓幽人就是他自己这一类在群体中可以惊世骇俗，独处时又能安静身心、安宁恬淡之人。每一个懂茶的幽人要建一个茶寮：“构一斗室，相傍山斋。内设茶具，教一童子专主茶役，以供长日清谈，寒宵兀坐，幽人首务，不可少废者。”

在幽人生活中，物质方面可以洗尽铅华，不要锦绣，不要温软，只要清幽。“三径竹间，日华澹澹，固野客之良辰；一编窗下，风雨潇潇，亦幽人之好景”。生活状态与农夫没有两样，但情趣悠然，随时能与大自然会心，找到心性的惬意，“茶熟香清，有客到门可喜；鸟啼花落，无人亦是悠然”。（明·屠隆《娑罗馆清言》）

关于茶寮，明代曾任高官、后辞官休隐的文士陆树声写过一篇《茶寮记》，茶寮是他与僧人一同品茶的地方。最初“茶寮“这个词指的就是僧院中的茶舍，明代文士以茶寮作为最正规的饮茶之所，以示对茶的敬重和对饮茶这件事情的认真，更体现文人雅士的脱俗之气。许次纾在《茶疏》中谈到茶寮内部的设置：“小斋之外，别置茶寮，高燥明爽，勿令闭寒。壁边列置两炉，炉以小雪洞覆之，止开一面，用省灰尘腾散。寮前置一几，以顿茶注、茶盂，为临时供具。别置一几，以顿他器。旁列一架，巾帨悬之，见用之时，即置房中。”

明代书画家徐渭在《秘集致品》中列举出与茶相配的地点、情致以及品茶的适宜用具：“茶宜精舍，宜云林，宜磁瓶，宜竹灶，宜幽人雅士，宜衲子仙朋，宜永昼清谈，宜寒宵兀坐，宜松月下，宜花鸟间，宜清流白石，宜绿藓苍苔，宜素手汲泉，宜红妆扫雪，宜船头吹火，宜竹里飘烟。”这是中国古画中经常出现的情景，意态潇疏的隐士、僧侣在清流旁、松月下，令童子汲泉，用竹灶瓷瓶烹茶。有些人看到中国古画有那么多同样题材的作品，不好理解，其实中国的文人画，画的就是他们自己的生活。这种生活未必是他们日常尘世间饮食男女样法的生活，而是他们最推崇的、与心灵最契合的生活。

明代文人不得已生活在俗世中，但对俗世有一种彻骨的厌恶。他们尽可能借助诗歌、书画等文墨工具与俗世隔开，品茶也正是与俗世对抗的一种生活方式。袁宏道在《月下过小修净绿堂，试吴客所饷松萝茶》诗中，赞扬品茶可以洗涤肠子里的俗尘："碧芽拈试火前新，洗却诗肠数斗尘。"文人的茶与民间的茶不在同一意义上，虽然民间也有茶馆，茶也是市人生活开门七件事之一，但此茶非彼茶，文人雅士只喝他们自己的茶；他们品的茶与俗人品的茶未必是两种东西，但精神意义绝不相同。

他们甚至认为，茶就是造化为他们准备的，俗人根本没有资格品茶。明代书画家沈周说："自古名山，留以待羁人迁客，而茶以资高士，盖造物有深意。"羁人迁客，就是不肯、不能久居于世上的逸人，或者视人生为暂寄的清高之人。

屠隆说："茶之为饮，最宜精行修德之人，兼以白石清泉，烹煮如法，不时废或兴，能熟而深味，神融心醉，觉与醍醐甘露抗衡，斯善鉴者矣。"

明代文人对茶的虔敬，发展到认为好茶不是谁都能饮的地步，就是说，如果好茶被品质差的人饮，等于糟蹋了茶；有资格饮好茶的人，如果饮时不认真，以随便的态度饮，就是俗饮。屠隆《茶说》称："使佳茗而饮非其人，犹汲泉以灌蒿莱，罪莫大焉；有其人而未识其趣，一吸而尽，不暇辨味，俗莫甚焉。"陆树声《茶寮记》中说："煎茶非漫浪，要须人品与茶相得，故其法往往传于高流隐逸，有烟霞泉石磊块胸次者。"就是说茶和人要相般配，煎茶法都不是俗人能领略的，要须高尚隐逸之流才可，这些人不能有俗心，要有出世的心胸和本领。

对茶的虔敬，使明代文人雅士集体患上了精神上的洁癖。

明代文人李日华在《六研斋笔记》中说："茶以芳冽洗神，非读书谈道，不宜亵用；然非真正契道之士，茶之韵味，亦未易评量。"

好茶，不仅不能让俗人饮，即使是高雅之人，若俗务正在缠身，就会有俗肠，心境不好，也不配饮茶。《续茶经》引《紫桃轩杂缀》言："精茶岂止当为俗客吝？倘是日汩汩尘务，无好意绪，即烹就，宁俟其冷以灌兰，断不令俗肠污吾茗君也。”一个清流文人在茶的面前也老是担心自己没有进入脱俗状态，而不配饮精茶。精茶，是茶中至尊的君王，最有灵性，绝不能用俗务、俗肠污染。

故而明代文人雅士，在灵性的品茶生活中获得了极大的快乐。文士闵元衡说：“良宵燕坐，篝灯煮茗，万籁俱寂，疏钟时闻。当此情景，对简编而忘疲，彻衾枕而不御。一乐也。”见《续茶经·茶之饮》。

陆树声曾官至内阁尚书，号无诤居士，他在《茶寮记》中记述了自己超尘脱俗的品茶情境：“园居敞小寮于轩埤垣之西，中设茶灶，凡瓢汲、罂、注、濯、拂之具咸庀。择一人稍通茗事者主之，一人佐炊汲。客至，则茶烟隐隐起竹外。其禅宾过从予者，与余相对结跏趺坐，啜茗汁，举无生话（始终不说日常俗话）。时杪秋既望，适园无诤居士与五台僧演镇、终南僧明亮，同试天池茶于茶寮中。”

（四）明代文士的品茶人生

1. 唐伯虎与茶

明中晚期，苏州一带出现了四位杰出的文学、书画艺术家，即沈周、唐寅、文徵明、祝枝山，被称为吴中四杰、四大名士。这四人正巧也都是爱茶人，这种巧合后面有着必然因素。茶，在那时的士大夫生活里，绝非可有可无的东西，而是风雅生活的必需品，是连结精神世界、情感、思维的良好介质。

唐寅是苏州人，生于成化六年（1470年），庚寅年，故名唐寅，字伯虎，晚年号六如居士。少年时与文徵明一起拜吴门画派创始人沈周为师，其绘画天赋由此得到了发掘和施展。他的画风也秉承吴门画派风格，比较轻柔、隽逸，尤擅长山水仕女画，而且兼善书法，诗文俱佳。唐寅自幼性格不羁，青年以后自称“江南第一风流才子”。聪颖通达，在“四书五经”的学问上也极有天赋，二十九岁时参加乡试，一举成为魁首，人称唐解元。不料次年会试时卷入科场舞弊案，遭革黜回乡。从此唐寅绝意仕途，全心致力于绘画和诗文，继续他放浪不羁的生活。唐寅家住今苏州城北桃花坞，故自称桃花坞主，曾作《桃花庵歌》，自比采花仙人。正德九年（1514 年），居江西南昌的宁王朱宸濠附庸风雅，召唐寅作他的文学侍从，朱宸濠是明初宁王朱权的后代，觊觎皇位，阴谋起兵。唐寅发现身处险境后，机智逃脱回到故里。嘉靖三年（1524 年）唐寅去世，死后葬在桃花坞北。桃花坞唐寅故居至今仍在，修复后供人参观。

唐寅一生爱酒嗜茶，酒乃是性情中人的一般选择，茶则是神清之人的不二饮品。唐寅的诗中涉及酒的情景比较多，而山水人物画中，则是描绘文人品茶的情景比较多。现存于世的茶画佳作有《琴士图》《品茶图》《事茗图》。他的画风近师沈周、周臣，远法南宋院体，加以自己个性的独创，豪放与柔媚并存，潇洒自如。唐寅的茶画极富文人画的典型情趣，意境古朴悠远，清隽淡雅。

《事茗图》是唐寅画作中的名品之一。这幅画的构图很有讲究，他要展现的主题人物用的是远景，却又恰恰在观画人的焦点之中。近处是山岩巨石，两座巨石如同武陵源的入口，又是世外仙境的山门。从中间望去，远处苍山笼在云雾当中，一条从山间流下来的溪水曲曲折折，穿过画面，溪旁几间茅舍隐于松间林下。茅舍中一位文士神态闲雅，在案头读书或把卷凝思，案上置有茶壶、茶盏。屋外右边，一位老者手持竹杖，走上溪桥，身后跟着小童，小童怀抱古琴。此画左边，唐伯虎自题诗曰："日常何所事？茗碗自赍持。料得南窗下，清风满鬓丝。"这画中的人物，可能就是唐寅本人，至少是他非常赞许的人物。

唐寅还画过一幅《卢仝煎茶图》，图上他题了一首诗："千载经纶一秃翁，王公谁不仰高风。缘何坐所添丁惨，不住山中住洛中。"唐寅的诗常常是这种率性口语化的风格。这首诗像是信笔写来，但非常能够代表唐寅的处世态度。诗中的"秃翁"无疑是指卢仝，卢仝中年谢顶，而"添丁"是后代茶人对卢仝不幸遭遇的一种宿命解释。卢仝有个儿子，小名叫添丁，卢仝本是一位隐士，一次偶然在宰相王涯府上留宿，当夜突然遭遇宫廷政变，卢仝不幸与王涯同时罹难。当政变的宦官处决卢仝时，因为卢仝没有头发，吊不起来，便用铁钉钉进卢仝脑袋，死得非常惨。后世茶人联想到卢仝为儿子起名添丁，便以为早已种下了不祥的预言。唐寅在诗的最后责怪、叹惋卢仝不好好住在山里，而住在洛阳。唐寅个性上固然放浪不羁，那是一种文人在如鱼得水环境下的自由旷达状态，不是无条件的闯荡，作为江南水乡的文人，唐寅对于政治很小心，对危险状况敏感，因而他能在宁王朱宸濠叛乱前及时逃脱。住在姑苏不问政治，不涉官场，风雅自适，非常符合唐寅的个性，这也是他认为的人生最得意的活法，对此他十分自信。在《桃花庵歌》中唐寅写道："但愿老死花酒间，不愿鞠躬车马前。""若将显者比隐士，一在平地一在天。"

茶与自然相契合的思想，是唐寅茶画中意境的主导，在茶画中唐寅试图表现文人以茶为媒介，沟通人与山水，与天地苍穹的玄秘交流。晚年唐寅笃信佛教，在茶画当中也有所体现。

2. 文徵明与茶

文徵明（1470—1559），长洲（今江苏吴县）人，与唐伯虎、祝允明、徐祯卿并称“吴中才子”，在画事上与沈周、唐伯虎、仇英合称“明四家”，画风为吴门画派，他是创始人之一。文徵明出身于官宦世家，与唐寅不同，他一生困于科场。乡试（举人考试）每三年举行一次，文徵明曾八次赴考乡试，均告失败，直到五十四岁时以岁贡生诣吏部试，授翰林院待诏，故称文待诏。做了四年闲职，感觉还是做一个江南自由文人为上选，辞官回乡，从此一心倾注在书画诗文上。

文徵明在四大名士当中最沉着稳健，厚积薄发，且寿高近九十，诗歌、文章、书法、绘画并驾齐驱，都取得了令人瞩目的成绩，人称“四绝”。在绘画上，文徵明的业绩大多是在五十多岁后创造的。早年他和唐寅都曾师法沈周，文徵明在了断入仕之路前，对绘画并没有全心投入，同时期唐寅正处于创作的高峰，如果老天不给文徵明高寿，恐怕他很难列居明四家。文徵明的绘画事业愈老愈旺，其创作水准以及诗书画的整

明　唐寅　《事茗图》卷

体优势超过了其师沈周、师兄唐寅，在唐寅去世后，他成为东南画界领袖达三十年。

明代江南才子普遍喜好饮茶，文徵明的饮茶爱好贯穿一生，在吴门四杰中尤为突出。名士风流，一般茶酒共享，但文徵明对酒一直是不屑的，他在诗中写道：“吾生不饮酒，亦自得茗醉。”文氏性情温和儒雅，心清习静，品德敦厚，博学多能，认为酒给人带来俗气，嗜酒之人不值得交往，也禁止他的学生饮酒。文徵明品茶、赞茶、画茶，留下不少名作。文徵明的茶诗在四大名士当中写得最多。

文徵明中年以前每次到南京赶考乡试，都要路经惠泉，在这里试泉品茶会友，作诗记存，为他灰暗的科举路途带来了不少安慰。他少年时就读过《茶经》，对惠泉非常向往，但一心经营举业，都无暇到距离其家乡仅一百多里的惠山去品泉试茶。三十五岁时，他第一次来到惠山，偕友人来到惠泉旁，实现多年宿愿。文徵明极为兴奋，写了一首五

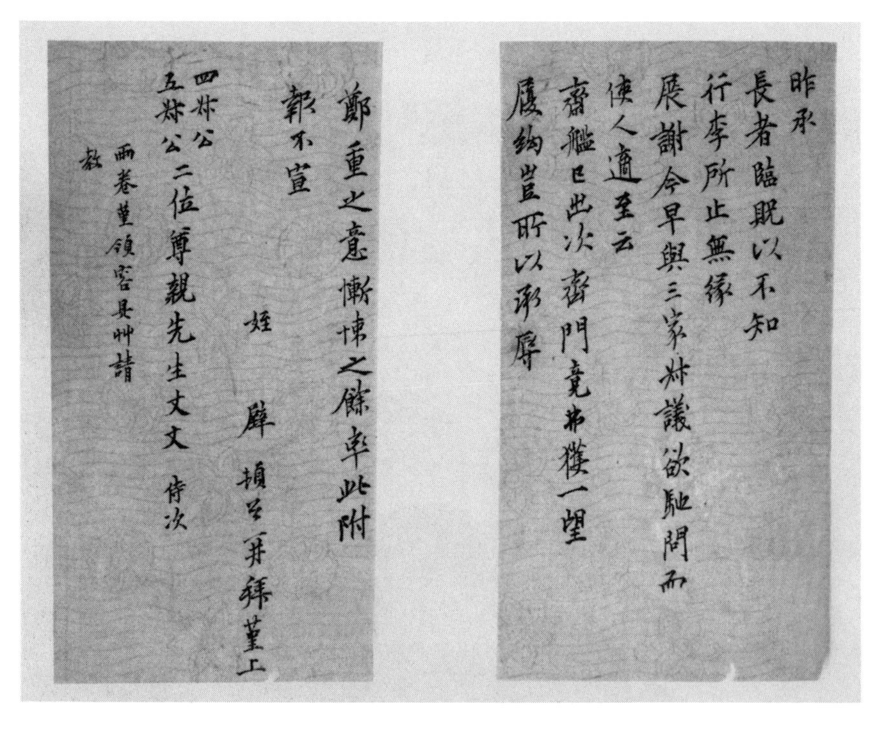
昨承
長者臨眂以不知
行李所止無緣
展謝今早與三家叔議欲馳問而
使人適至云
齋艦已出次齋門竟弗獲一望
履絇豈所以承辱
鄭重之意慚悚之餘率此附
報不宣
姪 壁 頓首再拜謹上
四叔公
五叔公二位尊親先生丈丈 侍次
兩卷並領容具帖請
教

明 文徵明楷书《致四叔公五叔公札》

言长诗《咏慧山泉》，诗中感叹："少时阅《茶经》，水品谓能记。如何百里间，慧泉曾未试？"虽然以前没有来过，但他梦都梦了十年，可见文徵明真是一个内向型的沉得住气的人。"空余裹茗兴，十载发梦寐。"几位嗜茶的友人都怀着对清灵之泉的敬重，"高情殊未已，纷然各携器。"都拿出预备的小罐汲泉。文徵明从袖中取出先春茶，动手生火烹水瀹茶，"袖中有先春，活火还手炽。"文徵明喝着自己手烹的惠泉茶，非常陶醉，他说自己不是兼爱茶而是专爱茶，是茶的知音，虽不敢与俞伯牙、钟子期的知音相比，但道理上是一致的。"吾生不饮酒，亦自得茗醉。虽非古易牙，其理可寻譬。"这次南京乡试，文徵明再次落榜，回程途中，他再次来到惠泉，两次访泉前后仅隔三旬。他在《再游慧山》诗中写道："东行不负酌泉盟，一笑再理登山屐。"他前往应试前就决定回程再访惠泉，不管考中与否。"人情嗜好信有偏，至理自知非可谕"。文徵明天性就与茶有缘，与惠山泉结缘更是顺理成章的事，不必对外人解释其道理，自己心里明白就行。此番是他一个人带着小厮前来，舟人很不理解，他回头对舟人笑了一下，也不多言，带着茶具就上山了。

文徵明一生多次登临惠山品泉，"洗鼎风生鬓，临阑月堕杯"，真有世外高人的逸韵。文徵明每次来到惠泉，也是遥隔千年向茶圣陆羽致敬，"千年遗智在，百里裹茶来"。他与众文士在惠山品泉鉴茶的画面，被艺术化地绘成《惠山茶会图》卷。

友人也经常从惠山带来泉水，文士之间互赠惠泉是宋以来的习俗，唐朝李德裕千里运惠泉不够风雅，宋以后凡是路经无锡的文士都爱汲几罐惠泉作为礼物赠给爱茶的友人。文徵明获赠惠泉非常欣喜，在《雪夜郑太吉送慧山泉》诗中写道："有客遥分第二泉，分明身在慧山前。"泉水封装在箬叶包裹的小壶中，时逢雪夜，壶外结了一层冰，文徵明点上灯，燃起火炉，就着月色烹茶。"青箬小壶冰共裹，寒灯新茗月同煎"。比起当年李德裕的千里驰传，他自信这小小的一壶惠泉乃是真味，李德裕喝到的泉水早就变味了。

以惠山泉瀹阳羡茶，文徵明视此为至美的品茶享受。既是出自陆羽《茶经》的评价，同时也契合文徵明本人的鉴赏结果。在《次夜会茶于家兄之处》诗中，文徵明写道：“慧泉珍重著《茶经》，出品旗枪自义兴。”友人吴大本寄来阳羡茶，文徵明难抑茶瘾，夜不能眠，起身打开新收到的阳羡茶：“白绢旋开阳羡月，竹符新调慧山泉。”

这两种集大自然灵秀于一身的材质结合在一起，乃是“至味”，“至味心难忘，闲情手自煎。”科举上经历了半生艰顿的文徵明在“地炉残雪后，禅榻晚风中”专心地烹一杯至味的茶，从中了悟到人生的真味。

文徵明一生不喜游历，中年以前除了每三年上南京乡试外，便是在家乡苏州学文习画，绝意仕途后，在家乡以书画为生，建了一座“玉磬山房”，生活相当富如。明代江南四大名士都不至于为生计过分操劳，乃因苏州不仅是吴中，也是全国难寻第二的富庶之区，中产以上的人家有余资去购求欣赏书画，富室官绅更是附庸风雅。文徵明的后三十余年基本没有离开苏州，足迹所至就是无锡惠泉到虎丘山之间，显然，这两地最吸引他的就是茶泉。对于距离居第最近的虎丘，文氏不论春夏秋冬频来观景赏泉，流连忘返，《虎丘春游词》中的一首最能代表文徵明的心态：

飞花狼藉照春衣，薄暮风喧燕子肥。
踏遍阳春情未已，山窗煮茗坐忘归。

这个山窗是虎丘寺僧舍的窗户，士人来到虎丘寺，寺僧都要迎进，以茶相待。寺的附近有一座陆羽井，相传陆羽当年曾来此地，品鉴井泉，鉴定为天下第三泉。文徵明汲井水试茶，凭吊茶圣陆羽。“不见当年陆鸿渐，裹茶来试第三泉。”此诗出自《王槐雨邀泛新舟遂登虎丘纪游十二绝》之七。其实在唐人张又新的《煎茶水记》中，刘伯刍将虎丘寺泉鉴定为第三，而陆羽鉴定为第五。

文徵明茶画传世的有《惠山茶会图》《品茶图》《汲泉煮品图》《松下品茗图》《煮茗图》《煎茶图》《茶事图》《陆羽烹茶图》《茶具

十咏图》等。

其中《茶具十咏图》诗画合璧，画的是文人意态萧散在竹庐独自品茗，画上题五言诗十首。这幅诗画是以画配诗，以诗见长，作于嘉靖十三年（1534 年）谷雨时节。这年文氏因抱疾，不能与同好前往虎丘品泉试茶，同好惠赠他新茶几种。文徵明烹着茶，翻出唐诗中皮日休的《茶中杂咏》，想象茶事千年传承，提笔作诗，用皮日休的原韵原题，唱和茶人茶事。

文徵明绝没想到他信手写的这组茶诗，两百多年后得到乾隆皇帝的唱和。乾隆仿其韵作了一组《次文徵明〈茶具十咏〉韵》，这是中国茶文化史上的一则佳话。

文徵明《茶具十咏》：

（一）茶坞

岩隈艺灵树，高下郁成坞。
雷散一山寒，春生昨夜雨。
栈石分瀑泉，梯云探烟缕。
人语隔林闻，行行入深迂。

（二）茶人

自家青山里，不出青山中。
生涯草木灵，岁事烟雨功。
荷锹入苍霭，倚树占春风。
相逢相调笑，归路还相同。

（三）茶笋

东风吹紫苔，一夜一寸长。
烟华绽肥玉，云蕤凝嫩香。
朝来不盈掬，暮归难倾筐。

重之黄金如，输贡堪头纲。

（四）茶籯

山匠运巧心，缕筠裁雅器。

丝含故粉香，箬带新云翠。

携攀萝雨深，归染松风腻。

冉冉血花斑，自是湘娥泪。

（五）茶舍

结屋因岩阿，春风连水竹。

一径野花深，四邻茶椒熟。

夜闻林豹啼，朝看山麋逐。

粗足办公私，逍遥老空谷。

（六）茶灶

处处鬻春雨，青烟映远峰。

红泥垒白石，朱火燃苍松。

紫英迎面薄，香气袭人浓。

静候不知疲，夕阳山影重。

（七）茶焙

曾闻凿山谷，今见编楚竹。

微笼火意温，密护云芽馥。

体既静而贞，用亦和而燠。

朝夕春风中，清香浮纸屋。

（八）茶鼎

斫石肖古制，中容外坚白。

煮月松风间，幽香破苍壁。

龙头缩蠢势，蟹眼浮云液。

不使浙明嘲，自随王濛厄。

（九）茶瓯

畴能练精珉，范月夺素魄。

清宜鬻雪人，雅惬吟风客。

谷雨斗时珍，乳花凝处白。

林下晚未收，吾方迟来屐。

（十）煮茶

花落春院幽，风轻禅榻静。

活火煮新泉，凉蟾堕影圆。

破睡策功多，因人寄情永。

仙游晃在兹，悠然入灵境。

乾隆皇帝《次文徵明〈茶具十咏〉韵》：

（一）茶坞

云归天池峰，春暖虎丘坞。

茶事盛东南，良时逮谷雨。

林扉密疑关，岩径细如缕。

白花似蔷薇，引人入幽迂。

（二）茶人

虽云六经舍，却见《尔雅》中。

取弃固有时，造化宁无功？

季疵开其端，三吴传斯风。

珍重图里人，卢陆可能同。

（三）茶笋

崖洞非行鞭，族族抽蔎长。

吐蕤玉为朵，布气兰想香。

忆在龙井上，亲见倾筠筐。

汲泉便煮之，底藉呈贡纲。

（四）茶籝

岩阿矗苍筤，裁作贮荈器。

烟粒含宿润，晓箬带生翠。

倾则未觉盈，携之犹怜腻。

高咏夷中诗，伊人岂无泪。

（五）茶舍

覆屋几株松，迎门数竿竹。

试问是何境，九龙径路熟。

豫游春朝忆，光阴流水逐。

偶展居节画，兴飞惠山谷。

（六）茶灶

置处传无突，抱来喜有峰。

傍根堆碎石，炊陉燃枯松。

辛苦哪觉疲，功夫不惜重。

安得逢髻神，美女妆艳浓。

（七）茶焙

二尺凿碧岩，一万编竹绿。

慢煨琼液干，不碍灵髓馥。
去湿弗欲燥，戒烈惟取燠。
花脯与杉林，可试去浆渥。

（八）茶鼎

听松传朴制，竹鼎圬灰白。
肖之不一足，置傍幽斋壁。
高僧缅逸韵，雅人试仙液。
颇复有伧父，谓之遭水厄。

（九）茶瓯

色拟云一片，形似月满魄。
问斯造者谁？越人与邢客。
落底叶瓣绿，浮上花乳白。
何用谢塸埞，直可罢履屐。

（十）煮茶

皮陆首唱和，清词寄真静。
文翁继其韵，契神非认影。
居节只为图，识高兴亦永。
拈毫赓十章，如置身其境。

《惠山茶会图》是文徵明的代表作。此画是以正德十三年（1518年）春天文徵明与友人在惠山品泉鉴茶赋诗的真实经历绘成的。当时文氏与友人蔡羽、汤珍、王守、王宠等相邀游览无锡惠山，以二泉水瀹虎丘茶，饮茶赋诗。画风细致清丽、人物神情闲适。画前引首处有蔡羽书“惠山茶会序”，后纸有蔡羽、汤珍、王宠各书记游诗。

《品茶图》作于嘉靖十年（1531年），表现的是文徵明在茶舍与友

明 文徵明 《惠山茶会图》卷局部

人对坐品茗的情景。用笔简略老成，古意盎然。末识："嘉靖辛卯，山中茶事方盛，陆子傅对访，遂汲泉煮而品之，真一段佳话也。"文徵明赋诗：

碧山深处绝尘埃，面面轩窗对水开。

谷雨乍过茶事好，鼎汤初沸有朋来。

3. 陆树声、徐渭与《煎茶七类》

陆树声（1509—1605），是明代嗜茶的文人中年寿最高者，享寿九十七；也曾经官居高位，做过礼部尚书。陆树声是松江华亭人，嘉靖二十年（1541 年）以会试第一入仕，在整个明代官僚集团中，是一位公认很有风节的人，超脱、耿介、淡远。查继佐修纂的私家明史《罪惟录》中将陆树声列为清介诸臣。《明史》载，陆氏与明代权臣徐阶同里，与另一权臣高拱同年考上进士，这两人都先后柄政，其间陆树声皆辞疾不出，张居正当国，他也从不阿附。端介恬雅，翛然物表，难进易退。张居正刚取得权臣位置时，曾以晚辈的礼节拜访陆树声，陆树声“相对穆然”，即一脸严肃，面无表情，张居正悻悻地退下。虽然屡次令张居正难堪，但张居正明白陆树声是一个内心清正无私的人。陆树声在朝期间，屡陈时政，万历皇帝虽然嘉纳但并不落实。皇帝昏庸，朝政废弛，风气腐败，平日朝官们还要给宦官好处，否则也要遭他们戏弄。陆树声无心恋位，数次辞官。他一度辞官回乡多年，张居正多次主张重新启用陆树声，他对陆树声的弟弟陆树德说：“朝廷行相平泉矣。”平泉是陆树声的别号，意思是陆树声虽不在朝，在朝官当中德高望重，相当于在野的宰相。陆树声最后一次辞官回乡，张居正亲自到他的邸舍问谁可以代任其职。出城时，士大夫倾城追送，陆树声皆谢绝不见。

真不愧是一位难得的清正文士，不愧为茶道中人。

陆树声归隐后，读书著述，养生品茶，端居谢客，日与笔砚为伍。他在《清暑笔谈》中，漫谈天理人性及修德、居官、养生、悟禅之道。

陆树声对待日常生活中的茶是很平易的，虽不可一日无茶，但不强求非好水好茶不饮。一次他乘船经过瓜州，运河上船只聚集，河水混浊。这里的习俗是，每天早晨船夫驾小船前往金山的中冷泉取水，所有船上的人都等着船夫取来天下第一泉来瀹茶。一天船在江涛风波中颠簸，水罐撞裂了，船夫急忙找来一个临时的盆罐来接残余的水。最后这点儿水全都当做宝贝泡茶用了。又据船上人说，金山寺的僧人所有用水包括饮食盥漱也都从中冷泉艰难汲取。陆树声认为，用过重代价去换取日常用品，是完全不必的，这就好比以十五座城池换取和氏璧。

陆树声自言他“每天晨起取井水新汲者，付净器中熟数沸，徐啜徐漱，以意下之，谓之真一饮子。盖天一生水，人夜气生于子，平旦谷气未受，胃藏冲虚，服之能蠲宿滞，淡渗以滋化源”。陆树声依据的是《易经》“天一生水”的哲理，用在养生实践中，陆树声活了九十七岁，事实证明他的养生之道是合理的。

陆树声非常重视品茶的精神价值，关于这个问题他专门写了一篇《茶寮记》，这是他在茶事方面最重要的成果。

《茶寮记》写于隆庆四年（1570 年），是陆树声与终南僧人明亮品试虎丘茶时所作。《茶寮记》分人品、品泉、烹点、尝茶、茶候、茶侣、茶勋七条，统称为“煎茶七类”。其文笔优雅，意境卓然。

人品：煎茶非漫浪，要须其人与茶品相得。故其法每传于高流隐逸，有云霞泉石、磊块胸次间者。

品泉：山水为上，江水次之，井水又次之。井贵汲多，又贵旋汲，汲多水活，味倍清新，汲久贮陈，味减鲜洌。

烹点：煎用活火，候汤眼鳞鳞起，沫浡鼓泛，投茗器中，初入汤少许，俟汤茗相投即满注，云脚渐开，乳花浮面则味全。盖古茶用团饼，

陆文定公（陆树声）官服像

碾屑则味易出，叶茶骤则乏味，过熟则味昏底滞。

尝茶：茶入口，先灌漱，须徐啜，俟甘津潮舌，则得真味。杂他果，则香味俱夺。

茶候：凉台静室，窗明净几，僧寮道院，松风竹月，晏坐行吟，清谭把卷。

茶侣：翰卿墨客，缁流羽士，逸老散人或轩冕之徒，超轶世味者。

茶勋：除烦雪滞，涤醒破睡，谭渴书倦，是时茗碗策勋，不减凌烟。

徐渭（1521—1593），字文长，号天池山人，青藤道士，浙江绍兴府山阴县人，是明代一位性格奇谲、举止狂放的文人，其书法、绘画、诗文、戏剧创作都极有天赋，自成一家。他在绘画上的成绩尤为突出，创青藤画派，以后的扬州八怪、近代的吴昌硕、齐白石都受其影响。徐渭一生坎坷困顿，早年胸怀壮志但科举受困，中年欲图在军政上有所作为，却遭遇横祸，精神一度接近崩溃，晚年以书画为生，但性情孤傲，生活潦倒。徐渭去世后，袁宏道翻检其作品，大为叹服，称他的才华为“有明第一人”，可谓徐渭的真正知音。在《徐文长传》中袁宏道神来之笔描写徐渭：“文长既不得志于有司，乃放浪曲蘖，恣情山水，走齐鲁燕赵之地，穷览朔漠。其所见山奔海立、沙起雷鸣、风鸣树偃、幽谷大都、人物鱼鸟，一切可惊可愕之状，一一皆达于诗。其胸中又有勃然不可磨灭之气，英雄失路，托足无门之悲。故其为诗，如嗔如笑，如水鸣峡，如种出土，如寡妇之夜哭，羁人之寒起”。“先生诗文倔起，一扫近代芜秽之习，百世之下自有定论。”这是徐渭去世后得到的评价，其后徐渭的成就渐被世人承认，在画界以其泼墨写意画被推为一代宗师。

徐渭一生爱茶，晚年贫困孤独，书画不轻易售人，再加上轻财放浪，常陷于不能温饱的状态，但爱茶之心始终没变。他的茶多由友人馈赠。每得到朋友送来的茶叶，徐渭喜不自胜，大表感谢。徐渭有一个忘年小友钟元毓，常给他送茶。一次赠他一筐“后山茶”，徐渭在回复时大大赞叹：“一穷布衣辄得真后山一大筐，其为开府多矣！”后山茶产于浙江上虞县后山，是浙江当地的名茶，明人韩铣《后山茶诗》赞此茶“金芽带露摘来新”。钟元毓是个官僚子弟，父亲曾任知府，他本人十分仰慕徐渭的诗文书画，经常过来拜访，两人结成忘年交。

徐渭与钟元毓的交往中，有一件非常有趣的故事，徐渭在《与钟公子赌写扇》一诗中写的就是这件事。当时徐渭已年高七十一，钟元毓一日来访，徐渭孤独一人，好久没人陪他解闷了，不巧茶也喝光了。徐渭像个老顽童，跟钟公子赌藏钩，藏钩是汉代传下来的一种游戏，一方把一件不大的东西藏在一只手里，由另一方猜测对方哪一只手里有东西。游戏前徐渭和钟公子写下字条为凭：徐渭若是赢了，就让钟公子交出后山茶一斤；钟公子若是赢了，就让徐渭为他画 18 把扇面。几个回合下来，两人各有输赢，相持不下，结果是，钟公子要给徐渭后山茶一斤，徐渭也要给他写上 18 把扇面。徐老头赢得茶当然高兴，但是要当场写画 18 把扇面却并非易事，毕竟人老力衰，身体已经不比当年了。为了赢得茶叶，徐渭拼命写画，累得他喉咙干涩，两臂酸痛如同倒了的枯枝。写到一丝力气没有，还是没写完。徐老头是个好强的人，写不完就不能白要人家的好茶，最后对钟公子说：“你的茶契我烧了吧，我的扇债你也免了吧！”徐渭在《与钟公子赌写扇》中写道：

后山十六两，杨宋拔一毛。

公子处其乡，素称贤且豪。

……

干喉涩吟弄，老臂偃枯焦。

写扇至十八，战掉甚惊飙。

书扇责拟更，茶契我亦烧。

这当然是场游戏，钟公子不会逼他完成不可能的任务，从中可以看出徐渭是个童心未泯的倔老头，他对待这场游戏的态度是非常认真的，为了换得茶差点儿累得吐血。平时徐渭一身傲骨，达官贵人重金求购他的画，他都不予理采。徐渭实在太不会经营自己的生活，不到囊空米尽，不肯售画与人；一旦生计所迫，便以相当低的价格出售自己的劳动成果，也不善计较成本。

徐渭的茶诗多是谢友人赠茶的题材，虎丘茶是当时最有名的茶，友人送上，徐渭当然要作一首非常认真的诗来酬谢。如《某伯子惠虎丘茗谢之》。朋友送来的虎丘茶用青箬叶包裹着，上面还有题款，标明采于谷雨之前，“青箬旧封题谷雨”。虎丘茶让他联想起唐代诗人卢仝的那首著名茶诗。还没有品尝，徐渭就认定这就是能令人飞离尘俗的好茶，“七碗何愁不上升？”好茶要用好茶具，“紫砂新罐买宜兴”，他刚刚托人在宜兴买了泡茶的紫砂罐。启用新罐冲泡虎丘茶，徐渭轻啜慢品，虎丘茶的韵味让他联想起梅花三弄，“却从梅月横三弄”。渐渐有些沉醉，茶罐中的沸水好似松风吹过，吹得油灯落下一截灰烬，“细搅松风灺一灯”。虎丘茶颜色很浅，在徐渭眼里如同玉壶冰一般，香清绝尘。诗的最后写道：“合向吴侬彤管说，好将书上玉壶冰。”这是一句浪漫主义的诗，吴侬彤管应该是指吴地的女史，那时候没有专门写茶史的人，徐渭寄望于掌管仙史的女官将这玉壶一般的虎丘茶好好记载下来。

徐渭的《谢钟君惠石埭茶》，从诗题上看，赠茶人是池州太守。诗云：

> 杭客矜龙井，苏人伐虎丘。
> 小筐来石埭，太守赏池州。
> 午梦醒犹蝶，春泉乳落牛。
> 对之堪七碗，纱帽正笼头。

杭州人以龙井茶为骄傲，苏州人得意于虎丘茶。石埭茶也同样是最上等的好茶。石埭茶产于安徽石台县，石台旧名石埭，属池州。近年，人们从打捞上来的瑞典沉船哥德堡号上发现了数种中国茶叶，除了武夷茶、松萝茶外，还有就是石埭茶。说明早在十七世纪以前，石埭茶已经随着徽商推介到海外去了。“云雾青雀舌”在宋代已有，池州太守给徐渭带来了一筐石埭的好茶，徐渭刚刚从梦中醒来，收到这么多茶，还以为是幻觉，不敢相信，好比庄周梦蝶，醒来弄不清是自己梦见变成了蝴蝶，还是蝴蝶梦中变成了他庄周。徐渭迫不急待地煮水泡茶，茶香滋润心肺，令他想到牛乳之美。品茶人每每到此境地都要仿效卢仝，准备连喝七碗，也用纱帽笼住头。卢仝的那首浪漫主义茶诗，影响了上千年，卢仝七碗茶之后两腋生风的心灵体验，令后来的文士们启羡不已。

知君元嗜茶，欲傍茗山家。
入涧遥尝水，先春试摘芽。
方屏午梦转，小阁夜香赊。
独啜无人伴，寒梅一树花。

这是徐渭的一首《茗山篇》，写的是诗人对茶的宝爱和迷恋。一个离不开茶的人，打算住到茶山附近。这样就可以在春天来时，品尝山涧的幽泉，最先采摘茶芽。然后回到山下的居所，过着诗意的生活。春睡午梦回转，夜晚在小阁里，茶香弥漫，独自啜茗，虽无人作伴，却有窗前盛开的一树梅花相望。茶有一种不俗的真香，梅有清高的韵味，寒气中透着芳香，这两者围绕着诗人，这就是耐得住寂寞的真人才能享受的乐趣。

徐渭的书法成就也非常高，他排列自己的诗文书画四项，以书法为第一，“吾书第一，诗二，文三，画四。”今上虞市曹娥庙左侧厢有一处碑廊，是清代嘉庆元年至九年上虞人王望霖撰集、仁和县范圣传据《天香楼藏帖》镌刻的，汇集了沈周、文徵明、唐寅等明清 80 多位书法家的墨宝。在这里可以看到徐渭的书法作品《煎茶七类》。文后附有王望霖的评述：“此文长先生真迹。曾祖益斋公所藏，书法奇逸超迈，纵横流利，无一点尘浊气，非凡笔也。”除碑帖外，其纸书真品也流传至今。

徐渭的《煎茶七类》确实是一幅非常超凡的书法作品。但在《煎茶七类》的内容上，有一个比较令人困惑的巧合，它与陆树声的《茶寮记》内容相同。陆树声的《茶寮记》作于 1570 年，而徐渭的《煎茶七类》也有明确的时间可考，作于 1575 年。可以肯定的是陆树声不会照搬徐渭的《煎茶七类》，而徐渭又没有给出这幅书法内容的可信出处。在《天香楼藏帖》的文末，徐渭还有一段跋语："是七类乃卢仝作也。中夥甚疾。余临书稍改定之。时壬辰秋仲，青藤道士徐渭书于石帆山下朱民之宜园。"这段话写于壬辰年，即万历二十年（1592 年），专为刻帖而补充的题记，距离他书写这幅字已有十七年，次年徐渭就去世了。徐渭并没有说是自己所作，是一篇旧作，是谁的旧作？徐渭称原作者为卢仝。从文章内容上看，烹茶方式已经由烹煮末茶演进到冲点叶茶了，不符合卢仝那个时代的特征；若真是卢仝的作品也不可能从唐至宋再经元朝，全无踪迹，忽然就到徐渭笔下。

《煎茶七类》的文章内容虽非徐渭原作，但绝对不是徐渭出于功名利禄之心去剽窃陆树声的作品。以徐渭的才华完全没有这个必要，以徐渭的品行也是不可能的。但为什么会出现这种尴尬的巧合？要从徐渭的性格去分析。

徐渭的性格类型是明代也是中国历史上少有的，有人把他和西方

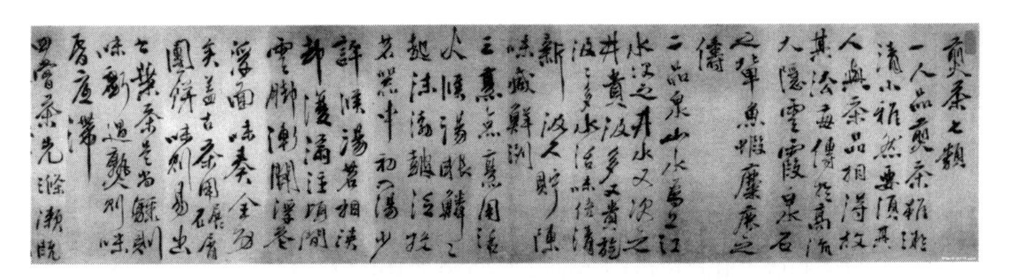

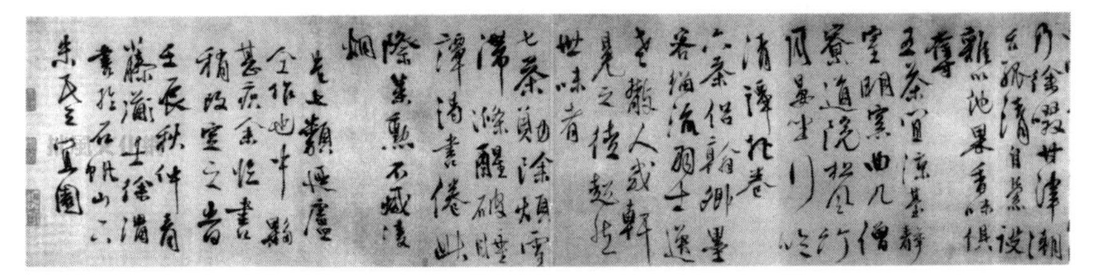

明　徐渭　《煎茶七类》卷

的梵高相比。徐渭不同于唐伯虎，唐伯虎当年曾经佯狂，目的是为了避祸、逃离南昌的宁王老窝；徐渭是真狂，曾经患有狂疾，即精神分裂。他曾在总督东南抗倭事务的胡宗宪手下做幕僚，在军务上很有见解，被称为东南第一幕僚。后来胡宗宪受严嵩案牵连入狱被杀，徐渭大受刺激，多次以极为血腥的方式自残，试图自杀，但都没有死成。在狂疾发作期间，他因多疑杀死了继室张氏，被关进牢狱七年。这是他四十五岁前后的事，其后渐恢复。花甲之年徐渭仍试图再次在军务上有所作为，在北京因与友人沟通不畅，旧疾复发，被儿子接回绍兴。

徐渭写《煎茶七类》书法时五十五岁，是在两次发病的中间。这种状态下的人，经常处于半梦半醒之间。徐渭生活潦倒，经常以书画换食，诗文则不容易售卖。从徐渭的文集中可以找有关记载，一次答友人馈鱼："明日拟书茶类，能更致盈尺活鲫否？"所以《煎茶七类》的书法作品就是这样产生的。他在去世前一年为《煎茶七类》刻帖写的题记，关于此篇出自卢仝旧作的话，我们不要太认真。一个疾病缠身、行将就木的老人不太可能准确回忆十七年前一幅字的出处。透过这幅书法作品中我们可以看到徐渭这个天才文士生活的不幸，也可以看到在他不幸的生活中，仍然保持对茶文化的敬重。写字虽为了生存，但徐渭写得非常认真，极见功力。这就足以让后人珍爱他的这幅书法作品。

但在中国茶史上，也应该明确：《茶寮记》即《煎茶七类》同为一篇文章，是陆树声所作。

4. 陈继儒的茶道人生

《小窗幽记》的作者陈继儒（1558—1639），是明代文学家和书画家，号眉公，《小窗幽记》只是他众多作品中的一个闲篇。陈继儒与董其昌齐名，同属华亭（今上海松江）人。诗文、书法、绘画通才，书法传承苏轼、米芾风格，萧散隽雅，擅画墨梅、山水，画风为传统的文人画，以小幅水墨见长，自然随意，意态萧疏。他还喜爱戏曲、小说，收藏碑石、法帖、古画、印章。

陈继儒一生没有当官，做诸生（秀才）时文才出众，屡被荐拔，坚辞不就。二十九岁那年，顿悟人生，烧了儒生衣冠，隐居小昆山。后移居东佘山，修建草庐书室，有顽仙庐、来仪堂、晚香堂、一拂轩等。在此闭门读书、焚香啜茗、绘画、写作、静思。其间与声气相投的三吴名士来往，对于高官豪绅也并不见拒。

明代东吴隐士并不像陶渊明那样，与山野农夫无异，经常衣食无着，靠人接济，陈继儒隐居生活过得相当潇洒自如，遂己之喜好，物质生活与精神生活兼济，内容丰富，乃自在真人也！在佘山居内，他收藏的碑刻有苏东坡的《风雨竹碑》、米芾的《甘露一品石碑》、黄山谷的《此君轩碑》、朱熹的《耕云钓月碑》等；后来偶得唐书法家颜真卿真迹《朱巨川告身》卷，极为兴奋，将书房起名为《宝颜堂》；书画方面还收藏了宋元末名家赵孟頫的《高逸图》、倪云林的《鸿雁柏舟图》、王蒙的《阜斋图》、梅道人的《竹篆图》，还收藏同时代人文徵明、沈周、董其昌等人字画；印章收藏有苏东坡雪堂印、陈季常印等。守着这些宝物，陈继儒津津乐道，自费摹刻帖，有《晚香堂苏帖》、《来仪堂米帖》，《宝颜堂秘笈》6集，撰写古玩、书画的著作，有《妮古录》四卷、《珍珠船》四卷、《皇明书画史》、《书画金汤》、《墨畦》等。

陈继儒最有文人气、名士气的表现，是他对茶的精鉴、对茶事人生的独特感悟。陈继儒写过很多茶诗，他在山居生活中，几乎“山中日日试新泉”。陈继儒的一首《试茶》诗，以茶道中人的语气与苏轼、蔡襄虚拟对话：

> 龙井源头问子瞻，我亦生平半近禅。
> 泉从石出清宜冽，茶自峰生味更圆。
> 此意偏于廉事得，之情那许俗人专。
> 蔡襄夙辨兰芽贵，不到兹山识不全。

陈继儒和其他明代懂茶的士人一样，在茶事上厚今薄古，非常得意于自己时代的发展，这一点与宋代在茶的方面傲视唐代一样。

陈继儒并没有标榜自己是一个纯粹的隐士，他只是不走仕途，过自己独特的人生，自拟为“幽人”。陈继儒在山间独居，似隐士也似修道者、儒学研究者、居士，生活样式散淡、自由、静谧。他在《小窗幽记》中描述自己性灵化的生活：“带雨有时种竹，关门无事锄花；拈笔闲删旧句，汲泉几试新茶。”提到茶的地方非常多，虽然陈继儒也好酒，但在与古书、笔黑、学问、幽思联系在一起时，茶是重要角色：“余尝净一室，置一几，陈几种快意书，放一本旧法帖，古鼎焚香，素麈挥尘。意思小倦，暂休竹榻；饷时而起，则啜苦茗，信手写《汉书》几行，随意观古画数幅，心目间觉洒空灵，面上尘当亦扑去三寸。”陈继儒的山居生活快意自得，堂中设木榻四张，素屏两架，古琴一张，儒、道、佛书各数卷，有时卧在榻上，透过北窗以仰观山，俯听水，傍睨竹树云石。“染翰挥毫，翻经问偈，肯教眼底逐风尘？茅屋独坐茶顿煮，七碗后气爽神清。竹榻斜眠书漫抛，一枕余心闲梦稳”。

明代文人比喻酒为侠士，茶为隐士，所以很多文人愿意以茶代表自己的形象，或者自比为茶仙陆羽的后身，或为卢仝转世。作为明代隐士，没有茶的生活是不可想象的，烦闷时所有别的嗜好都可以暂时扔在一旁，而茶是唯一的心灵之友。某一个夏天，陈继儒卧在山居北窗下，无悲无喜，从空寂中悟出真意，要除掉所有挂碍，把屋里的书籍酒具都清出去了，只留下香炉、茶铛，“萧斋香炉，书史酒器俱捐；北窗石枕，松风茶铛将沸”。以石为枕，遨游太古，只听室中传来松林的风声，转回神来，原是茶铛中的水快开了。

明代东吴一带相当繁华，在江南秀美之地隐居，要经常与尘心、俗念相抗争；明代比之汉唐，经济、社会生活已经发展到了相当成熟的阶段，名士切感世风浇薄，但自身有时也不能免俗。所以陈继儒在《小窗幽记》中无数次洗心涤虑，颇有君子每日三省乎己的劲头。“白云在天，明月在地，焚香煮茗，阅偈翻经，俗念都捐，尘心顿洗”。在陈继儒看来，俗世的烦扰令人难以应对，对于人心世态的翻云覆雨备感失望，内心无法得到安宁，远离俗世也就远离苦海，只有与大自然的交流中才获得人生最大的乐趣："琴觞自对，鹿豕为群，任彼世态之炎凉，从他人情之反复。家居苦事物之扰，唯田舍园亭，别是一番活计。焚香煮茗，把酒吟诗，不许胸中生冰炭。"

陈继儒的人生有三乐："闭门读佛书，开门迎佳客，出门寻山水，此人生三乐也。"开门迎佳客是经常的，有些人拿古代的隐士标准衡量陈继儒，说他交游太广，不像真隐士，而是借隐士之名以标榜自己。不管别人怎么说，雅士相会是陈继儒的人生之乐，不必为了符合别人的要求而改变自己独特的人生。"梅花飞入珠帘，脱巾洗砚，诗草吟成锦字，烧竹煎茶。良友相聚，或解衣盘礴，或分韵角险，顷之貌出青山，吟成丽句，从旁品题之，大是开心事"。好友前来，没有什么别的乐趣，煮茶、写诗，尤以写诗的过程趣味独擅，这就是中国古代文人从文字中获得的无可代替的乐趣。凡是同道友人相访，茶是最适当的待客之物，朋友来到陈继儒的山居，走过垂柳小桥，一间竹屋里，香炉中的香气熏透纸窗，陈继儒正安闲地坐在竹榻上，手握道书一卷。见客来，拿出寻常茶具，聊的都是文人雅士才讲得出、听得懂的"本色清言"，一直聊到日暮，友人告辞，陈继儒也不远送，仍旧看他的道书。"垂柳小桥，纸窗竹屋，焚香燕坐，手握道书一卷。客来则寻常茶具，本色清言，日暮乃归，不知马蹄为何物"。每当客来，陈继儒命小童在竹旁点燃茶炉，用落下的竹叶和竹柴烧火。平时少有人来往，屋前屋后长满了苔藓，文友来访，大家在花间写诗弄影，唱高古的《阳春白雪》。"客到茶烟起竹下，何嫌展破苍苔；诗成笔影弄花间，且喜歌飞白雪"。

陈继儒的幽居是文人型的、缩微的武陵山水，过着与世无争的生活，其乐陶然。"茅屋三间，木榻一枕，烧清香，啜苦茗，读数行书；懒倦便高卧松梧下，或科头（不冠不簪，头上只扎一绳）行吟。日常以苦茗代肉食，以松石代珍奇，以琴书代益友，以著述代功业，此亦乐事。"生活形态如一幅古代文人画，"净几明窗，一轴画，一囊琴，一只鹤，一瓯茶，一炉香，一部法帖；小园幽径，几丛花，几群鸟，几区亭，几

明　陈继儒　云山幽趣图

拳石，几池水，几片闲云”。“家有三亩园，花木郁郁，客来煮茗，谈上都贵游，人间可喜事；或茗寒酒冷，宾主相忘”。

中国古代文人与大自然相处，达到了极为契合的状态，这是世界上任何一个国家的文人做不到的；煮茶、啜茶，谈诗悟禅论道，这是世界上任何一个人群都享受不到的乐趣。

这种契合、这种乐趣，是一种默契、一种幽兴，是写意的、萧散的、无拘的、安逸的。

“编茅为屋，叠石为阶，何处风尘可到？据梧而吟，烹茶而话，此中幽兴偏长”。以上所引均见陈继儒的《小窗幽记》。

明代江南文士有标榜清雅之风，陈继儒的《小窗幽记》未必就是他生活的原样写真，但从中可以见得明代文士的取法乎上的理想境地，也见得这种理想样式的生活与茶有着不可分离的关系。

5. 张岱与茶

张岱（1597—约1689），号陶庵，浙江山阴（今浙江绍兴）人。晚明文学大家、历史学家。张岱出身官宦世家，高祖张天复，官至云南按察副使，甘肃行太仆卿，曾祖张元忭，隆庆五年状元及第，官至翰林院侍读，詹事府左谕德。其祖父张汝霖、父亲张耀芳都中过进士，担任朝官。高祖张天复和曾祖张元忭曾经帮助徐渭出狱，张天复去世时，徐渭为其写了《张太仆墓志铭》，其后张元忭又帮助徐渭北上谋职。

张岱自幼就无意于仕途，其性格幽默诙谐，性喜文章，好游山水，也极好品茶，是品茶鉴水的行家。明亡后，避迹山林，穷而见节操，极具明代文人的气节。

张岱前半生过着锦衣玉食的生活，五十以后清兵入关，艰难度日以保气节。他在《自为墓志铭》中写道：“少为纨绔子弟，极爱繁华，好精舍，好美婢，好娈童，好鲜衣，好美食，好骏马，好华灯，好烟火，好梨园，好鼓吹，好古董，好花鸟，兼以茶淫橘虐，书蠹师魔，劳碌半生，皆成梦幻。年至五十，国破家亡，避迹山居，所存者破床碎几，折鼎病琴，与残书数帙，缺砚一方而已。布衣蔬食，常至断炊。回首三十年前，真如隔世。……好著书，其所成者有《石匮书》《张氏家谱》《义烈传》《瑯嬛文集》《明易》《大易用》《史阙》《四书遇》《梦忆》《说铃》《昌谷解》《快园道古》《傒囊十集》《西湖梦寻》《一卷冰雪文》行世。生于万历丁酉八月二十五日卯时。……明年，年跻七十，死与葬，其日月尚不知也。故不书。”

张岱的著作流传至今的，只有《陶庵梦忆》《西湖梦寻》《瑯嬛文集》及《石匮书后集》几种。其中《陶庵梦忆》《西湖梦寻》是张岱的文学代表作，是他五十岁时对过往生活的追忆，文笔幽默生动，视角广阔，绝无文人顾影自怜的酸腐习气。二十世纪的许多作家，包括鲁迅，在小品文方面都极受张岱的影响。张岱的鸿篇历史著作《石匮书》、《石匮书后集》，是严肃而正规的史学专著，堪与谈迁的《国榷》并论，在清初编修明史时曾用作重要资料。张岱才华横溢，多学多能，于文学、史学、音乐、戏曲、园艺无所不通，仅仅在茶事上，他也是一位专家级人物，他本人承认是一位茶痴。

张岱说自己“茶淫橘虐”，即日常生活离不开茶和橘这两种清美之物。在《陶庵梦忆》中，张岱回忆了他在茶事上的几次重要事宜。

一是发现并重新修葺禊泉。升平时期，张岱极讲生活品位，绍兴临近海边，普通水质多含盐卤味，其祖父张汝霖的烹茶水就取自惠泉。而张岱没有什么经济来源，靠着祖产度日，百里担惠泉太奢侈了，他自幼就琢磨着在当地发现清泉。万历甲寅年（1614 年）张岱年仅十八岁，以极其敏锐的洞察力发现了已经被人遗忘的禊泉。他回忆道：“甲寅夏，过斑竹庵，取水啜之，磷磷有圭角，异之，走看其色，如秋月霜空，噀天为白，又如轻岚出岫，缭松迷石，淡淡欲散。余仓卒见井口有字划，用帚刷之，‘禊泉’字出，书法大似右军，益异之。试茶，茶香发。新汲少有石腥，宿三日气方尽。辨禊泉者，无他法，取水入口，第挢舌舐腭，过颊即空，若无水可咽者，是为禊泉。”张岱在斑竹庵似乎是偶然间发现一道泉水，如果不是有心人，谁会因为临时口渴而取水饮之？张岱并非临时口渴，他相信在绍兴城中一定有灵泉，果然，他尝出此水“磷磷有圭角”，就是有一种与众不同的味道，无法形容，只好借用视觉上的圭角比喻。张岱习惯用“棱棱……之气”来形容他认为的好茶或好水，如：“日铸者，越王铸剑地也。茶味棱棱有金石之气。”张岱走到水边细看水色，用文学的笔法描述了此水的优异之状。张岱取水回家，用来烹茶，茶原有的香气发散出来。新水略带石腥，三天后就消失。张岱还摸索出了辨识禊泉的方法。足见年轻时的张岱已经是品茶鉴泉的高手了。

在辨水鉴茶方面，张岱还与当时著名的茶艺人士闵汶水有过一番比试，其过程简直就像一篇唐宋传奇。闵汶水何许人？此人是明代末年南京的一位制茶人，他从松萝茶的制法上悟出自己的一套制茶法，号称“闵茶”。明末人王弘《山志》记载：“今之松萝茗有最佳者，曰闵茶。盖始于闵汶水，今特依其法制之耳。汶水高蹈之士，董文敏亟称之。”闵汶水有隐士风格，不是一般的茶农，董文敏即是董其昌，文敏是他的谥号，董其昌对闵汶水和他的闵茶非常称赏。闵汶水在桃叶渡建了一个茶馆，名为“乳花斋”，“乳花”是唐宋时人对茶的赞赏之词。清人俞樾《茶香室丛钞》称，董其昌为闵汶水的茶馆题写了“云脚闲勋”的匾额，陈继儒为之写了一首诗。董其昌在《容台集》中记述品味闵茶的经过：“金陵春卿署中，时有松萝茗相遗者，平平耳。归来山馆得啜尤物，询知为闵汶水所蓄。汶水家在金陵，与余相及，海上之鸥，舞而不下，盖知稀为贵，鲜游大人者，昔陆羽以精茶事，为贵人所侮，作《毁茶论》，如汶水者，知其终不作此论矣。”董其昌第一次品到闵茶，有惊艳之喜，但想与闵汶水交流却并不容易，闵汶水不轻易与人相识。董其昌曾任过太子老师，应该算是贵人，他明白闵汶水不愿像陆羽那样，因精于茶事而被高官所侮，愤而作《毁茶论》，闵汶水再怎么样也不会作毁茶论啊。

《陶庵梦忆》“闵老子茶”一节中张岱回忆，他到南京桃叶渡专程拜访闵汶水：一上岸就到桃叶渡闵家茶馆，一早闵汶水就外出了，张岱在店里等他。闵汶水迟迟才回来，张岱一见，是一个老者。“日晡，汶水他出，迟其归，乃婆娑一老。”没说几句话，闵汶水想起一件事，转身又出去了。“方叙话，遽起曰：‘杖忘某所。’又去。”张岱留在店里耐心等，心想今天可不能白来。又等了不知多久，闵汶水回来，已经是傍晚一更天了。“迟之又久，汶水返，更定矣。”闵老见客人还在，便斜着眼打量客人，说道：“客人还在呢，到底为了什么事？”“睨余曰：‘客尚在耶？客在奚为者？’”张岱说：“慕你的大名许久了，今日不畅饮汶老的茶，我就不走了！”闵汶水很是高兴，亲自在炉前操持，以很快的速度，制成一杯清茶。“汶水喜，自起当垆。茶旋煮，速如风雨。”

之后闵老将张岱引至一室，室内“明窗净几，荆溪壶、成宣窑瓷瓯十余种，皆精绝。灯下视茶色，与瓷瓯无别而香气逼人。”张岱从未见识过如此香气逼人的茶，要探个究竟。“余叫绝，余问汶水曰：‘此茶何产？’汶水曰：‘阆苑茶也。’”阆苑是传说中天上的仙苑，闵汶水当然不会立即告诉他实话。张岱当然也不肯轻易罢休。“余再啜之，曰：‘莫绐余。是阆苑制法，而味不似。’”闵汶水狡猾地笑着反问：“客知是何产？”张岱很认真，“余再啜之，曰：‘何其似罗岕甚也？’”闵汶水心下佩服，对张岱不敢小看。“汶水吐舌曰‘奇！奇！’”但还是没有告诉他闵茶的谜底。张岱又问：“水是何水？”闵老说：“惠泉。”又是不讲实话。被张岱识破，张岱说：“别糊弄我，惠泉这么远递来，水被折腾还能生鲜吗？”“莫绐余，惠泉走千里，水劳而圭角不动，何也？”张岱又用“圭角”比喻水的清冽。闵汶水明白遇到高手了，遂说:“不复敢隐。其取惠水，必淘井，静夜候新泉至，旋汲之。山石磊磊，藉瓮底，舟非风则勿行。故水之生磊，即寻常惠水犹逊一头地，况他水耶？”闵汶水说出了惠泉保鲜的办法，先淘井，井底置石，运惠泉的舟必借风驶。闵汶水说完，自己又吐舌说了几个奇字。感叹今日与同水平的同行过招。

话没说完，闵汶水转身走出。一会儿，拿着一壶刚沏的茶，满斟一盏给张岱，让他品尝。张岱尝后鉴定说：“香朴烈，味甚浑厚，此春茶耶！向瀹者是秋采。”闵汶水以大笑之声肯定，赞叹道：“予年七十，精赏鉴者，无客比！”于是和张岱结为至交。

但是闵汶水始终没有告诉张岱闵茶制作秘方。清人刘銮《五石瓠》中对闵茶这样形容：“大抵其色则积雪，其香则幽兰，其味则味外之味。”这个“味外之味”就是说它有着其他茶叶没有的味道。清初人周亮工在《闽小记》中透露，闵茶制法有一个不令人知的秘密，就是“以他味逼作兰香”，所以认为“茶之真意尽失”。闵茶由闵汶水两代人在桃叶渡经营了几十年，其后代不再继承和发展，也就变成了历史。

张岱在茶叶制作上也有自己的成果，他改良家乡的“日铸茶”，研制成一种新茶，名为“兰雪茶”。张岱在《陶庵梦忆》讲到这种茶的研制过程。

自从明代茶叶采用炒青法后，整个明代都在发展和完善这种方法，目的是使茶更能激发出原有的芳香。松萝茶，是明晚期炒青法的最高阶段，张岱和他的叔叔张炳芳都对制茶法深感兴趣。张炳芳先是拿瑞草用松萝法炒焙，之后，瑞草发出浓烈的香气。“三峨叔知松萝法，取瑞草试之。香扑冽。”随后张岱招募熟悉松萝法的安徽歙县人，到日铸山采茶焙制。制作的一系列方法分“扚法、掐法、挪法、撒法、扇法、炒法、焙法、藏法，一如松萝”。制成后，张岱用各种水试茶，他敏锐地感觉到：“他泉瀹之，香气不出，煮禊泉，投以小罐，则香太浓郁。”张岱是一个完美主义者，为了研制香气氛馥的新茶，他再作试验。“杂入茉莉，再三较量，用敞口瓷瓯淡放之，候其冷，以旋滚汤冲泻之。”然后观察茶的颜色，有一种淡淡的绿色，如新竹，“色如竹箨方解，绿粉初匀，又如山窗初曙，透纸黎光。”茶盏的颜色是接近白色的素瓷，与茶水相映衬，非常唯美。“取清妃白，倾向素瓷，真如百茎素兰同雪涛并泻也。雪芽得其色矣，未得其气，余戏呼之‘兰雪’。”

兰雪茶就这样诞生了，张岱料想不到，四五年之后，兰雪茶在茶市中风行开来。“越之好事者，不食松萝，止食兰雪。”有些人既好松萝又喜兰雪。松萝茶本来声价很高，后来也贬低声价，俯就兰雪，这是张岱谦虚的看法。接着还发生了又一种情况：原经营松萝茶的人为了好卖钱，也贴上了兰雪茶的标签，“乃近日徽歙间松萝亦名兰雪，向以松萝名者，封面系换，则又奇矣。”那个时期没有保护知识产权的意识，张岱也不设兰雪茶专卖店，看到这种情况并没有生气，反而津津乐道。对于博学而涉猎广泛的张岱来说，研制符合自己审美情趣的茶品，是一种爱好。兰雪茶广为世人所喜爱，他其实是很开心的。

张岱曾写过一部《茶史》，可惜遭遇明清之际改朝换代的动乱，没能流传至今。

6. 冒襄与董小宛的品茶岁月

冒襄（1611—1693），字辟疆，号巢民，明末清初的文学家，扬州府泰州如皋县人，是明代江南最后一位嗜茶的名士。冒襄经历了由明至清的改朝换代，但他坚持明代文人的气节，以明遗民的身份度过了后半生。

冒氏出身于如皋士大夫家庭，十岁能写诗，曾经受教于董其昌，学习诗文、书法，十四岁就刊刻诗集《香俪园偶存》，董其昌为之作序。董其昌对他寄予很大希望，期望他点缀盛明一代诗文之景运。冒襄年轻时并不想完全以文立身，六次赴考科举，想走仕途，不料均告败北。他的最高功名是崇祯壬午（1642 年）副榜贡生，获任某地推官之职，当时境内动荡四起，冒襄没有赴任，而是在金陵一带游学，与桐城方以智、宜兴陈贞慧、商丘侯方域，并称“四公子”。当时的明王朝已成乱局，但是战火没有南下以前，秦淮河上仍是歌舞场，秦淮河畔，名妓聚集，夜夜笙歌。家境富裕、无所事事的公子们包括冒襄仍过着花天酒地的生活。在晚明文士看来，这种无拘无束的生活也是名士作风。

冒襄青年时期负盛气，侍高才，与复社诸君子集会，酒酣狂歌，痛骂误国阉党，议论时政，试图拯救国家危亡。后遭阮大铖逮逋，一年之后始脱牢狱之灾。从此家道中落，富贵公子的生活难以继续，冒襄怡然不悔。1645 年 6 月，冒襄为避兵锋举家逃往浙江盐官，一路上经历了惨烈的颠沛和挣扎，在马鞍山“遇大兵，杀掠奇惨”，随行仆婢被杀掠者将近二十人，生平所蓄玩物及衣具，丧失无遗。从此对政治深感厌恶，第二年从盐官回归故里隐居。清兴后，冒襄隐居不出，名声在外，督抚以监军荐，御史以人才荐，皆以亲老辞。康熙中，朝廷设博学鸿词科考试，以征召隐逸之士，冒襄仍坚辞不就。隐居写诗著书，与同人唱酬，维持简单生计，直到终老。

冒襄一生著述颇丰，传世的有《先世前征录》《朴巢诗文集》《水绘园诗文集》《影梅庵忆语》《寒碧孤吟》和《六十年师友诗文同人集》等，在中国茶史上冒襄也有一笔，他专为自己喜好的罗岕茶写了一篇《岕茶汇钞》。冒襄的人生历程中有位重要的人物，是与冒襄联系最紧密的女性人物，她就是董小宛。冒襄在《影梅庵忆语》中，深切回忆了他和董小宛传奇的爱情生活。

冒襄和董小宛有许多共同的爱好，仅就茶来说，两人就是知音。

董小宛（1624—1651），名白，又字青莲，南京人，早年被父母遗弃，生活无着而不幸落入青楼。她16岁时，已是芳名传颂遐迩，与柳如是、李香君等同为“秦淮八艳”。她1639年结识冒襄，1643年经过曲折过程嫁给冒襄。董小宛才艺出众，能诗善画，尤其擅长抚琴。嫁给冒襄后，前数年跟随冒襄过着流离逃亡的生活，无怨无悔；平定后，董小宛极尽侍奉之道，对冒襄照顾得无微不至。董小宛也是一个完美主义者，以生活为艺术的人，把日常生活打理得极有情致。小宛秉性淡雅，不喜好肥甘美食，她每餐自奉的就是一小壶岕茶温淘米饭，再佐以水菜香豉少许。虽然简单，却别有一种风味，乃是返璞归真、心静如水的风味。而冒襄却喜甜食、海味和腊制熏制的美味佳肴，董小宛精心为他制作，加以自己的独到创意，做出的美食鲜洁可口，无论从视觉上还是味觉上都令人称赏。她还制作饮品，如采摘初放的花蕊，将花汁渗融到香露中，制成花露，其香其色，真是世上独有。她制作的秋海棠露，芳香扑鼻，海棠树大多没有香味，但是董小宛冰雪聪明，她独创秘方，使秋海棠露凝结香气，令人神醒心醉。类似的花露，董小宛能做出几十种。

冒襄每每酒后，董小宛用白瓷杯盛着花露给他醒酒；或者美食享受之后，给冒襄再来一壶当时最有名的岕片。

懂岕茶的人，喜饮岕片，冒襄和董小宛都是品茶的行家。岕茶采摘时间较晚，叶片较大，当时称大片不带梗的岕茶为岕片，茶香浓郁。冒襄的《岕茶汇钞》中，记载了他对岕茶的了解以及几十年间与茶人的交往。正文的第一句话："茶花味浊无香，香凝叶内。"冒襄对茶香的琢磨非常仔细，他提出关于老庙岕茶成为上品的独特观察结果："梗叶丛密，香不外散，称为上品也。"品茶也要品得精致，才能得到茶的真正感觉，主旨是品到茶的真香，因此他主张："茶壶以小为贵，每一客一壶，任独酌饮，方得茶趣。何也？壶小香不涣散，味不耽迟。况茶中香味，不先不后，恰有一时。太早未足，稍缓已过。个中之妙，清心自饮，化而裁之，存乎其人。"可见冒襄对品茶方式作过细致的比较，最后得出的结论是，泡茶应该用小壶，且人各一壶。因为茶很微妙，它的香气在小壶中不易涣散，且能及时掌握其香气发出的时机。茶的香味是稍纵即逝的，冒襄一定有相当的经验，茶的香味就在茶被热水浸泡后的某一个瞬间发出，如果饮得太早，香味还没有发足；如果稍晚一点儿，香味就走了。每个品茶的人自己领略其微妙之处就行了，各人饮各人的茶，"清心自饮"，自有妙处。

冒襄娶董小宛之前，日常饮用的岕茶是由一位柯姓当地人为其采制的。柯氏每年到了采茶季节，专程到岕山，采来产于各个坡地的茶，其中最精良者有一斤多些，"味老香深，具芝兰之性。"柯姓朋友连续十五年为他送茶。小宛嫁过来之后，岕片就由顾子兼提供。冒襄和董小宛很喜欢一种叫黄熟香的香料，用于隔纱熏香，专有一位朋友金平叔给他们提供。香与茗常常相提并论，都是风雅之士所好。顾、金二人每年的茶和香，都先要送一份给浙江虞山的柳如是，然后是如皋的陇西人茜姬，再是冒襄和董小宛，剩下的才分给别人。柳如是是董小宛的好友，当年与董小宛同被列为"秦淮八艳"，她于 1641 年嫁给名士钱谦益，后来她与钱谦益出资帮助董小宛脱离青楼，换取正规身份，又助她嫁入冒襄家中。

在《影梅庵忆语》中，冒襄回忆了与董小宛共同品茶的生活，他称小宛“嗜茶与余同性，又同嗜岕片。每岁半塘顾子兼择最精者缄寄，具有片甲蝉翼之异”。董小宛烹茶时，精神专注，手法精细，“文火细烟，小鼎长泉，必手自吹涤。”看见董小宛吹着刚刚冲泡的茶水，冒襄联想起东晋时人左思的茶诗《娇女诗》，里面有一句描述小女急着喝茶，

董小宛自画像

鼓着小嘴吹火的情景："心为茶荈剧，吹嘘对鼎镉。"冒襄常常一见董小宛吹茶水的样子就念左思的这句诗，小宛就破颜而笑。两人经常在花前月下，静静地品味茶香。冒襄写道："每花前月下，静试对尝，碧沉香泛，真如木兰沾露，瑶草临波，备极卢、陆之致。东坡云'分无玉碗捧蛾眉'，余一生清福，九年占尽，九年折尽矣。"董小宛嫁给昌襄九年后去世，不幸只活了二十八岁，她与冒襄的品茶生活是冒襄一生中最难忘、最有价值的一段岁月。

董小宛去世后，冒襄的生活依然离不开茶。家住顾渚金沙的于象铭也为冒家送来岕茶，冒襄说这位于象铭是个鉴茶的行家，其水平甲于江南，而岕山的棋盘顶，长期以来归于家所有。每年收茶季节，于家的老爷子都要亲自上山采茶。"每岁，其尊人必躬往采制"。于象铭知道冒襄是鉴茶行家，在冒襄编写《岕茶汇钞》这一年，大约1683年，于象铭为他带来的茶最为丰盛，包括产于庙后、棋顶、涨沙、本山的茶叶，各有等差。这几处岕山茶，确实有等次的不同，明茶书作者周高起的《洞山岕茶系》把这片茶区作了细分，把产于不同地段的茶分为一到四品及不入品，共五级。其中，老庙后为第一品，棋盘顶等地为第二品，涨沙等地为第三品，本山则是指能入品但品次不高的茶，而外山则不入品。写《岕茶汇钞》时冒襄已到衰年，七十多岁了，遇到美不胜收的茶，真是少有的乐事。这次收到的茶中极品是他二十年当中遇到的最好的茶。"然道地之极真极妙，二十年所无"。于象铭又给他好好展示了一个茶人的全面素质。他先是辨水，然后候火，再洗茶烹茶，做得细致洁净，使茶的色香性情，顺从文人的嗜好，所有程序都一一展现出来，而且淋漓尽致，令冒襄大为称赏，联想起传说中的丹丘子借助饮茶而生出羽翼，羽化成仙的故事。"诚如丹丘羽人，所谓饮茶生羽翼者，真衰年称心乐事也"。

冒襄的茶书《岕茶汇钞》与众不同的方面，并不是他如何精鉴于茶，而是为一些名不见经传的平凡茶人如柯氏、于象铭、朱汝圭留迹于茶史。他们是中国茶文化发展的中坚力量，千年来默默地付出心血汗水，真应该多有他们的记载。

五 清代文士与茶文化新景观

明清两代在文化上面的继承性非常强，比之唐和宋之间的相似更多。中国茶文化经过明代的发展，到清代更是全面继承，深化发展。在茶叶种类上确立了六大类别，即绿茶、红茶、青茶、黑茶、白茶、黄茶，花茶虽然在六大茶系之外，但它在北方的喜好者之多，远高于六大茶系之首的绿茶。清代的贡茶也不再是专征一地，贡茶品种多样化、产地分散化。

清代文人士大夫与茶结下的缘分，更加顺理成章，更加牢固，对于茶的品味和赞赏更加细腻。士大夫当中已经不能分为嗜茶与不嗜茶两类，只有一类，都是嗜茶人，从不饮茶的人几乎没有。在所有爱茶人当中若能出类拔萃，就非常难得了。

对于文人雅士来讲，饮茶仍旧含有相当高的精神价值。品茶，在唐宋是一种偏重于精神的活动，在明代喜好标榜的东南文人那里，是一种性灵生活，到了清代都被继承和延续，但原有的鲜明色彩也在递减，同时，饮茶更多地成为一种习惯。在茶诗中，清代诗人也是沿袭传统品茶赞茶，用的是习惯性的词藻，很少有发现的兴奋和乐趣；这是文人与茶更紧密结缘后的平静自如，也与清代崇尚实学的风气有关。清代的茶叶生产已经进入高速运行阶段，以往士大夫们很难得到好茶，得到好茶后高兴得歌以咏之的状况，很少发生了。物以稀为贵，当茶叶不再稀少，而是丰富到了熟视无睹的地步，它带给人的兴奋感也会递减。

然而从另一方面来说，茶对于清代文士以及清代所有阶层人士的重要性，丝毫没有减少，反而空前加大了。对于唐宋时代的人们来说，没有茶的生活也是正常生活，但对于清人来说，没有茶的生活绝对是不可以的。

（一）清代文士与清代著名茶品

1. 龙井茶

龙井茶起源的时间不算晚，到明代中晚期成为全国六大名茶之一，在清代的地位更加空前，获得了天下至美的赞誉。

早在唐代，陆羽《茶经》中就记载杭州天竺、灵隐二寺产茶，可惜陆羽对它们的品评不高。宋代，这里的寺院一直种植和管理着山上的茶园，分上天竺、下天竺，上天竺白云峰所产的茶称为白云茶，下天竺香林洞所产的茶称为宝云茶、香林茶。苏轼作杭州知府时，有诗赞白云茶："白云峰下雨旗新，腻绿长鲜谷雨春。静试却如湖上雪，对尝兼忆剡中人。"香林洞前的茶，历史尤为长久，据说这些茶树是南北朝时期南朝诗人谢灵运，也即唐代著名诗僧、茶僧皎然的十世祖，从天台山带来的茶树种子栽培的。

西湖一带有很多产茶区，除了上述的上天竺、下天竺、灵隐寺之外，还有葛洪曾经修道的葛岭云雾茶，然后便是龙井寺的龙井茶。龙井位于西湖以西的凤篁岭上，龙井原名龙泓，这里的泉水也叫龙泓泉。古人称有名泉必有名茶，明代茶人田艺衡在《煮泉小品》评价此泉："清寒甘香，雅宜煮茶。"龙井茶是这一带最优质的茶品，清人袁枚说："杭州山茶，处处皆清，不过以龙井为最耳。"龙井茶在明代中晚期声名鹊起，一跃成为全国性的名茶。

到清代，龙井茶产区不仅只限于龙井泉所在的龙泓山、龙井寺，西湖五云山梅家坞一带也是龙井茶的精品产地。经过历史的演进，位于西湖西南大慈山白鹤峰的虎跑泉成为与龙井茶最匹配的泉水，明代高濂在《四时幽赏录》中说："西湖之泉，以虎跑为最；西山之茶，以龙井为佳。"清乾隆皇帝亲自将虎跑泉鉴定为天下第三泉。

龙井虽然在明代已经位列名茶，但品次还是比较靠后，虎丘、松萝、罗岕都先后位列第一，龙井还是后生小辈。明晚期罗岕独领风骚时，龙井与其他茶品被认为不能与罗岕同日而语，例如沈周在《书岕茶别论后》:“昔人咏梅花云‘香中别有韵，清极不知寒’。此惟岕茶足以当之。若闽之清源、武夷，吴郡之天池、虎丘，武林之龙井，新安之松萝，匡庐之云雾，其名虽大噪，不能与岕相抗也。”这种观点不是沈周一个人的，可以说是明晚期文人雅士的共同鉴赏结论。可惜上述虎丘、松萝、罗岕到了清代都无以为继，龙井茶后来居上，冠于名茶之首。

龙井茶的焙制，较之以往也是一种创新，明代开始以炒青取代蒸青，但一般茶炒后还要烘焙，才能干燥为成品，而龙井茶只炒不焙，其成品保持了茶的青绿原色；龙井茶的炒制工夫非常讲究，手法细腻复杂，分为抓、抖、搭、抹、捺、推、磨、甩、压、扣，制成后形状扁平，青翠碧绿，极有美感，气味清芬，透着一种高贵品质。龙井的扁平形状是中国茶叶中的独一外形，这种外形上的独创出现在清代，它体现了龙井茶人在制茶工艺上的慧心，也说明为了使龙井茶更有风格更有个性，龙井茶人用赶超前贤的信心，加以心血的付出，使龙井茶具备了色绿、香郁、味醇、形美的四大优势，因而成为名茶之首，其美名不是浪得的。清人金鳌在《金陵待征录》中对龙井茶只说了一句评语：“茶之美，莫如浙江龙井。”

清代文人陆次云在《湖壖杂记》中对龙井茶有一番描述，讲龙井的味道是一种太和之气:“其地产茶，作豆花香，与香林、宝云、石人坞、乘云亭者绝异。采于谷雨前者尤佳。啜之淡然，似乎无味，饮过后，觉有一种太和之气，弥沦乎齿颊之间。此无味之味，乃至味也。”这段话，一是说龙井与之前的香林等茶比较，是一种飞跃；然后说到品饮此茶给人的感受，虽然以鼻观之是一种豆花香，入口之后的香气很难形容，初入口很淡，淡者道也，然后人的齿颊之间感觉到一种太和之气，这是非常玄而高雅的评价。

清康熙年间的大学士高士奇是杭州人，他对家乡茶非常宝爱，还移栽到自家园中。在《北野抱瓮录》中谈到：“吾乡龙井、径山所产茶，皆属上品。偶移其种于圃中栽之，发花极香，春末，绿芽新吐，访得采焙之法，手自制成。封缄白甀中。于评赏书画时，瀹泉徐啜，芳味绝伦。”可以看出，高士奇很懂种茶，茶树不容易移植，民谣称:“百凡卉木宜根种，独有种茶宜种子。茁芽出土不安迁，天生胶固性如此。”但是高士奇就能成功移植茶树，茶叶的采后焙制也不是随便可以做到的，这位高学士就手到其成。品着自己亲手种植、采制的茶，欣赏着书画，真乃士人最得意的事情。

清乾隆皇帝对龙井茶极尽赞赏，南巡多次到龙井茶产地品茶赋诗，并册封了十八株龙井茶树，也以龙井为贡茶。每年清明前第一批龙井新茶入贡朝廷，称为“头纲”。乾隆皇帝颁赐众臣就用此茶，每人仅得少许。清明前茶细如针芒，其味道很淡，但非常珍贵。

龙井茶在虎丘、松萝、岕茶之后，是一个非常成功的茶品，它是茶业专业技术最为完备的世代务茶、孜孜以求的茶人所创，不像虎丘、松萝、岕茶在宣传上有很多文士的参与，虎丘与松萝主要是僧寺产业，在茶业生产制造方面后备力量不足，产茶地的管理也不完备，过于依赖传奇色彩，以至于风华一时而继承乏人乏力。龙井茶的发展路线走的是稳重、有序的道路，茶区面积较广，茶人不仅是僧家，主要是世代为业的茶民，能持之以恒，不用讳言其中也有利益、荣誉方面的推动力，其结果对于茶民、爱茶人以及中国茶文化事业都是大有益处的。

2.碧螺春

苏杭两地有很多地方并美于天下，在茶的方面，杭州龙井自明至清愈加兴旺，而苏州的名茶更迭比较多。苏州宋代就有水月茶，名传遐迩，明代虎丘茶、天池茶真有独步天下之风韵，明代文人雅士对虎丘、天池都推崇备至，恰如美人易老，风华衰谢，这两种名茶只留在诗文中供人想象。

苏州一带地灵人杰，明末清初，一种新茶渐渐走上前台，其香其色其味都卓然出众，它就是碧螺春。

碧螺春的产地是苏州城外太湖之滨的洞庭山。洞庭山在太湖东南，分东西两座，中间一水相隔，西山被太湖包围，东山则是深入到太湖中的半岛，这两座湖中小山气候温和湿润，加之土壤是山丘岩石风化而成，质地疏松，略呈酸性，符合《茶经》中茶生烂石上的理论，适宜茶树生长。其中洞庭山东山的茶叶更为香醇，东山之顶名为碧螺峰，此茶因此得名碧螺春。清初王应奎在《柳南续笔》卷二记载："洞庭东山碧螺峰石壁产野茶数株，每岁土人持竹筐采归，以供日用，历数十年如是，未见其异也。康熙某年，按候以采，而其叶较多，筐不胜贮，因置怀间，茶得热气，异香忽发，采茶者争呼'吓煞人香'。'吓煞人'者，吴中方言也，遂以名是茶云。自是以后，每值采茶，土人男女长幼务必沐浴更衣，尽室而往，贮不用筐，悉置怀间。而土人朱正元，独精制法，出自其家，尤称妙品，每斤价值三两。己卯岁，车驾幸太湖，宋公（即巡抚宋荦）购此茶以进，上以其名不雅，题之曰'碧螺春'。自是地方大吏岁必采办，而售者往往以伪乱真。"

这段记载，最重要的不是碧螺春与吓煞人香之名谁先谁后，而是这种茶品的产生。该记载传说色彩很浓，但肯定有着相关的道理。世

清　王翚等　《康熙南巡图》卷局部

界上的很多事物都是在偶然事件中达到蜕变。洞庭山产茶已久，但它的香气一直没有挥发出来，在偶然的经过人体加热后，散发出奇香，令人惊诧。这一点启发了茶人，此后茶人朱正元在焙制方面参考了上述新法，焙制出奇香的茶叶新品，经康熙皇帝首肯，确定以“碧螺春”为正式名称。

康熙皇帝为碧螺春更定名称之事也属传说，查康熙南巡时的言行详记《南巡盛典》及《苏州府志》卷首《巡幸》等，均未见有题名碧螺春的事。此茶产于碧螺峰，得名碧螺春是理所当然之事，正如虎丘茶产自虎丘寺一带，龙井之名也是来自产地，况且苏州是文人渊薮，不至于一直用土名“吓煞人香”。早在传说康熙皇帝命名前，碧螺春之名已经写进了文人诗词里，明末清初诗人吴伟业《如梦令》词曰：“镇日莺愁燕懒，遍地落红谁管。睡起爇沉香，小饮碧螺春盌。帘卷，帘卷，一任柳丝风软。”清初茶书作者陆廷灿《续茶经》引《随见录》曰：“洞庭山有茶，微似岕而细，味甚甘香，俗呼为‘吓煞人’，产碧螺峰者尤佳，名碧螺春。”但碧螺之名，未必就与康熙皇帝无关，当时此茶正名、俗名并称，康熙皇帝经巡抚宋荦进上此茶，品尝之后确感奇香，询知此茶在民间大多以“吓煞人香”为称，茶商为了争得爱茶人的喜爱，也愿用奇称为名，康熙皇帝崇尚风雅，反对冠之以不雅之土名，所以亲题“碧螺春”。此茶在外形上与碧螺春三字非常契合，它条索纤细，卷曲似螺，香气袭人，令人如沐春风，真是达到了名实合一的佳境。清人无名氏有一首诗名《吓煞人香》，主旨就是茶名应予美称：“从来隽物有嘉名，物以名传愈见真。梅盛每称香雪海，茶尖争说碧螺春。”

关于“吓煞人”一词，民国徐珂《可言》中说：“吴语茶最佳者曰吓煞人，盖即碧螺春也。”也就是说碧螺春符合这个民间美称。清人朱筠管咏真娘墓诗中有一句：“奇茗一啜惊欲死。”很夸张，但足以说明碧螺春的芳香是茶中极为罕见的。

康熙皇帝给芳物更定名称这不是第一次，有一种花卉引自西方，俗名“夜来香”，康熙皇帝非常喜爱此花的香气，在宫中御花园栽种；

但“夜来香”之名不够雅驯，康熙为之更名为“晚香玉”。

碧螺春的香气非常浓，带有花果的香味，洞庭山不仅产茶，这里的枇杷、杨梅也非常出色，另外还有石榴、柑橘等果树，仅这里的柑橘树唐时就很有名，大诗人白居易赞道：“浸月冷波千顷练，饱尝新橘万株金。”茶树与这些果树间隔栽植，枝桠相接，根脉相通，故碧螺春具有特殊的花香果味。清代文人称碧螺春兼有龙井的洁、武夷的润和岕茶的鲜，清末文人李慈铭在《水调歌头·碧螺春》词中有句：“龙井洁，武夷润、岕茶鲜。瓷瓯银碗同涤，三美一齐兼。”这首词写得非常出色：

谁摘碧天色，点入小龙团。太湖万顷云水，渲染几经年。应是露华春晓，多少渔娘眉翠，滴向镜台边。采集筠笼去，还道黛螺奁。龙井洁，武夷润，岕山鲜。瓷瓯银碗同涤，三美一齐兼。时有惠风徐至，赢得嫩香盈抱，绿唾上衣妍。想见蓬壶境，清绕御炉烟。

碧螺春的奇香最初与少女温热的肌肤密切相关，这就引发了不少文人的想象和歌咏。清代名臣梁诗正之子、曾任翰林之职的梁同书在《碧螺春》一诗中有句：“蛾眉十五采摘时，一抹酥胸蒸绿玉。纤褂不惜春雨干，满盏真成乳花馥。”郭麐《灵芬馆诗话》载：“洞庭产茶，名碧螺春，色香味不减龙井，而鲜嫩过之。相传不用火焙，采后以薄纸裹之，著女郎胸前，俟干取出。故虽纤芽细粒，而无焦卷之患。”人体的热度是能够引发茶叶的香气，但一种茶叶专靠人体烘干是不可能做到的，一则人体本身有湿气汗气，未必能干燥，且会损失茶叶的真香；二则即使承担此任的少女小心呵护保证清洁，也不可能大量生产。中国古代男权社会，不论富商大贾还是文人，都不会放过机会从少女身上得到一种狎趣，用人体烘茶不仅是传说，事实上清代每年到采茶季节，都有一些士绅出资挑选雇用少女用人体为他们烘茶。

碧螺春的外形卷曲如螺，银绿隐翠，条索紧密纤细，散发着花果香，很容易令人联想到少女。碧螺春产地的民间也流传着少女碧螺的故事，少女碧螺为了爱人牺牲生命，葬于茶树下，其魂魄化为茶香，在人间永留芳香。

清代碧螺春与龙井是公认的上等茶，两者齐名。清人郑光祖《斑录杂述》中说："浙地以龙井之莲心芽，苏郡以洞庭山之碧螺春，均已名世。"从时间上说，碧螺春较龙井出名晚，龙井早在明代就已是名茶，碧螺春则是在清代逐渐成为名茶，到了清晚期碧螺春极盛，号称天下第一。晚清文学家龚自珍在《会稽茶》诗序中写道："茶以洞庭山之碧萝（螺）春为天下第一，古人未知也。近人始知龙井，亦未知碧萝（螺）春也。"文人笔下碧螺春之"螺"经常写成"萝"字，大概是误以为松萝的萝。碧螺春这种茶中新贵非常稀有，大家都是慕名，真正见到品到的人极少。清末文人俞樾在《春在堂随笔》中谈到他品饮碧螺春的感受，对碧螺春的评价非常之高："洞庭山出茶叶，名碧萝（螺）春。余寓苏久，数有以馈者，然佳者亦不易得。屠君石巨，居山中，以隐梅庵图属题，饷一小瓶，色味香俱清绝。余携至诂经精舍，汲西湖水以瀹碧萝（螺）春，叹曰：'穷措大口福，被此折尽矣！'"

可见，清代即使有些社会地位的人，若想喝到碧螺春也非易事，所以俞樾用西湖水瀹碧螺春，感叹自己这个穷书生何来此等口福，太暴餮了，把一生的口福一次都用尽了。这是对碧螺春茶带有敬畏的崇敬，真是不折不扣的爱茶、懂茶、惜茶人。

清末满族文士震钧在《天咫偶闻》中，也谈到了碧螺春。震钧做过江都知县，也执教过刚成立的京师大学堂，是一位嗜茶人。他平时想尝一尝碧螺春都难以实现。论及择茶，他首先选择碧螺春；如果得不到碧螺春，再依次选其他茶。然后他列举了当时的名茶，从中可以看出清末受人欢迎的茶品次第："茶以苏州碧萝（螺）春为上，不易得；则杭之天池；次则龙井；岕茶稍粗，或有佳者，未之见；次则六安之青者；若武夷、君山、蒙顶，亦止闻名。"

3. 六安茶

六安茶很有特色，它与龙井、碧螺春的味道很不一样，清人郑光祖在《斑录杂述》中说："若安徽六安茶、湖北安化茶、四川蒙山茶、云南普洱茶，与苏杭不同味，不善体会者，或不知其妙。"

六安茶产于安徽古六安州，古六安州大致包括今六安县、霍山、金寨等县，茶因地而得名。六安州自唐代就已经产茶，当时六安属于寿州，是以寿州茶名世。陆羽《茶经》"八之出"中提到过寿州产茶，将寿州列为淮南产茶地之一，但排名比较低，位列光州、舒州之下。六安茶在唐代以小岘春为名，宋代六安茶以龙芽茶为代表。到明清六安茶发展成了多种名目并存的体系，有六安瓜片、六安银针、六安毛茶、六安雀舌、六安松萝、六安小岘春、白茅贡尖、霍山黄芽等。

六安茶的树种属于中叶茶树，它的风味也是介于苏杭等地小叶茶与云南普洱大叶茶之间。六安茶的产区面积极大，六安、金寨、霍山三县皆属于六安茶区，这里位于皖西大别山余脉，山地土壤肥沃，树木繁茂，空气湿度较大，云雾弥漫。六安茶中最有代表性的六安瓜片产自金寨县齐云乡鲜花岭蝙蝠洞一带，此地有一个非常特别的生物景观，蝙蝠翔集，其粪便富含磷质，作为天然肥料，给这里的茶树营造了一个特别的生长环境，茶树茂盛、叶芽大而葱绿，叶毫丰满。这里所产的瓜片茶亦称"齐云瓜片"。

明代六安茶已跻身名茶之列，明代文学家、弘治朝礼部尚书、文渊阁大学士李东阳对六安茶赞赏有加。一次他与另外两位名士萧显、李士实品过六安茶后，心情舒爽，李东阳提议三人联句作诗。李东阳起首咏道：

七碗清风自六安，

萧显接着：

每随佳兴入诗坛。

李士实赞茶：

纤芽出土春雷动，

李东阳点出他们三人品茶的情境：

活火当炉夜雪残。

萧显很遗憾茶圣陆羽没给予六安茶较高的评价：

陆羽旧经遗上品，

李士实认为饮茶比饮酒更具清欢：

高阳醉客避清欢。

接着再发怀古之幽情：

何时一酌中零水，

萧显接言：

重试君谟小凤团。

明代茶书作者屠隆在《茶说》中对六安茶的评价是：“品亦精，入药最劲，但不善炒，不能发香而味苦，茶之本性实佳。”另一位茶书作者许次纾在《茶疏》中将六安茶列为江北第一茶："天下名山，必产灵草。江南地暖，故独宜茶。大江以北，则称六安。"明代文学兼书画家李日华对茶品有独到见解，也很挑剔，他对六安茶渴慕多年，竟然无由品尝，成为一生憾事。他在《紫桃轩杂缀》中谈到："余生平慕六安茶，适一门生作彼中守，寄书托求数两，竟不可得，殆绝意乎？"李日华的一个门生做了六安地方官，他写信求茶，竟然没有结果，使他无由品尝到六安茶，落得一肚子感慨。可见六安茶早已名声在外。李日华在他的另一本书《六研斋随笔》中又提到了友人出任六安产茶地霍山知县的事："余友王昆翁摄霍山令，亲治茗，修贡事，因著六茶纪事一编，每事咏一绝。余最爱其焙茶一绝云：'露蕊纤纤才吐碧，即防叶老采须忙。家家篝火山窗下，每到春来一县香。'"清代扬州八怪之一的金农非常爱喝六安小岘春，有诗句："何如小岘春，独饮通仙默。"

明代中后期六安茶的地位飙升，一个重要动因就是它被纳为贡茶。

明代的贡茶主产区是阳羡、武夷，嘉靖三十六年（1557年）因福建崇安武夷茶大面积枯死，朝廷一方面减轻武夷地区的贡茶量，一方面开辟新的贡茶，这时候六安茶获得了机遇，填补了武夷茶的空缺。早在明代宫廷以六安茶入贡前，六安茶已经在懂茶人当中相当有口碑，不然朝廷不会以一种名不见经传的茶品入贡。嘉靖十八年（1539年）陈霆编写的《两山墨谈》中认为："六安茶为天下第一，有司包贡之余，例馈权贵与朝士之故旧者。"随着六安茶名望的上升，地方官以此馈赠给朝廷有权势和名望的贵族与大臣，其结果就是使六安茶在朝中获得了广泛的宣传。

到清代，六安贡茶在所有贡茶当中是最常规、最持久的，清嘉庆九年《六安直隶州志》卷七记载："贡茶，天下产茶州县数十，惟六安为宫庭常进之品。欲其新采速进，故他土贡尽自督抚，而六安知州则自拜表径贡新茶达礼部，为上供也。"明清六安贡茶主要产自霍山县，明代每年入贡二百袋，每袋重一斤十二两，清康熙二十三年增加一百袋，康熙五十九年又增一百袋，总计自康熙末年起每年六安茶入贡清廷四百袋。六安茶的入贡从明晚期一直到清王朝灭亡，从未中断。值得一提的是，清代咸丰后各地陆续取消贡茶制度，但六安茶一直没在取消之列。

清代六安茶以六安毛尖最有名，袁枚的《随园食单》中列举的名茶，包括六安毛尖。民国徐珂的《可言》也记载："六安茶之通行者，曰毛尖。"而六安瓜片是在二十世纪初才产生的。

六安茶之所以长期受朝廷喜爱，与六安茶比较适合北方人的口味有关。六安茶，有明显高于其他茶的药用效果，比如消暑祛热、消食化积、祛风解表、通窍散风的功用。北方食品比较强悍，六安茶在除油解腻上面也较其他贡茶更强。清嘉庆二十年（1816年）编写的《霍山县志》记载："土人不辨茶味，唯燕、赵、豫、楚需此日用，每隔岁经千里，扶资裹粮，投牙预质。及采造时，男女错杂，歌声满谷，日夜力作不休。富商大贾，骑从布野，倾囊以质，百货骈集，开市列肆，妖冶招摇，亦山中事。"

清 佚名 《胤禛十二美人图》之桐荫品茗

清康熙年间的翰林大臣张英一生嗜茶，十分喜爱六安茶，在《聪训斋语》中说："予少年嗜六安茶，中年饮武夷而甘，后乃知岕茶之妙。此三种可以终老。其他不必问矣。”从他不同年龄段选茶的不同来看，非常有趣，在入仕前志向远大，思绪奔涌，自然喜欢饮味道浓烈的六安茶；中年入仕之后，步伐平稳了，心态平和了，喜欢上了甘香的武夷茶；到中老年身体渐衰，需要淡而温和、慢慢品味的茶，于是发现了岕茶之美。然后张英以茶拟人，为这三种茶做了形象的定位：“岕茶如名士，武夷如高士，六安如野士，皆可为岁寒之交。六安尤养脾，食饱最宜。”也就是说六安茶非常有个性，如同在野的文士，不受拘束，虽不像岕茶那么温文尔雅，也不像武夷茶那么飘逸清高，但有节操有风骨，可以成为精神上的良友；而且六安茶还有养脾的功能，对于饱食之后消食化积很有功效。明末人吴应箕在《楼山堂集》中也提到六安茶最宜饭后饮用：“岕茶宜甚暑、宜独坐、宜苦吟积想之余，虎丘宜偶尝，松萝宜对客、及寐起，六安宜饭后，天池、龙井宜寻常应酬。”

曹雪芹的《红楼梦》提到过六安茶：

> 当下贾母等吃过茶，又带了刘姥姥至栊翠庵来。妙玉忙接了进去。至院中见花木繁盛，贾母笑道：“到底是他们修行的人，没事常常修理，比别处越发好看。”一面说，一面便往东禅堂来。妙玉笑往里让，贾母道：“我们才都吃了酒肉，你这里头有菩萨，冲了罪过。我们这里坐坐，把你的好茶拿来，我们吃一杯就去了。”妙玉听了，忙去烹了茶来。宝玉留神看他是怎么行事。只见妙玉亲自捧了一个海棠花式雕漆填金云龙献寿的小茶盘，里面放一个成窑五彩小盖钟，捧与贾母。贾母道：“我不吃六安茶。”妙玉笑说：“知道。这是老君眉。”贾母接了，又问是什么水。妙玉笑回：“是旧年蠲的雨水。”贾母便吃了半盏。

《红楼梦》里贾母口称不吃六安茶，并不代表作者曹雪芹不喜欢六安茶，从六安茶之名在《红楼梦》里出现，说明六安茶在清代是富室贵族经常饮用的茶，特别是在饱食之后一般都要以六安茶除腻。贾母因为刚吃过酒肉，一见妙玉泡茶，自然就联想到她要泡六安茶。如果是在别

贾宝玉品茶栊翠庵（清　孙温　《红楼梦图》册之一）

的场景下，贾母也猜不到妙玉泡什么茶。而贾母提出不吃六安茶自有她的道理，年老体衰的人是不宜饮用六安茶的，前面说到大臣张英到中晚年也不常饮六安茶了，所以不等贾母声明不吃六安茶，冰雪聪明的妙玉就没有给她准备六安茶，而是非常清淡的老君眉。

六安茶在清代北京非常受欢迎，清代京师茶馆里六安茶是主打产品，清末人李光庭《乡言解颐》中以诗描写京师的茶俗："年来里俗习奢华，京样新添卖茗家。古甃泉逾双井水，小楼酒带六安茶。何人说饼烹焦谷，几昔携壶看藕花。"酒楼所备的茶大多是六安茶，诗中提到的"焦谷"是一种谷茶，作者自注："夏日煮大麦茶"，炒过的大麦称为焦谷，今人只知韩国有大麦茶，不知道本国早已有之。六安茶的兴盛与徽商的发达有关，李光庭描述徽商的茶叶店："金粉装修门面华，徽商竞货六安茶。……最怜小铫窝窝社，大叶青浮茉莉花。"其自注道："茶店涂饰金粉，所货为六安大叶最多，以茉莉花熏之，无本味也。……窝窝社，小茶馆兼卖点心者，窝窝以糯米粉为之。”这些徽商面对京师平民开设的茶店，不是正宗真味的六安茶，因京师人喜饮茉莉花茶，聪明的徽商把六安大叶熏之以茉莉。六安大叶应该足够消食解腻，又有茉莉花香，满足了京师普通百姓的需要，当然真懂茶的人对这种茶品是不屑的。

4. 武夷茶

武夷茶的起源非常早，南北朝时期这一带就有茶业生产。唐元和年间孙樵的《送茶与焦刑部书》，把茶拟人化地称为“晚甘侯”，指的就是武夷茶。宋代武夷地区所产之茶极受宫廷喜爱，成为两宋极为推崇的贡茶，创造了一个时代的神话。大文豪苏轼为它写了一篇拟人化的传记《叶嘉传》；元代的贡茶仍取自武夷地区，建有御茶园；明代也属于贡茶之一；到了清代又打开了更新的局面，在制作上推陈出新，开发了红茶和半发酵的乌龙茶，也成为中国最先出口欧洲的茶叶。

清初有一位僧人释超全，写了一首《武夷茶歌》，记述了武夷地区自宋代到清代，历代茶人、山僧在茶事上的辛勤劳作和工艺上的孜孜以求：

建州团茶始丁谓，贡小龙团君谟制。

元丰敕献密云龙，品比小团更为贵。

元人特设御茶园，山民终岁修贡事。

明兴贡茶永革除，玉食岂为遐方累。

相传老人初献茶，死为山神享庙祀。

景泰年间茶久荒，喊山岁犹贡祭费。

输官茶购自他山，郭公青螺除其弊。

嗣后岩茶亦渐生，山中藉此少为利。

……

凡茶之产准地利，溪北地厚溪南次。

平洲浅渚土膏轻，幽谷高崖烟雨腻。

凡茶之候视天时，最喜天晴北风吹。

苦遭阴雨风南来，色香顿减淡无味。

近时制法重清漳，漳芽漳片标名异。

如梅斯馥兰斯馨，大抵焙时候香气。

鼎中笼上炉火温，心闲手敏工夫细。

岩阿宋树无多丛，雀舌吐红霜叶醉。

终朝采采不盈掬，漳人好事自珍秘。

积雨山楼苦昼间，一宵茶话留千载。

重烹山茗沃枯肠，雨声杂沓松涛沸。

释超全（1627—1712）俗名阮旻锡，同安（今福建厦门市同安县）人，生活于明亡清兴之际，最初是南明小朝廷文渊阁大学士曾樱的门生，传习性理之学。后随师郑成功，在其下的储贤馆作幕僚，致力于反清复明。清军攻占厦门，其师曾樱殉节，阮氏出家为僧。阮氏对道藏释典、诸子百家、兵法战阵、医卜方技无不淹贯，对于茶事也非常精通。他自幼嗜茶，倾心于制茶技艺。作为僧人的释超全约于康熙二十五年（1685 年）入武夷天心禅寺为茶僧，与闽南籍僧人超位、超煌等人交好，常在寺院研习茶艺，参禅论道。一个久雨的天气，释超全在山中寺院无事，煮着武夷山茗，与僧僚坐在楼上看风光山色，品着武夷茶，谈论着千年来武夷茶的沧桑，“一宵茶话留千载”，于是写下这首茶歌。

武夷岩茶即乌龙茶是经历数代茶人、茶僧探索创新的成果，这首诗是现有的武夷岩茶最早、也是颇为全面的资料。武夷岩茶顾名思义，以产于岩缝之中者为上，具有绿茶之清香，红茶之甘醇，属于半发酵茶。其品质独特，极具风韵，明清时期就极受文士推崇，茶汤有着浓郁的芳香，饮时甘馨可口，回味悠长。

清王草堂（名复礼）的《茶说》一文记述了清代武夷茶采摘、制作的新工艺，这是武夷岩茶（即乌龙茶）手工制法的最早记载。采摘后制作工艺方面，王草堂记述：“茶采后，以竹筐匀铺，架于风日中，名曰晒青。俟其青色渐收，然后再加炒焙。阳羡岕片，只蒸不炒，火焙以成；松萝、龙井，皆炒而不焙，故其色纯。独武夷炒焙兼施，烹出之时，半青半红，青者乃炒色，红者乃焙色也。”王草堂，清初布衣，明代名臣、著名理学家王守仁的六世后裔，一生修志撰文，不求功名。康熙四十七年（1708 年）受福建制台、抚台的聘请来闽做幕僚，寓居武夷山，直到终老。武夷山周回一百二十里皆为产茶区，王草堂耳闻目睹了武夷茶的采摘、制作，写成《茶说》留存茶史，其间又与崇安知县、《续茶经》的作者陆廷灿相识相交，两人共同写作了《武夷山九曲志》。

武夷茶在清代的发展，给福建的茶文化带来了又一个春天，从皇帝到文人雅士，再到民间爱茶人，都对武夷茶津津乐道。清人吴玉麟诗中有“方今精制首武夷”之句。乾隆皇帝《冬夜煎茶》诗中，对武夷茶赞赏有加：“建城杂进土贡茶，一一有味须自领。就中武夷品最佳，气味清和兼骨鲠。”武夷茶从宋代独宠，历经数代淹蹇，世代茶人也在不断探索，到清代更新焙制法，焕发了青春，又成清代茶界的新宠。武夷茶的新贵气势，直压六安、阳羡诸茶，清诗人官鸿历《新茶行》中引用了一句六安种茶人的感慨：“中朝又说武夷好，阳羡棋盘贱如草。”

自从宋代文学家范仲淹诗句“武夷仙人自古栽”之后，历代文士品着武夷茶都能联想到仙境滋味。清人魏杰《武夷杂咏》诗曰：“武夷深处是仙家，九曲溪山遍种茶。”清人查慎行《御赐武夷芽茶恭记》诗曰：“云蒸雨润成仙品，器洁泉清发异香。”曹雪芹的祖父曹寅《浔江以夜坐诗见寄兼饷武夷茶》诗曰：“武夷真仙人，阳羡近名士。”清人陈登龙《孙远山承谦广文见惠武夷茶》诗曰：“可知风味家园胜，未觉仙山道路赊。”

清康熙年间，武夷茶开始远销西欧、北美和南洋诸国，从此武夷茶受到世界各地人们的喜爱，尤以武夷红茶适合西方人的品味，最早接触茶叶的英国人把武夷茶视为中国茶叶的总称。清人叶在衍《武夷茶市》诗中有感于武夷茶得到西方人的喜爱：“泰西也有卢仝癖，岁岁争输百万钱。”

“武夷茶”在国内分为武夷岩茶、武夷红茶、武夷绿茶。在外销茶中，17世纪出口的茶品是正山小种红茶，18世纪主要是指武夷红茶（含正山小种红茶），也兼指武夷岩茶。武夷茶（Bohea Tea）成为“武夷红茶”的专有名词。武夷红茶在1610年由荷兰人输往欧洲，1640年首次进入英国。武夷红茶开始扬名英国，则是在1662年凯瑟琳公主嫁给英国国王查理二世时带去几箱武夷红茶作为嫁装，从此喝红茶成了皇室家庭生活的一部分。随后，安妮女王提倡以茶代酒，把红茶引入上流社会，武夷红茶开始在英国上流社会流行。

武夷岩茶以功夫茶为最上等，清代曾任崇安县令的陆廷灿在《续茶经》中说：“武夷山茶在山上者为岩茶，北山者为上，南山者次之，南北两山，又以所产之岩名为名，其最佳者，名曰工夫茶。”“工夫茶”亦称“功夫茶”。清代施鸿保在《闽杂记》中说：“漳泉各属，俗尚功夫茶”。张心泰的《粤游小记》也说：“潮郡尤嗜茶，大抵色、香、味、形四者兼备，其曰功夫茶。”

关于武夷茶从宋至清的进步，清道光年间梁章钜在《归田琐记》中谈到这个问题。梁章钜曾任军机章京、江苏巡抚及两江总督，作为福建人他非常关注武夷茶：“其实古人品茶，初不重武夷，亦不精焙法也。……是宋时武夷已非无茶，特焙法不佳，而世不甚贵耳。……沿至今日，则武夷之茶，不胫而走四方，且粤东岁运番舶，通之外夷。”梁章钜一次夜宿武夷天游观，与茶僧静参谈论武夷茶品，从两人的谈话可以看出，中国人对于品茶的追求，总是探寻不完的，永无止境。静参告知梁章矩，真正懂茶的山僧分武夷茶为四个等级：“今城中州府官廨及豪富人家竞尚武夷茶，最著者曰‘花香’，其由‘花香’而上者曰‘小种’而已。”也就是说民间所知道的最好的武夷茶是“小种”。静参接着说：“山中则以‘小种’为常品，其等而上者曰‘名种’，此山以下所不可多得。即泉州厦门人所讲‘功夫茶’、号称‘名种’者，实仅得‘小种’也。”就是说，民间最推崇的“功夫茶”应该属于“名种”，其实货往往是“小种”。因为“名种”太难得了，售茶人常用“小种”混充。静参接着谈到更好的茶："又等而上之曰'奇种'，如雪梅木瓜之类，即山中亦不可多得。"这"奇种"武夷茶因为与梅花、木瓜树距离相近，获得梅花或木瓜的奇香，还必须用武夷山中的水冲泡才能发其精英。静参又从另一个角度，将武夷茶分为四等："一曰香，'花香'、'小种'之类皆有之，今之品茶者以此为无上妙谛矣；不知等而上之，则曰清，香而不清，犹凡品也；再等而上之，则曰甘，香而不甘则苦茗也；再等而上之，则曰活，甘而不活，亦不过好茶而已。活之一字，须从舌本辨之，微乎微矣，然亦必瀹以山中之水，方能悟此消息。"

茶僧静参对于茶品的悟求，真是微妙、执著，带着睥睨世俗的清高自负。

清代著名才子袁枚在《随园食单》里，谈到他对武夷茶由不太喜爱到非常喜爱的过程。袁枚是一位将日常生活艺术化的风雅客，他本人不承认嗜茶，就是没有茶瘾，但他对当时所有的名茶都一一品尝过。他首先认同家乡龙井茶为杭州一带最好的茶，对比龙井，阳羡茶"味较龙井略浓"；碧螺春"色味与龙井相同，叶微宽而绿过之"。对于武夷茶的认识，袁枚记述："余向不喜武夷茶，嫌其浓苦如饮药。然丙午秋，余游武夷，到曼亭峰天游寺诸处，僧道争以茶献。杯小如胡桃，壶小如香橼，每斟无一两，上口不忍遽咽，先嗅其香，再试其味，徐徐咀嚼而体贴之。果然清芬扑鼻，舌有余甘。一杯之后，再试一二杯，令人释躁平矜，怡情悦性，始觉龙井虽清而味薄矣，阳羡虽佳而韵逊矣。颇有玉与水晶品格不同之故。故武夷享天下盛名，真乃不忝。且可以瀹至三次而其味犹未尽。"

武夷茶之美，征服了杭州人袁枚，使袁才子"背叛"了多年喜好的家乡茶。品茶人是自由人，在茶香面前，不需要坚守固有的观念，也无关伦理道德，只要相信自己的感觉。茶是属于世界的。

5. 普洱茶

普洱茶是中国滇南大叶茶种，非常古老，属于黑茶类，紧压茶。

中国西南确切地说云南是茶树的最早发源地，经植物学家考证，这一带的茶树也是世界茶树之祖。当地人们饮茶从先民时代就开始了。只是因为这一带山川阻隔，交通不便，与外界交流十分有限，在文献记载方面比较稀少，外界对它的认识比较晚。

明清以前，普洱茶主要销往西藏和青海，当地人依赖畜牧业为生，日常饮食也有赖于茶叶消食化腥解热，补充维生素，藏区与内地形成茶马贸易。明代晚期普洱茶才被中原朝廷所认知，清代正式成为贡茶。清代宫廷及权贵之家对普洱茶十分宝爱，形成夏饮龙井、冬饮普洱的习惯。

清人赵学敏在《本草纲目拾遗》中引《云南志》：“普洱山在车里宣慰司北，其上产茶，性温味香，名普洱茶。”又引《南诏备考》：“普洱府出茶……味性苦刻，解油腻牛羊毒，虚人禁用。”这是指普洱生茶，若熟茶则比普通绿茶更加温润。当时普洱茶紧压成的形状大小如人头：“如人头式，名‘人头茶’，每年入贡，民间不易得也。”清时内地民间

清宫碎普洱茶膏

很难买到真正的、品质优良的普洱茶，当时就已有不少伪劣茶，冒充普洱茶，出自川滇小作坊，“其饼不坚，色亦黄，不如普洱清香独绝也。”

普洱茶在消痰化积、醒酒、清胃生津方面与六安茶有相似之功。

普洱茶也被称为普茶，最早见于明代万历年间的《滇略》。自从清代入贡以后，普洱茶被茶界垂青，名重天下。清人檀萃《滇海虞衡志》记载：“普茶名重于天下，此滇之所以为产而资利者也。”当时普洱茶种植地六大茶山已经被茶界所知，本书记载：“出普洱所属六茶山，一曰攸乐，二曰革登，三曰倚邦，四曰莽枝，五曰蛮耑，六曰慢撒。周回八百里，入山作茶者数十万人。”檀萃还提到茶山有巨大的茶王树，是诸葛亮当年所种：“茶山有茶王树，较五茶山独大，本武侯遗种，至今夷民祀之。”

清代名臣阮元之子阮福写过一篇有关普洱茶的重要文献《普洱茶记》。阮福曾任主管朝廷纳贡事务官员，亲往云南考察，文中首句：“普洱茶名遍天下。味最酽，京师尤重之。”当时是道光五年（1825 年），普洱茶地位、影响非常之大，跻身名茶之列，在文人士大夫当中，常常与龙井茶分庭抗礼。民国初年柴萼《梵天庐丛录》中说普洱茶：“性味温厚，坝夷所种，蒸制以竹箬叶成团裹，产易武倚邦者尤佳，价等兼金。品茶者谓普洱之比龙井，犹少陵之比渊明。识者韪之。”普洱茶与龙井茶相比，如同杜甫比陶渊明，而且很多懂茶人都赞同这一比较。普洱茶的味道非常醇厚，它被拟人化为唐朝诗圣杜甫。杜甫字少陵，诗作极多而文辞极为精美，风格在奔放与婉约之间，雍容敦厚，情切意真，胸襟开阔，读其诗令人赞叹文字之美、炼句之精，内容之丰。杜甫人称老杜，少年时就比同龄人老成，其作诗的功力也是随着岁月的增长越发炉火纯青，擅长以诗为史，读来颇有沧桑感。文人雅士品到普洱茶，难免联想到老杜。陶渊明是中国古代最有名望的隐士，清雅高贵不合流俗，为了心灵的自由宁肯放弃官场生活，寻觅世外桃源，静憩于山水之间，受到世代文人的敬仰。这种精神味道与龙井茶同色同香。

清代入贡的普洱茶，不仅有紧压茶，也有芽茶，名目不少。阮福在

《普洱茶记》中记载："于二月间采蕊极细而白，谓之毛尖，以作贡，贡后方许民间贩卖。采而蒸之，揉为团饼。其叶之少放而犹嫩者，名芽茶；采于三四月者，名小满茶；采于六七月者，名谷花茶；大而圆者，名紧团茶；小而圆者，名女儿茶，女儿茶为妇女所采，于雨前得之，即四两重团茶也；其入商贩之手，而外细内粗者，名改造茶；将揉时预择其内之劲黄而不卷者，名金玉天；其固结而不改者，名疙瘩茶。味极厚难得。"后面所举的茶品，多是民间饮用的茶。

清代扬州八怪之一的汪士慎有一首《普洱蕊茶》诗，赞美的就是入贡的普洱毛尖：

客遣南中茶，封裹银瓶小。
产从蛮洞深，入贡犹怜少。
何缘得此来山堂，松下野人亲煮尝。
一杯落手浮青黄，杯中万里春风香。

贡茶中紧压茶也很精美，乾隆皇帝曾有一首诗《烹雪》，写的就是用雪水烹制普洱茶，其中写到拆分普洱小团："小团又惜双鸾拆。"赞普洱茶外表很坚实，但味道比雀舌状的绿茶还要清："独有普洱号刚坚，清标未足夸雀舌。"

（二）清代文人的品茶情结

清代文士秉承古代文士的遗风，把饮茶视为当然的风雅韵事，茶既是生活必需品，也是文士之间交游的媒介，是谈诗论文、品评书画的良伴。朋友之间馈送茶叶，夹一封书信，言："新茶奉敬，素交淡泊。所可与有道者，草木之叨耳。"朋友答复："日逐市氛，肠胃间尽属红尘矣。荷惠佳茗，尝之两碗，觉九窍香浮，几欲羽化。信哉鄙生非轩冕人也。谨谢。"（清·邹可庭《酬世锦囊》卷一）

1. 曹雪芹的雪水茶

清代文学巨匠曹雪芹在《红楼梦》里，写了一段妙玉雪水烹茶的情景，其里面蕴涵了极为鲜明的中国古代文人情怀。

《红楼梦》第四十一回，写贾母和宝玉、众女辈一行来到妙玉修行的栊翠庵，妙玉请贾母品茶，贾母表示不想喝六安茶，妙玉早知老太太的脾气，为她准备了老君眉茶。之后"那妙玉便把宝钗和黛玉的衣襟一拉，二人随她出去。宝玉悄悄地随后跟了来。只见妙玉让她二人在耳房内，宝钗坐在榻上，黛玉便坐在妙玉的蒲团上。妙玉自向风炉上扇滚了水，另泡一壶茶。宝玉便走了进来，笑道：'偏你们吃体己茶呢？'……黛玉因问：'这也是旧年的雨水？'妙玉冷笑道：'你这么个人，竟是个大俗人，连水也尝不出来。这是五年前我在玄墓蟠香寺住着，收的梅花上的雪，共得了那一鬼脸青的花瓮一瓮，总舍不得吃，埋在地下，今年夏天才开了。'"

从饮茶的水上，可以见知曹雪芹的追求。曹雪芹对于水质的鉴别，没有重复陆羽的山水上、江水中、井水下的观点。他写《红楼梦》要从人物的身份考虑，尼姑庵的尼姑常常足不出户，很难取得山泉水、江水，至于井水则太平常了，是日常自奉的东西。从妙玉这种性格孤高自赏、处境上又孤立无助的人来讲，若要脱俗又不求人，最好的办法就是收取天泉，且雨、雪又集高雅与诗意于一身，恰恰是妙玉的知音之水。雨、雪是大自然从地面蒸发上去的水，在天空生成云雾，遇冷空气再落到地面上，是天然软水，较之井水要洁净很多。古人将其奉为天泉。

采集雪水也有讲究，首选梅花上、松枝上的雪，这就需要工夫了。心清的人自然有这份耐心，有这份意趣。新采集的雪会有一些土气，放置一段时间会更好。明人文震亨《长物志》云雪水："新者有土气，稍陈乃佳。"清人吴我鸥诗《雪水煎茶》："绝胜江心水，飞花注满瓯。纤芽排夜试，古瓮隔年留。"妙玉采的就是梅花上的雪，然后精心封罐，埋在地下存放五年。

有意味的是，曹雪芹一句都没有提到茶是什么茶，只是让妙玉谈水。茶与水的关系，晚明人张大复在《梅花草堂笔记》中有一段经典议论：“茶性必发于水。八分之茶，遇水十分，茶亦十分矣；八分之水，试茶十分，茶只八分耳。”

中国文人的精神追求绝不止于味道，而是要借助“味”来体会“道”。饮冰饮雪从精神层面上说，寓意的是高雅的节操，茶是一种灵性的植物，与雪水融化在火上之后交融，变成一杯滋味中含有道意的水，这是妙玉所追求的境界，是曹雪芹借妙玉的言行所转达的他本人的文人情怀。

中国古代文人雅士一直都很钟爱天泉之水，白居易《晚起》诗：“融雪煎香茗。”《吟元中郎白须诗，兼饮雪水茶，因题壁上》：“吟咏霜毛句，闲尝雪水茶。”可见他在冬天雪后，常以雪水煎茶为雅事。北宋初年宰相陶谷以风雅自居，雪天要用雪水煎茶。宋代文人冬天饮雪水茶已成为常有的风雅事，宋人李虚己《建茶呈学士》：“试将梁苑雪，煎动建溪春。”南宋赵希鹄所著《调燮类编》谈到雪水烹茶：“雪水甘寒，收藏能解天行时疫一切热毒。烹茶最佳，或疑太冷，实不然也。”辛弃疾的一首《六么令》词也写到雪水烹茶：“细写茶经煮香雪。”元代诗人谢宗可《雪煎茶》：“夜扫寒英煮绿尘，松风入鼎更清新。”明代剧作家高濂精通音律、诗词歌赋、古物鉴赏，对于起居饮食也极有主张和意趣，著《遵生八笺》，其中谈到雪水烹茶：“茶以雪点，味更清冽，所为半天河水也。不受尘垢，幽人啜此，足以破寒。时于南窗日暖，喜无觱发恼人，静展古人画轴……”高濂称雪水乃半天河水，古人认为天水来自天上之河，洁静不受尘垢，能为幽人解寒，啜着雪水茶，欣赏古画，真是文人无上佳境。雪在诗人笔下亦被称为琼瑶、仙人剪花水，明代高启诗《雪烹茶》：“自扫琼瑶试晓烹，石炉松火两同清。”清代书画家汪士慎《秋日喜五斗惠雪水》：“舍南素友心清美，惠我仙人剪花水。”清代乾隆皇帝也崇尚风雅，冬季时常雪水烹茶，还召集翰林大臣一起品尝他的雪水茶，命题作诗。乾隆皇帝煮雪烹制普洱茶的《烹雪》诗写得非常好。诗中描述:从瓮中取出结了冰的雪，雪成冰后，如同仙境的玉石，如同反射着光华的圆镜，乾隆这样形容 :“瓮中探取碧瑶英，圆镜分光忽如裂。”它的莹彻让乾隆皇帝联想到了玉壶冰，冰在火上融化，好似琼华纷零 :“莹彻不减玉壶冰，纷零有似琼华缬。”

采冰烹茶同样是古代文人的风雅韵事，冰的玄秘给人以仙境的幻觉，晋人《拾遗记》中言 :“蓬莱山冰水，饮者千岁。”诗人韵士煮冰，显然不是把它视为仙丹，如果目的太过鲜明就存在着欲，饮冰恰恰是无欲无求的，冰至少可以洗心、与灵魂相映照，再融进茶的清雅，正如乾隆皇帝诗中所赞叹的 :“韵叶冰霜倍清绝。”明代文士最重性灵，以冰烹茶最能彰显他们的性灵追求。明人杜濬《北山啜茗》:“雪罢寒星出，山泉夜煮冰。”文徵明《次夜会茶于家兄处》:“寒夜清淡思雪乳，小炉活火煮溪冰。”史谨《煮雪轩为陶别驾赋》:“自扫冰花煮月团，恨无佳客驻雕鞍。”

在曹雪芹笔下的妙玉是一位浸透着中国古代文人性格的人物，高洁、脱俗、孤傲、沉静，有一种精神上的洁癖，孤芳自赏，遗世独立，品茶完全是其精神生活的展示，她对宝玉说 :“一杯为品，二杯即是解渴的蠢物，三杯便是饮牛饮骡了。”可见高层面的品茶是一种精细微妙

清　丁观鹏　《是一是二图》轴

的精神活动，与解渴无关，其实这也是曹雪芹的精神境界。

2. 施闰章关怀茶事

施闰章（1618—1683），清代诗人，号愚山，又号蠖斋，安徽宣城人。施闰章生于书香门第、理学世家，一生严守理学家风，作官忠谨爱民，正直廉洁，其诗歌风格温柔敦厚，意境悠深，一唱三叹，在清初极负盛名，与宋琬并称南施北宋。施闰章是顺治六年（1649年）进士，曾任山东学政，坚持“徇一情，失一士，吾宁弃此官，不忍获罪于名教”之原则，拒绝请托。昭雪著名的“胭脂“一案，被蒲松龄记入《聊斋志异》。顺治十八年（1661年）转江西布政司参议，分守湖西道（辖临江、袁州、吉安三地）。在任上清除盗贼，奖崇风教，劝导民众改变“溺女”陋俗，民众呼其为“施佛子”。其地有一条江，非常清澈，民众看到清江就想到了施使君，“是江如使君清。”因改其名曰“使君江”。施闰章因不习惯吏道，康熙六年遭裁职去官，民众依依不舍，倾城相送。此后，施闰章在家乡宣城写诗著书，周游名山，计划在林下终老，但康熙十八年（1679年）应杜立德、冯溥等交章荐举，到京师参加博学鸿儒考试，拟一等第一，以卷中有“清彝”字样，置二等第四，授翰林院侍讲，参加《明史》编修。康熙二十二年（1683年）转翰林院侍读，充《太宗圣训》纂修官。

施闰章一生著作等身，有《学余堂文集》二十八卷、《诗集》五十卷，及《蠖斋诗话》《矩斋杂记》《砚林拾遗》《试院冰渊》《施氏家风述略》等，后人总编为《施愚山集》。

施闰章的性格，决定了他是一个爱茶人，正像南宋诗人杨万里以茶拟人的诗句“故人气味茶样清，故人风骨茶样明。”这是以茶喻人的千古诗句。施闰章对茶的爱好有他自己的特点，他非常赞赏两种茶，一是家乡宣城的敬亭绿雪，一就是岕茶。他不仅爱品茶，还爱亲自采茶、制茶。

施闰章对家乡的绿雪茶感情浓厚。在家乡居住期间，每年春天经常到敬亭山采摘茶叶，这对于诗人施闰章而言是一项很专注、很开心的事。敬亭山原名“昭亭山”，西晋初年为了避司马昭的名讳，改为“敬亭山”。南北朝时期著名山水诗人谢朓曾任宣州太守，很欣赏敬亭山的风光，在这里修筑山间楼榭，赋诗作歌，由此敬亭山名传遐迩。唐代大诗人李白写过一首诗《独坐敬亭山》，一向豪放的李白在这首诗中写下了深沉隽永的名句：“相看两不厌，只有敬亭山。”这真是幽人独咏，意境神秘、悠远。从此敬亭山吸引了无数的高人逸士，前来寻幽、吟咏，留下了无数诗篇。敬亭山的优雅风光，蕴育了香清色绿的好茶，是为“敬亭绿雪”。

施闰章喜爱家乡的敬亭绿雪茶，不只是一种乡土之爱，更因为施闰章是一位懂茶人。敬亭山的山势并不很高，四周有翠绿的山谷，山石叠嶂，气候温润，茶叶与竹林共生，土质疏松，极宜于茶树生长。徽州明末以松萝茶闻名，绿雪茶后来居上，品质更为高雅，气若幽兰。施闰章对于家乡的绿雪茶非常自豪，经常用它来馈送友人，所以在家乡时对采茶、制茶工艺下了一定工夫，亲自督工或亲自动手采制茶叶。“软揉碧玉作仙茶，雀舌亲收雨后芽”。他在诗《以绿雪饷王侍读阮亭及邵子湘、陆冰修，却枉佳句索和》中述说自己当年在家乡采茶的情景：“灵巘郁佳气，茗柯了不凡。老夫昔好事，抉胜穷崭嵌。采绿日盈把，香露沾春衫。……采择无俗手，蒸焙余所监。制成得妙理，沈碧寒筠杉。”某年谷雨期间，施闰章在敬亭山采茶，当时是早春天气，他踏着薄雾上山，正是适合采茶的天气。敬亭茶树伴着松竹生长，山上还有历代诗人刻写的碑文，施闰章读着碑文，遥想古今雅人韵事，悠远的笛声从山的最高处传来。回去后，以娴熟的技艺炒制成白毫茸茸的绿雪茶，再亲手烹茶，悠然想到当年陆羽写作《茶经》的情景，于是颇想写出一篇续作。他将这一日的茶事写诗存念《谷雨后一日敬亭即事》：

春风相伴下岩扃，薄雾寒云半杳冥。

为爱松花随意摘，携将竹叶对山青。

题诗几辈留残碣，吹笛何人最上亭。
小试新茶全胜雪，好更鸿渐旧《茶经》。

施闰章也召朋友一起采茶，在采茶季节给自己一段悠闲的时日，采茶品茶，共享这种融合到大自然当中的快乐。施闰章和友人们在山林中流连忘返，采完茶安静地坐在山坡上，看鸟儿们飞来飞去觅食，直到天色渐晚，鸟儿栖枝，月亮从山峰的一侧探出头来。之后施闰章再以《敬亭采茶》为题写诗：

一踏松阳路，因贪茶候闲。
呼朋争手摘，选叶入云还。
竹色翠连屋，林香清满山。
坐看归鸟静，月出半峰间。

施闰章是由叔父抚养成人的，他在京师做官时，叔父从家乡托人给他带来敬亭绿雪茶，这茶也是叔父亲自采制的，叔父在茶的包裹上题上了“手制”二字，令施闰章备感亲切。施闰章心中腾起浓浓的思亲之情、乡土之念，只得寄情于笔墨，《叔父寄敬亭茶，封题曰手制》：

馥馥如花乳，湛湛如云液。
将茶煮江水，不改江水白。
问此来何方，言出君故乡。
故乡山嵯峨，托根生山阿。
枝枝经手摘，贵真不贵多。
念我骨肉亲，欲归会无因。
游子感故物，惆怅江南春。

施闰章作翰林侍讲时，将自己采摘的敬亭茶送给同僚王士祯，王

清　禹之鼎　《王士祯放鹇图》卷局部

士祯也是著名诗人，以诗酬谢，写道："敬亭云木好，香茗丛幽岩。……先生往山时，采摘心所欣。封题寄千里，知我殊酸咸。"

施闰章所到之处，十分关心茶事，比如他在某临江城畔观赏节庆的灯火、歌管，也注意到江边的山坡上有田也有茶树，他在《临江杂诗》中写道："高种茶园低种田"，基于他对茶树的知识，很是赞赏这种合理的种植方式。

作为懂茶人，施闰章也非常喜爱岕茶。明末岕茶声名鹊起，清初仍受到嗜茶人推崇，施闰章不仅喜欢品饮岕茶，而且怀着感恩之心去多方了解岕茶的研创者为谁，满怀热情地写作《岕茶歌》，使得为岕茶作出贡献的唐氏、朱氏二姓人家留名茶史。施闰章在民间被称为"施佛子"，可见他的心性非常悲悯，对不幸的人施以关怀，对在茶事上作出贡献却默默无闻的人，也怀有发自内心的敬意，付诸笔墨，为他们彰功。在《岕茶歌中》施闰章先是赞美岕茶的卓越，然后写道："问谁造者唐与朱，苦心创获前代无。抑扬徐疾有妙理，俄顷能分气味殊。"他对岕茶品味的评价是："其甘隽永香蕴藉，非兰非乳鲜知音。"施闰章自认为他是岕茶的知音，这种非兰非乳的甘香蕴藉，很少有人品味得出。接着探讨岕茶的独特气质的形成，"山是阳崖总砂石，瘦吞云日成芳洁。"岕茶气味幽芳而外形却是粗枝大叶，这是别的茶没有的："气幽色白此柔旨，大叶粗枝翻绝伦。”相比之下，一般的雀舌芽茶太嫩，古来的团饼茶太造作：“牙笋枪旗春太早，月团龙饼添揉造。”最后说到他自己一直没有机会到岕茶的种植地去一解渴望，真是遗憾：“岕园未到犹余恨，山灵妒我将如何？”为了表彰为岕茶倾尽心力的茶人，施闰章又作了一首《洞岕以朱氏擅名，吴下谓之朱茶》：“官符少得金泉水，地主难求庙后茶。制作丁姚皆好手，风流底事独朱家。”诗名看起来比较啰嗦，但它体现了施闰章的想法，要让天下人都知道岕茶的优秀茶人，表明了他对很难名列青史的普通民众的敬意。理学所信奉的名言乃“毋不敬”，理学世家的家风，做人作文品格的温柔敦厚，在施闰章的一生中贯彻始终。

3. 宰相张英、张廷玉父子的茶缘

张英（1637—1708），安徽桐城人，是清代康熙年间的名臣，也是康熙皇帝的近臣。张英于康熙六年（1667年）考中进士，在翰林院任职。张英性情和易，作事认真，不务张扬，非常低调。正因为这些特点，他成为康熙皇帝选中的在宫中值班的第一位文臣。康熙皇帝勤政力学，每天晨起在乾清门听政，然后还要学习儒学经典，由翰林大臣侍讲，回到内廷后，还要自己研习儒经、作诗、练习书法，等等。内廷中能够朝夕陪侍在皇帝身边的只有宦官和侍卫，不能满足皇帝的文化需求。康熙十六年，清圣祖在乾清门内西庑设立了一间南书房，“命择词臣谆谨有学者日侍左右”。翰林大臣们一致认为张英符合这个条件，于是张英开始值侍南书房，称为南书房供奉，亦称南书房翰林。张英每天辰时入宫来到南书房，晚上戌时（晚七点）下值。为了便于张英出入，康熙皇帝特在西华门内为他安置了一个临时住所，这叫做“赐第西华门内”，张英是清朝第一个得到这种特殊待遇的官员。

张英为皇帝讲解儒经时，只要有关民生利病、四方水旱，都会知无不言；荐举人才，却不令被荐人知，公正平和，不图私誉。康熙皇帝曾评价张英的品格：“张英始终敬慎，有古大臣风。”一天张英接到老家

人的一封信，诉称老家建宅时与邻居在墙基问题上发生争执，两家互不相让，张家人认为自己有理，让张英为家人做主。张英的回复是一首诗 ：“一纸书来只为墙，让他三尺又何妨。长城万里今犹在，不见当年秦始皇。”家人见书，主动在争执线上退让了三尺筑墙，而邻居家也被张家的大度所感动，也退地三尺，重建自家墙院。拓出一条六尺巷。这件事流传甚广，从此六尺巷也远近闻名，成为桐城县一处名胜。

张英是当然的精行俭德之人，也自然是爱茶人，在他所著的《聪斋训语》卷一中，张英记述了自己几十年间的品茶心得 ：“予少年嗜六安茶，中年饮武夷而甘，后乃知岕茶之妙。此三种可以终老，其他不必问矣。岕茶如名士，武夷如高士，六安如野士，皆可为岁寒之交。六安尤养脾，食饱最宜。但鄙性好多饮茶，终日不离瓯碗，为宜节约耳。”张英不同年龄段对茶品的选择很有意思，其实并非有意为之，因为张英是安徽人，六安是安徽名茶，自然是他最先接触到的，而六安茶也恰合少年张英的胃口，茶性比较烈，味浓且厚，与少年争胜心态很能配伍 ；到了中年，发现武夷茶很是甘香，给人一种回味无穷的感受 ；再到后来品到岕茶，感觉更为奇妙。上述三种茶，张英都作为日常备用，不必再饮用其他名目的茶叶了。他把这三种茶拟人化，作了生动的比喻，以名士、高士、野士气质的不同来区分这三种茶的茶性，又特加说明了六安茶食饱后饮用的特点。

张英的茶瘾很大，不分早晚，总在喝茶，茶瘾的养成与他在宫中的工作应该有关系。他在南书房值班并在西安门内暂住时，正是朝廷征讨三藩的紧张时期，随时都有军书飞报，皇帝也要高效率地作出决策，张英参与拟写皇帝的诏书制诰。有时晚间已经回西华门休息，皇帝急令侍卫召他回内廷，面授诏旨。张英以最短的时间急赴内廷。为了随时应命，保持头脑清醒，本来就爱饮茶的张英更离不开茶了。张英为人非常严谨，在内廷的事从不外传，所以在谈到茶瘾时绝口不提在宫内饮茶熬夜的事。从康熙十六年到二十年张英因父丧回乡，张英一直是康熙皇帝的近臣，负责随时承诏拟旨。皇帝出行，必令他随驾，负责路上拟写诏旨。

张英对于养生、治产多有研究，他撰文《饭有十二合说》，谈到茶在饮食中的作用："食毕而茗，所以解荤腥涤齿颊，以通利肠胃也。茗以温醇为贵，岕片、武夷、六安三种最良。松萝近刻削，非可常饮。石泉佳茗，最是清福。"

张英晚年隐居安徽桐城龙眠山。康熙四十四年（1705 年），清圣祖南巡，张英迎驾于江苏淮安，帝赐御书榜额，随至江宁。康熙四十六年（1707）年，康熙帝再度南巡，张英迎驾于江苏淮安清江浦，仍随至江宁。卒谥文端。雍正时赠太傅。著有《聪训斋语》、《恒产琐言》、《文端集》等。

张氏家族从张英起，四世为官，成为清代最繁盛的科第世家。其次子张廷玉（1672—1755）在雍正朝是首辅大臣，身兼翰林院掌院、吏部尚书及首辅军机大臣，与另一首辅大臣鄂尔泰同时被雍正皇帝授与三等伯，此前清朝从未有文臣获得侯伯爵位。

清　康熙青花釉里红网纹桃钮茶壶

张英另外几个儿子张廷瓒、张廷璐、张廷瑑一一考中进士，供职翰林院，充皇帝讲官。张廷玉之子张若霭、张若澄也都是进士出身，同样是朝廷文翰之臣。张廷璐之子张若需，若需之子张曾敞也以自身的才华通过进士考试，入仕朝廷，跻身皇帝侍讲、少詹事之职。张氏家族连续四世科第入仕，位居皇帝讲官之职，非常难得，无上荣耀，而且在清代是绝无仅有的，其家族前后几代入仕人数之多，也居清代第一位。

在安徽张氏故居，流传着“父子宰相府”的美称，张氏家族家风清正，做人做事务求谨慎低调，所以深得皇帝信任。例如张廷玉之子张若霭殿试后，雍正皇帝钦定为一甲第三名（探花），试卷是糊名的，雍正皇帝事先并不知道是谁的考卷，当打开得知是张廷玉之子，非常高兴，派人到张廷玉的内廷值房报喜。张廷玉不仅不喜，反而很是不安，坚决请求雍正皇帝降低其名次。雍正明白张廷玉临深履薄的苦心，只得将张若霭下调为二甲第一名。

张廷玉是清代最为成功的名臣之一，才能卓著，清正公允，慎始慎终，获得了雍正皇帝的信任和倚重，成就了政坛勋业。在私人生活上，张廷玉效法其父，是一位爱茶人。

张廷玉在日常饮茶中，注意到上千年来品茶的人并不了解茶的生长，产生了一个误识，认为好茶芽如同雀舌、麦颗，古人常以“雀舌”形容和赞美茶芽，茶芽小若鸟雀之舌就是最新最好的茶。张廷玉是一个十分认真、也十分敏锐的人，饮茶虽不是一件大事，但张廷玉绝不含糊。北宋科学家沈括就指出过状若“麦颗”“雀舌”的茶芽不是上好之选，但没有引起人们的重视。在《澄怀园语》中，张廷玉再次把沈括的观点重新展示于世。“《梦溪笔谈》曰：茶芽，古人谓之雀舌、麦颗，言其至嫩也。今茶之美者，其质素良，而所植之本又美，则新芽一发，便长寸余，其细如针。惟芽长为上品，以其质干土力皆有余故也。如雀舌、麦颗者，极下材耳。乃北人不识，误为品题。”接着张廷玉把沈括的诗也摘录下来：“谁把嫩香名雀舌，定应北客未曾尝。不知灵草天然异，一夜风吹一寸长。”沈括的观点一直没有得到重视，其后，北宋末帝宋徽宗还在《大观茶论》中说："凡茶如雀舌、谷粒者，为斗品，一枪一旗为拣芽，一枪二旗次之。"斗品即指顶尖的茶。张廷玉饮过多年的顶尖贡茶，对茶的形态有了直观切实的认识，再翻阅沈括的《梦溪笔谈》，发现沈括当年的观察是对的。张廷玉也说他自己多年"每随俗呼嫩芽为雀舌，而不知其误也，特书以志之"。

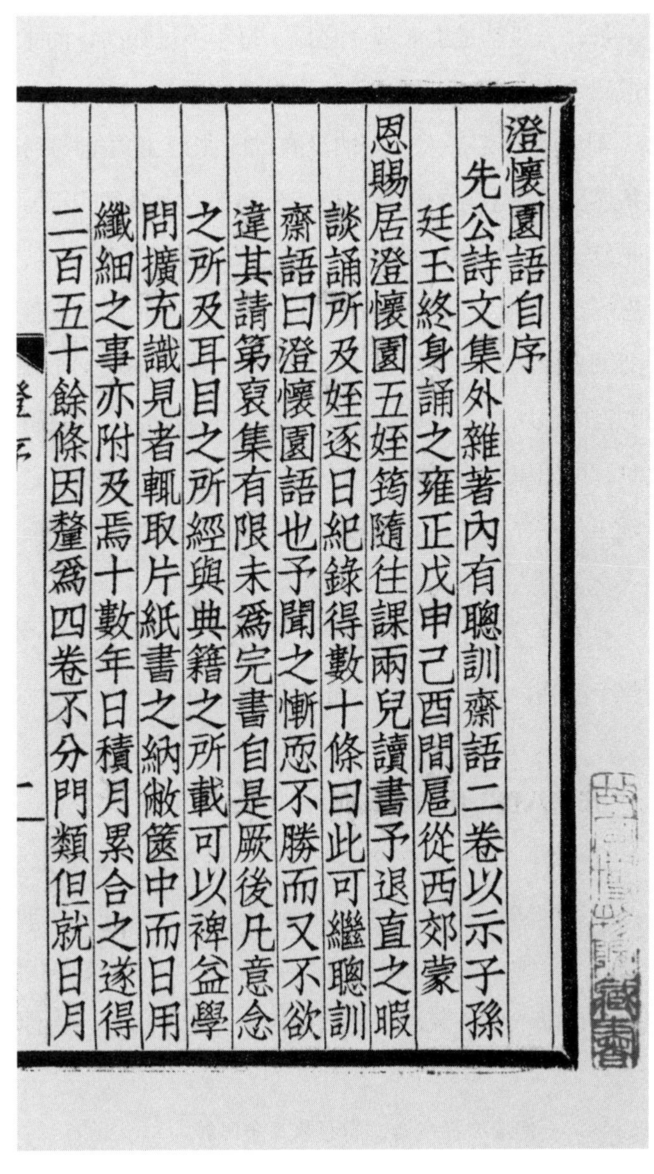
澄懷園語自序
先公詩文集外雜著內有聰訓齋語二卷以示子孫
廷玉終身誦之雍正戊申己酉間扈從西郊蒙
恩賜居澄懷園五姪筠隨往課兩兒讀書予退直之暇
談誦所及姪逐日紀錄得數十條曰此可繼聰訓
齋語曰澄懷園語也予聞之慚愳不勝而又不欲
違其請第裒集有限未爲完書自是厥後凡意念
之所及耳目之所經與典籍之所載可以裨益學
問擴充識見者輒取片紙書之納敝簏中而日用
纖細之事亦附及焉十數年日積月累合之遂得
二百五十餘條因釐爲四卷不分門類但就日月

清　张廷玉　《澄怀园语》书页

张廷玉承认自己有茶瘾，谈到自己在朝中任职，得以品尝到各种名茶："余性嗜茶，且蒙恩赐，络绎于各省，最上之品，无不尝遍。"张廷玉日常饮用的茶，一是大臣之间的馈赠，一是皇帝的赐予，"四方士大夫以此相饷者甚多，仰蒙世宗皇帝颁赐佳品，一月之中必数至，皆外方精选入贡者，种类亦甚多，器具亦极精致，可谓极茗饮之大观矣。"雍正皇帝肯定知道张廷玉嗜茶，不然不会这么频繁地赐茶给他。皇帝赐大臣茶，一般都是重大节令之日，每年不过数次，而张廷玉却能一月之内得到数次赐茶，可见雍正皇帝对他照顾有加。

明清两代嗜茶人，恐怕没有谁比张廷玉更能喝到最上品的茶，他的茶盏里是最上等的贡茶，贡茶是名茶之中最优的部分，因而一贯谦虚的张廷玉毫不谦虚地承认"最上之品，无不尝遍"。其父张英受康熙皇帝恩赐暂居西华门后，张廷玉也得到雍正皇帝的恩赐住在西华门内，整个清朝大臣只有四人被皇帝特许住在宫中，张氏父子就占了两位。张廷玉的宫内住所是一个单独的小院落，轩窗静洁，器具皆备。退朝后休闲之时，取出皇帝刚刚赐赏的贡茶，在轩窗下冲饮一杯，阅一卷儒经，是张廷玉最平常不过的事。这杯茶，集合着文人的雅韵、士大夫的清福、一人之下万人之上的尊贵。

张廷玉去世后，乾隆皇帝遵照雍正皇帝的遗旨，以其配享太庙，在整个清朝，汉大臣配享太庙者仅有张廷玉一人。

4．"扬州八怪"中的汪茶仙

汪士慎（1686—1759）字近人，号巢林，安徽歙县人，清代书画家，"扬州八怪"之一。汪士慎一生布衣，工诗，绘画方面擅写梅花，在诗、书、画、印方面都有很高成就。嗜茶，被人戏称为"汪茶仙"，他本人也以"嗜茶赢得茶仙名"为荣，晚年目盲，自称"心观道人"。

> 一室清凉握残卷，高杉敝日午阴转。
>
> 飘然忽得幽人来，草履蕉衫薄冠冕。

袖中小篋贮名茶，云是太函山中春拣选。

拈来馥馥细如毫，想见采时春尚浅。

旋炊鲜火整茶器，小盏细瓯亲涤洗。

松声蟹眼火候良，灵草之性乃无舛。

沸处轻花勃勃生，擎时细蕊茎茎偃。

清品久为先达珍，幽芬岂是熏兰畹。

素瓷浮动色浅碧，微风入座香尤远。

四三吟侣接踵至，辨味品泉容貌婉。

更加果果佐闲情，高话悠悠白日晚。

今晚诸公定少眠，林端月上堪忘返。

这是汪士慎的一首茶诗，诗写得非常悠雅清逸，写的是作者一次以茶会友的情景。大体上，汪士慎的生活常态便是读书、作画、品茗、会友，饮茶不仅是一种风雅，更是必不可少的生活元素。汪士慎也是典

清　汪士慎　《墨梅图》卷

型的文人性格，清高疏狂，对艺术执著，锲而不舍，对世事散淡，不事营生，一生贫困，但精神上自负、得意，无怨无悔，破屋数间，挚友三四，此外还有一个终生伴侣，那就是茶。汪士慎嗜茶成瘾，是一位少有的茶痴，到了“饭可终日无，茗难一刻度”的程度。

汪士慎一生“清爱梅花苦爱茶，好逢花候贮灵芽”。

茶碗“一笑平生常在手，不须酒盏送年华”。

饮茶量大，倾向于无度：“一瓯苦茗饮复饮，湔涤六府皆空明。”“一瓯复一瓯，通宵对月姊。”

家中除了书画用品外，存放最多的就是茶。汪士慎《自书煎茶图后》诗曰：“时余始自名山返，吴茶越茶箬裹满。银瓮贮雪整茶器，古案罗列春满碗。”

汪士慎在品茶方面真是一个饕餮之人，是茶就饮，无茶不爱，能喝多少喝多少，把当时的所有名茶喝了个遍；赞茶诗写得非常之好，是一个知茶人、茶痴、茶仙。汪士慎虽不像明代东南名士一样，以不同凡俗的饮茶方式标榜清高，但他一生所喝到的名茶之多、之全，是明代名士们望尘莫及的。汪士慎的茶炉里烹制过龙井茶、天目茶、阳羡茶、顾渚茶、庙后岕茶、松萝茶、武夷茶、武夷名品郑宅茶、蜀茶、普洱茶等精品名茶以及各具特色的地方名茶雁荡山茶、小白华山茶、云台寺茶、宁都雾蕊茶、泾县茶、霍山茶、杼山茶。

汪士慎在《暑中酬周石门惠龙井山茶》中，写出品饮龙井茶的感受：“初尝舌本甘，再啜心神静。香气散清斋，烦襟豁然醒。”后来他游历苏杭，在龙井茶产地目睹茶农采茶，赞道：“野老亲携竹箬笼，龙山茗味出幽丛。”（清·汪士慎《龙井山新茶》）

僧人朋友给他送来天目山茶，他在《樯峰上人惠天目山茶》诗中赞道：“沁齿浮花香，一瓯淡秋水。坐对藤花落，高吟饮不已。”

汪士慎品饮武夷茶，写下《武夷三味》：“初尝香味烈，再啜有余清。烦热胸中遣，凉芳舌上生。”武夷茶中的一支郑宅茶极香，也是贡茶，汪士慎虽穷，也能尝到稀有的郑宅茶。在《武夷山郑宅茶》诗中，汪士慎赞道："云雾冥蒙春放紫，枪旗浮动夏生凉。杯中皎月一分碧，舌上灵苗尽日香。"

品尝到庙后岕茶极为不易，汪士慎在《家援鹑见寄庙后秋茶》诗中赞道："庙后一林碧，吟客满碗秋。灵芬凝不散，珍品鲜难求。"

蜀茶闻名已久，汪士慎的朋友都知道他嗜茶如命，只要有机会都会给他捎茶。友人冒葚原从遥远的蜀地给他采来茶叶，汪士慎收到蜀茶，怀着感激之情，小心地玩赏了一会儿，禁不住茶瘾难耐，立即烹试。在《酬冒葚原惠蜀茗》诗中，汪士慎写道："采于金篦山，山遥得非易。传来意已深，珍重刮目视。"他品着蜀茶，联想着茶与文章的关系，茶的味道好比人的嘉言，从茶的甘香中可以悟出文章的妙义，于是写道："玩味比嘉言，生甘得妙义。"

普洱茶在当时并不普及，明代文士品尝过普洱茶的人极少，清代也只有高官显贵之家才能喝到普洱贡茶，"产从蛮洞深，入贡犹矜少。"汪士慎只是一位布衣，因为他是扬州文士圈里众人皆知的茶痴，朋友就帮他弄到了普洱蕊茶。老茶痴端着烹好的普洱茶，得意万分，"一杯落手浮轻黄，杯中万里春风香。"

一次友人管希宁（号幼孚）约他来斋中试茶，主人拿出的是泾县茶。泾县茶是其家乡安徽的名茶，但比不上龙井这种享誉全国的名茶。茶仙汪士慎凭着多年的经验，先用眼观就知道这是焙茶高手制作出来的："两茎细叶雀舌卷，烘焙工夫应不浅。"品尝之下，汪士慎大赞好茶："宣州诸茶此绝伦，芳馨那逊龙山春。"在他看来一点儿都不逊于龙井，瓯中的茶，如花蕊在水面轻轻漂荡，真应该好好题鉴如同当年卢仝："一瓯瑟瑟散轻蕊，品题谁比玉川子？"一瓯茶落入心田，人好似飞升上天，将白云吸入肺中，五脏六腑都清爽无比："共对幽窗吸白云，令人六腑皆清芬。"这首《幼孚斋中试泾县茶》的最后一句："长空霭霭西林晚，疏雨湿烟客不返。"是说他在幼孚斋中喝茶一直到喝到傍晚，见外面下起了细雨，他当晚就不回去了，继续留在斋中喝茶。《幼孚斋中试泾县茶》诗轴，流传至今，隶书字，现藏扬州博物馆。

对于煎茶的水，汪士慎不太讲究，也没条件讲究。夏天喝茶就用贮存的雨水，冬天就用收来的雪水。“急取黄梅雨，瓦铛亲灌引”。黄梅雨每年都下，而且连续多日，可以贮存不少，但雪水实不易得，每年淮南下雪不多，而且雪花不易收集，汪士慎常常在冬天苦于找不到上好的烹茶之水。一个安静的冬夜，月光照着他简陋的门户，引得诗情大发，得知城北焦五斗家藏有去年的腊雪水，遂即画了一幅《乞水图》，用诗写了一封信 ：“清闲庭院月当门，拂树茶烟似墨痕。傥得山家沁齿水，云铛一夜响冰魂。”如愿换得焦氏的一罐雪水，汪士慎十分满足，焦氏也非常珍惜汪士慎的画作。二十年后，焦氏怀念已经去世的汪茶仙，将《乞水图》装裱后请汪士慎的好友、画家金农题识。金农在画上记述了汪士慎与焦五斗以画易水的风韵雅事 ：“同社焦君

清　雍正款玛瑙光素茶碗

五斗，当严寒雪深堆径，时蓄天上泉最富。巢林因吟七字，复作是图以乞之。图中唯写破屋数间，疏篱一折，稚竹古木，皆含清润和淑之气。门外蛮奴奉主人命，挈瓶以送。光景宛然，想见二老交情如许也。署为乾隆庚申。未几，巢林失明，称瞽。又数载，巢林海山仙去矣。阅今星燧已更二十余年。五斗念旧勿替，装成立轴，请予题记。忆予与二老谊属素心，存亡之感，岂无涕洟濡墨而书耶。惜予衰老多病，未暇和二老之诗于其侧云。乾隆辛巳九月九日，为吾五斗老友先生《乞水图》。七十五叟金农。”

乾隆四年（1739年）汪士慎五十四岁时左眼失明，对于以书画为生的人来讲，这是极其不幸的。但汪士慎就是汪士慎，他一不怨天尤人，二不停止饮茶，他以梅残比喻自己一目失明，“一自梅残懒见人，但从茗事度芳辰。”盲一目后其书画事业不降反升，书画创作上更加突出个性，更加带有主观色彩，洒脱自如，无拘无束，达到了新的境界。汪士慎也相当自信，自刻一印云：“尚留一目著梅花。”当朝显宦兼大学者阮元称赞他：“画梅或作八分书，工妙胜于未瞽时”。好友闵廉风赠他一副对联：“客至煮茶烧落叶，人来将米乞梅花。”

自他左目盲，医生认为是饮茶过度所致，其亲朋也劝他少喝茶或不喝，但汪茶仙对旁人的劝说不以为然，他在《蕉阴试茗》诗中，固执地认为：“平生煮泉千百瓮，不信翻令一目盲。”在句旁自注：“医云嗜茗过甚，则血气耗，致令目眚。”但在《述目疾之由示医友》诗中他并不排除疾病与饮茶熬夜的关系：“寒宵永昼苦吟身，六府空灵少睡神。茗饮半生千瓮雪，蓬生三径逐年贫。”饮茶和他的自我虐待式苦吟，是导致严重眼疾的原因。饮茶得以不寐，也消得人瘦损，汪茶仙饮茶大多是烹煮而饮，而不是冲泡，喝的就是苦味，然后夜间不寐，苦吟苦思，他自己并不觉得苦，从中获得一种快感。“饮多不觉侵神肺，终夜吟思未著尘。”（清·汪士慎《顾渚新茶》）“通宵神静因无寐，几日吟怀别有涯。”（清·汪士慎《阳羡秋茶》）但他喝茶的确是喜欢茶的这种味道，绝对不是自虐，“头白但知茶味美。”“蕉叶荣悴我衰老，嗜茶赢得茶仙名。”饮茶是他终生的享受，过度饮茶也付出了代价。

汪士慎一生有几位知己，即同为扬州八怪中的书画家高翔、金农，还有就是浙派布衣诗人厉鄂。高翔，号西唐，为汪士慎作了一幅《巢林煎茶图》，题诗："巢林先生爱梅兼爱茶，啜茶日日写梅花。要将胸中清苦味，吐作纸上冰霜椏。”真是知音之言。汪收到这幅画作，诗兴大发，爱茶之情更加高涨，以《自书煎茶图后》答谢高翔："西唐爱我癖如卢，为我写作煎茶图。高杉矮屋四三客，嗜好殊能推狂夫。时予始自名山返，吴茶越茗箬裹满。瓶瓮贮雪整茶器，古案罗列春满碗。饮时得意写梅花，花香墨香清可夸。万蕊千葩香动处，横枝铁干相纷拿。淋漓扫尽墨一斗，越瓯湘管不离手，画成一任客携去，还呈松声浮瓦缶。”汪茶仙又将《自书煎茶图后》书法录在他其后的得意作品《墨梅图》长卷上，行草书法，率性洒脱，现藏浙江省博物馆。金农等好友也为煎茶图作跋题识，其中厉鹗的题跋最为全面畅怀。

厉鹗（1692—1752）字樊榭，是清代自成一家的著名诗人，曾一度寓居扬州，与当时文士们共组邗江诗社，诗歌酬唱。一天汪士慎来到厉鄂的住所，送给他自己最擅长的《梅花图》，也请他为高翔所画的《巢林煎茶图》题诗。厉鹗也是清代诗人中有茶瘾的一位，对于茶的喜爱与汪士慎大有同感。他欣然赋诗："……此图乃是西唐山人所作之横幅，窠石苔皴安矮屋。石边修竹不受厄，合和茶烟上空绿。石兄竹弟玉川居，山屐田衣野态疏。素瓷传处四三客，尽让先生七碗馀。先生一目盲似杜子夏，不事王侯恣潇洒。尚留一目著花梢，铁线圈成春染惹。春风过后发茶香，放笔横眠梦蝶床。南船北马喧如沸，肯出城阴旧草堂？”（清·厉鹗《樊榭山房续集》卷一）

不幸的是，汪士慎六十七岁时，右眼也失明了，从此完全成为一个盲人，这对于以视觉艺术为生的书画家而言，命运实在是太残酷了。挚友们都很为他忧心，但汪士慎本人并不很沮丧，好友金农一天见他在小童的牵引下来访，说到失明，汪士慎说："衰龄忽而丧明，然无所痛惜，从此不复见碌碌寻常人，觉可喜也。”从此那些庸庸碌碌的俗人再也不能入他的眼了，让他心里更加清明，想想也觉得心喜。这就是典型的中国文人气质，至死不渝的清高，内心极其自负，对尘世极其厌恶，要做活在世上的世外人。汪士慎的友人之一，清代著名篆刻家丁敬赠给他的诗中有一句："肉眼已无天眼在。"这是对汪士慎文人品格的最好的赞颂。双目失明数年后的一天，汪士慎突发灵感，凭着他多年对艺术的感觉，写了一幅狂草，非常传神，他亲自拿去赠给金农。金农正在一所破寺庙中卧病，见到这幅字，惊叹老友书法水平不在当年之下。两位老人相对而坐，忘却了尘世的一切。

汪士慎七十三岁时仙逝。

5. 郑板桥的人生与茶缘

清代比之明代，疏狂型的文人不多，但郑板桥恰在其列。郑燮（1693—1765），字柔克，号板桥，江苏兴化人，清代著名书画家、文学家。提到扬州八怪，为首的就是郑板桥，郑板桥也是扬州八怪中最具代表性的人物，性格落拓不羁，好放言高谈，臧否人物，有狂名；受过贫困之苦，体会过世态炎凉，中过进士，做过官，但不贪图官禄，卸职后继续卖画为生；其艺术造诣之高，诗、书、画有三绝之名。《清代七百名人录》称其："诗言情述事，恻恻动人，不拘体格，兴至则成，颇近香山（白居易）放翁（陆游）；书事有真趣，少工楷书，晚杂篆隶；闲以画法，所绘兰竹石亦精妙。"

郑板桥的个性与他的人生经历非常有关。他自幼颖悟，资质过人，十九岁中了秀才，本来可以继续投身科举考试，但他无意于仕途，直到四十岁才因生活贫困不得已而参加乡试，中得举人。其实功名对郑板桥来讲可谓唾手可得。但在中举之前，郑板桥靠售卖字画为生，尽管水准甚高，但识之者寡，以至于生活非常艰难。中举之后，又经数年苦读，乾隆元年（1736年）郑板桥四十四岁中了进士。当他以进士的身份从京师回到扬州，他的字画诗文一时间都成了宝贝，人们争着收藏。人到中年的郑板桥刻了两个章："康熙秀才、雍正举人、乾隆进士"、"二十年前旧板桥”，盖在每幅字画上。对世态的炎凉体会至深。

郑板桥中举前生活困顿的岁月，以茶为伴，清苦寒瘦，更无知己，在此期间，幼子生病，无钱医治，愁肠百转。一首《小廊》正切合当时的心境：

> 小廊茶熟已无烟，折取寒花瘦可怜。
> 寂寂柴门秋水阔，乱鸦揉碎夕阳天。

郑板桥五十岁到六十岁之间，先后作过山东范县、潍县县令，在潍县任上“以岁饥为民请赈，忤大吏，遂请病归”。当时是乾隆十二年（1747年），潍县因连年大旱，田亩无收，饥荒发展到人相食的地步。郑板桥大力赈灾，招远近的饥民就食，令大户开厂煮粥，囤积粮食者令其以平价出售，他还捐出自己的俸禄。为了救饥，事先没有向上级报批就冒险打开官仓赈灾。就是这场爱民的举动，令郑板桥结束了官场生涯。次年他掷去乌纱帽，回到扬州，重拾卖画生活。离开潍县前，他画了一幅墨竹，题诗于上：“乌纱掷去不为官，囊橐萧萧两袖寒。写取一枝清瘦竹，秋风江上作渔竿。”

郑板桥与上一朝的东吴名士相比，更凸显真心真性，少了清高和标榜，多了朴实和随意，还有就是风趣幽默以及嘲讽；但作为嗜茶人，郑板桥的一段《题画》与晚明江南名士的格调非常近似：

> 茅屋一间，新篁数竿，雪白纸窗，微浸绿色。此时独坐其中，一盏雨前茶，一方端砚石，一张宣州纸，几笔折枝花，朋友来至，风声竹响，愈喧愈静。

还有一首同名的《题画》诗：

> 不风不雨正清和，

郑板桥画像

翠竹亭亭好节柯。
最爱晚凉佳客至，
一壶新茗泡松萝。

郑板桥考举人前，在镇江焦山别峰庵读书，闲时品茗，望着江山秀色，作联咏茶，其一为：

楚尾吴头，一片青山入座；
淮南江北，半潭秋水烹茶。

他也为茶馆写过茶联，如：

从来名士能评水，自古高僧爱斗茶。

他在另一则题画《靳秋田索画》中说："……忽等得十日五日之暇，闭柴扉，扫径竹，对芳兰，啜苦茗，时有微风细雨，润泽疏篱仄径之间，俗客不来，良朋辄至，亦适适然自惊为此日之难得也。"

嗜茶的文人所追求的情调几乎是亘古不变的，郑板桥一点儿也不缺乏文人雅士的共性。

郑板桥的题诗、题联与众不同，想象力丰富，极见智慧，或以物喻理，或借物喻人，或率意辛辣。例如他为壶题写的对子："嘴尖肚大耳偏高，才免饥寒便自豪；量小不堪容大物，两三寸水起波涛。"《题竹》："咬定青山不放松，立根原在破岩中；千磨万击还坚劲，任尔东西南北风。"色彩鲜明，爱憎表露无遗。对于他崇敬尊重的事物写得非常朴实真挚。他有一个著名的茶联："白菜青盐粘子饭，瓦壶天水菊花茶。"写的是他自己粗茶淡饭的生活，没有风流蕴藉、出尘脱俗的名士风度，全然一个真实自在的农夫式文人。

郑板桥不事修饰，外观上始终不脱一个贫寒士人的面貌。一次他到某寺院造访，住持不认识他，见他相貌平常，就随便说了句："坐。"对侍茶的小僧说了一个字："茶。"郑板桥没坐下，站着跟他交谈，住持发觉他谈吐不俗，因而心生敬意，于是改口说："请坐。"吩咐侍者说："奉茶。"后来通问姓名，住持才知他就是大名鼎鼎的郑板桥，态度大变，急说："请上坐。"又连忙嘱付侍僧："奉好茶。"郑板桥临别，住持请他题字留念，侍者奉上笔砚，只见郑板桥不加思索地写下了："坐，请坐，请上坐。茶，奉茶，奉好茶。"从这个故事看得出，郑板桥够直率、够尖酸、够不留情面的。

郑板桥经常到寺庙访僧问禅，结下了一些声气相投的僧友。一次他到招隐寺访僧，招隐寺是镇江的名寺，南北朝时期昭明太子、宋代著名画师米芾都曾在此地读书、创作。郑板桥曾在这里寓居读书，与僧人一道品茶，结下了情谊。郑板桥再访招隐寺，直接到僧人的禅房，四下静谧，没见到人，桌上有铺展的笔墨，有尚未放凉的茶盏。郑板桥由衷赞赏这种静谧安闲的修行生活，写下《招隐寺访旧》诗：

禅房精笔砚，窗又碧纱糊。
吮墨情温细，吟诗味淡腴。
茶枪新摘蕊，莲露旋收珠。
小盏烹涓滴，青光浅浅浮。

正如茶圣陆羽所说，茶适合精行俭德之人，饮茶无贫富之分，只有清雅与俗气之别。有李氏两兄弟，过着耕读的古朴生活，无贪无欲，恬静闲适，每天晨起烹茶。郑板桥对他们的生活极为赞赏，赞这两兄弟为羲皇上人也就是上古的隐士，以《李氏小园》记述：

兄起扫黄叶，弟起烹秋茶。
明星犹在树，烂烂天东霞。
杯用宣德瓷，壶用宜兴砂。

清　郑板桥行书诗轴

器物非金玉，品洁自生华。

虫游满院凉，露浓败菊瓜。

秋花发冷艳，点缀枯篱笆。

闭户成羲皇，古意何其赊。

郑板桥最喜画竹，竹的形象寄托了他的信念，他对坚忍的性格、对完美人格的追求；茶，与竹有着相同的品位。他有一首题竹诗，写的是在竹间烹茶的幽然意趣。诗句神秘缥缈，引人神往：

曲曲溶溶漾漾来，穿沙隐竹破莓苔；

此间清味谁分得，只合高人入茗杯。

郑板桥是古代极为少有的一类型文人，他对于下层穷苦民众有极强的同情心、认同感，这一点大部分文人雅士都做不到，或偶一为之，绝不与下愚不移之人为伍，但郑板桥却有这样的告白："凡吾画兰、画竹、画石，用以慰天下之劳人，非以供天下之安享人也。"求他字画的人很多，可是他有"三不卖"：达官贵人不卖，够了生活不卖，老子不喜欢不卖。他的诗句联语常爱用方言俚语，使"小儿顺口好读"。

郑板桥与袁枚是同一时期人，但两人一直不曾谋面，他久闻袁枚之名，无缘相识。忽有一天听人说袁枚去世了，郑板桥顿首痛哭不已。传说是虚，但郑板桥的真人真性流露无遗。

6. 知茶人袁枚

袁枚（1716—1797），字子才，号简斋，晚号随园老人，钱塘（今浙江杭州）人。袁枚的文品个性，与明代东南名士一脉相承，他是清代性灵诗派的倡导者，其实这种性灵至上的风格，从中国古代六朝就畅行于东南一带，袁枚是中国古代最后一个专注于追求性灵的纯文人。青年时期做过几年官，中年就毅然退隐，致力于文学艺术、营造风雅生活。

袁枚生活在乾隆、嘉庆时期，在诗文上与赵翼、蒋士铨合称为“乾隆三大家”，他又是个文化通才，与纪晓岚齐名，人称“北纪南袁”。袁枚于乾隆四年考中（1739 年）进士，年仅二十四岁，授翰林院庶吉士，在众翰林当中英气超拔。翰林院掌院学士史贻直对他评价极高，一次命他拟写奏书，史贻直看过后，评道：“通达政体，贾生流也。”称他为汉代的青年奇才贾谊再世。

袁枚作过溧水、江浦、沭阳、江宁等地知县，颇有为官治民的才干。他刚刚就任溧水知县时，迎养其父，他父亲担心儿子年少无吏才，就私下到乡间查访，百姓都说：“吾邑有少年袁知县，乃大好官也。”袁父这才放心入住官舍。后来袁枚任江宁知县，江宁人多事繁，要治理好相当困难，两江总督尹继善十分赏识袁枚的文才。为报答尹继善的知遇之恩，袁枚不遗余力，竭尽所能，把这个江宁知县做得极为出色，每日坐堂判事，小案立决，大案动用智谋，公平允正，服膺人心。

虽身为官员，袁枚爱好文艺的天性无法掩饰，他白天治事，晚上就召来士子饮酒赋诗。三十三岁那年，其父病故，袁枚即辞官养母，退离官场。他的朋友劝他做官做到十年卿相之后，再退野不迟，袁枚答言，自己不是没有福命，只是懒得在官场受累。他承认自己爱读诗书又恋花。

在文学艺术上袁枚倡导“性灵说”，认为自古诗词能够流传于世的，都是性灵之作，而不是那些堆砌典故的作品，写诗文就要写出个人的“性情遭际”，“诗者，人之性情也，性情之外无诗”。作诗就要不失诗人的赤子之心，方显“真我”，反对儒家传统诗论，肯定艳诗的地位。袁枚建立了自己的文艺、哲学思想，否定佛家绝性情和程朱理学对男女性道德的约束。他论说诗文创作也拿美女比喻：“诗文之作意用笔，如美人之发肤巧笑，先天也；诗文之征文用典，如美人之衣裳首饰，后天也。”《清代七百名人传》称他：“所为诗天才横逸，不可方物；以性灵为主，一反渔洋神韵之说。然名盛而胆放，才多而手滑，亦其弊焉。”

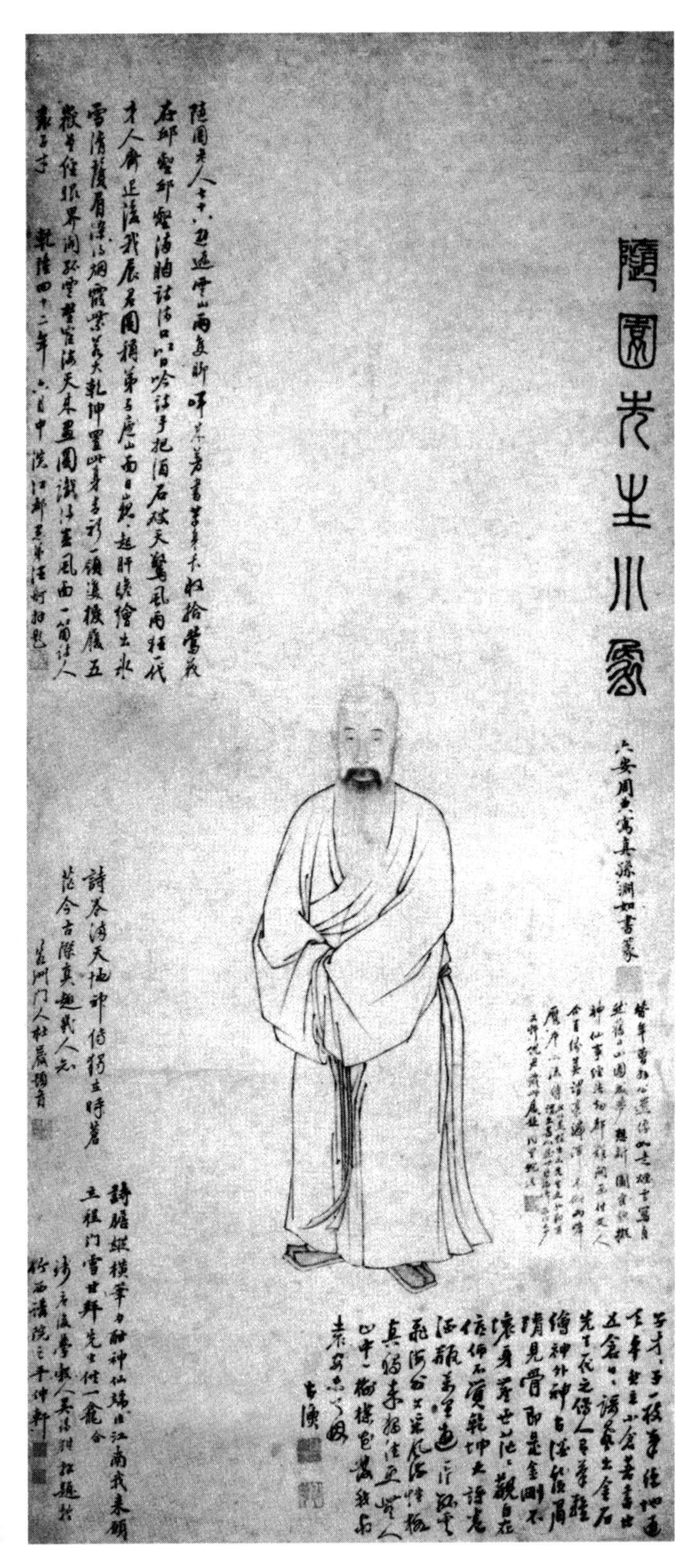

袁枚画像

袁枚的诗作四千余首，偏重于风花雪月和身边事物，大才往往过于恃才，不靠苦功。袁枚的诗文都是天才之作，而非呕心沥血之作，容易被人讥为浮浅。

袁枚在人生上面是有他个人取舍的，他不图在朝堂上建功立业，而是非常重视生活的品位和情趣。乾隆十三年（1748年）袁枚做江宁知县时，在江宁的小仓山以三百金购得一所宅园，取名“随园”。随园是他建造的一座人生乐园，此后将近五十年的岁月他一直在这里度过。

随园最早的主人是康熙年间江宁织造曹寅，曹寅在江宁有三处宅园，此为其一。曹寅是康熙年间的宠臣，康熙六次南巡，四次都是由曹氏接驾。但雍正即位后，曹氏败落，其后的江宁织造隋赫德接管了此园并予以扩建，人称“隋织造园”，占地二百亩。隋氏后又败落，到乾隆年间，此园荒废，破败不堪。袁枚购得后，进行重建，随其地形取景营建，“随其高置江楼，随其下置溪亭，随其夹涧为之桥……”共建有二十四景，有仓山云舍、香雪海、双湖、澄碧泉、小眠斋、小栖霞等。

清　乾隆宜兴窑御题诗烹茶图圆壶

随园四面无墙，前来观景的人上有皇华使者，下有淮南贾贩，袁枚一概欢迎，任人游览，以诙谐、无拘无束的态度对待所有访客，令所有人都能带着愉悦的心情离开。

袁枚把他的人生安排成花团锦簇、永不撤席的筵宴，他在随园写成了大量的文学作品，有《小仓山房诗文集》《随园诗话》《随园随笔》《子不语》等，此外还有一本著名的小书，名为《随园食单》。这是一部袁氏论述美食的作品，里面的食谱有不少是他本人的原创。全书分须知单、戒单、海鲜单、杂素菜单、点心单、饭粥单、茶酒单等十四部分。

茶酒单这一类目，透露出袁枚是一位相当懂得品茶的人。

品茶先鉴水，袁枚论道："欲治好茶，先藏好水。水求中泠、惠泉。人家中何能置驿而办？然天泉水、雪水，力能藏之。水新则味辣，陈则味甘。"

袁枚是一位茶叶鉴赏家，他品尝过全国所有知名或不太知名的茶，最后以武夷茶为最佳，以他家乡的龙井茶为其次。他写道："尝尽天下之茶，以武夷山顶所生、冲开白色者为第一。然入贡尚不能多，况民间乎？其次，莫如龙井。清明前者，号'莲心'，太觉味淡，以多用为妙；雨前最好，一旗一枪，绿如碧玉。"

关于武夷茶，袁枚绍述了他对武夷茶由不了解、不喜欢到极为赞赏的转变过程。

对于家乡的龙井茶，袁枚论述得并不详细，"杭州山茶，处处皆清，不过以龙井为最耳。每还乡上冢，见管坟人家送一杯茶，水清茶绿，富贵人所不能吃者也。"

接着他又简评了阳羡茶、洞庭君山及六安等茶："阳羡茶：深碧色，形如雀舌，又如巨米。味较龙井略浓。洞庭君山茶：洞庭君山出茶，色味与龙井相同。叶微宽而绿过之。采掇最少。方毓川抚军曾惠两瓶，果然佳绝。后有送者，俱非真君山物矣。此外如六安、银针、毛尖、梅片、安化，概行黜落。"袁枚极讲品位，对家乡龙井都不额外垂青，完全以自己的品位标准来衡量，连六安等名茶都排斥在外，不能入选，可见相当挑剔。

茶叶的收贮，袁枚也有研究，“收法须用小纸包，每包四两，放石灰坛中，过十日则换石灰，上用纸盖札住，否则气出而色味又变矣”。

茶的烹制方法，袁枚也经过多次试验比较，得出自己的一套主张，“烹时用武火，用穿心罐，一滚便泡，滚久则水味变矣。停滚再泡，则叶浮矣。一泡便饮，用盖掩之则味又变矣。此中消息，间不容发也”。

这样挑选名茶、精细储藏，精选好水，再精细烹制，最后端出的茶水绝对精雅至味。袁枚得意地说：“山西裴中丞尝谓人曰：‘余昨日过随园，才吃一杯好茶。’呜呼！公山西人也，能为此言。而我见士大夫生长杭州，一入宦场便吃熬茶，其苦如药，其色如血。此不过肠肥脑满之人吃槟榔法也。俗矣！”

袁枚年逾六旬以后，身体健朗，独游名山，足迹遍及天台、雁荡、黄山、庐山、罗浮、桂林，南岳、潇湘、洞庭、武夷，四明、雪窦等地，饱览山水之胜。

在武夷山，袁枚看到大片的茶园，漫山遍野，感叹闽人种茶如种田，一位茶僧给他展示当地的品茶法，袁枚照此品饮，大感奇异，如同发现了茶的新世界，兴奋地写下《试茶》诗：

闽人种茶如种田，郄车而载盈万千。

我来竟入茶世界，意颇狎视心迫然。

道人作色夸茶好，磁壶袖出弹丸小。

一杯啜尽一杯添，笑杀饮人如饮鸟。

云此茶种石缝生，金蕾珠蘖殊其名。

雨淋日炙俱不到，几茎仙草含虚清。

采之有时焙有诀，烹之有方饮有节。

譬如曲蘖本寻常，化人之酒不轻设。

我震其名愈加意，细咽欲寻味外味。

杯中已竭香未消，舌上徐停甘果至。

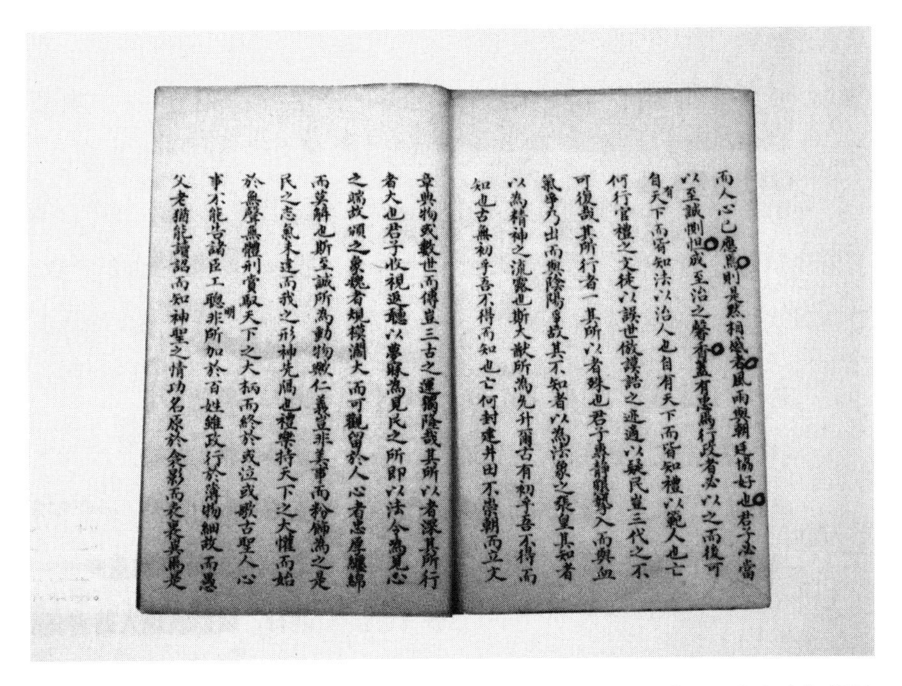

而人心已應焉則其默相感者風雨與朝廷協好也君子必當
以至誠惻怛感至治之馨香蓋有先為行政者必以之而後可
自天下而皆知法以治人也自有天下而皆知禮以範人也亡
何行官禮之文徒以誤世儆謨誥之迹適以疑民豈三代之不
可復哉其所行者一其所以者殊也君子專精聽事入而與血
氣爭乃出而與陰陽爭哉其不知者以為法象之張皇其知者
以為精神之流露也斯大猷所為先升爾古有初乎吾不得而
知也古無初乎吾不得而知也亡何封建井田不崇朝而立文
章與物戎數世而傳豈三古之運獨隆哉其所以者深其所行
者大也君子收視返聽以專默為見民之所即以法令為見心
之端故頌之象魏者規模潤大而可觀留於人心者悲摩纏綿
而莫解也斯至誠所為動物敝仁義豈非美事而粉飾為之是
民之志氣未達而我之形神先隔也禮樂持天下之大權而始
於無聲無體刑賞馭天下之大柄而終於或泣或歌古聖人心
事不能告諸臣工聽明非所加於百姓雖政行於薄物細故而愚
父老猶能諳諳而知神聖之情功名原於念影而表異其為是

清　《袁太史文选》书页

叹息人间至味存，但教卤莽便失真。

卢仝七碗笼头吃，不是茶中解事人。

袁枚对茶品的研究一生都兴致盎然，至老弥笃。他初次接触武夷人的品茶方式，刚开始还觉得可笑，但从武夷人的介绍中，感觉这不是一般的茶，自己尝试后，更是切感其香，乃人间至味，如果不像武夷人那么品饮，鲁莽地饮，真味就品不出来了。袁枚联想到当年卢仝一口气连喝七碗，便毫不客气地把卢仝定为不是真懂茶的人。

《清代七百名人传》称，袁枚一生“备林泉之清福，享文章之盛名，百余年来无有及者”。寿高八十二岁。

7. 阮元的“茶隐”

阮元（1764—1849）字伯元，江苏仪征人。乾隆五十四年（1789年）中进士，年方二十五岁，入翰林院。次年乾隆皇帝亲自考核翰林，从众多的翰林中鉴识阮元是一位英才，召他进见，其学识的渊博、思维的敏捷又给乾隆皇帝留下极好的印象。乾隆喜曰："不意朕八旬外复得一人！"优秀人才难得，发现人才是每一位皇帝极为得意的事情。

阮元的仕途非常顺利，先是在朝廷做文翰之臣，入值南书房，南书房在紫禁城内，相当于皇帝的秘书班子。其后，阮元提督山东学政，继而出任浙江学政，嘉庆年间任户部左侍郎，会试同考官。两度出任浙江巡抚，前后十几年，督剿海盗，功绩尤著。在南方多省出任封疆大吏，如福建巡抚、江西巡抚、湖广总督、两广总督、云贵总督，在任期间，除吏治军政之外，搜访古籍，研究经史，在经书集校、训诂、金石方面集一代之大成，撰述不辍。一生历乾隆、嘉庆、道光三朝。《清史·阮元传》称其："身历乾、嘉文物鼎盛之时，主持风会数十年，海内学者奉为山斗焉。"清中期海内学者视其为泰山北斗，阮元身任封疆大吏的数十年始终以国学为己任。阮元的学术成就是多方面的，他对经学、史学、文字、音韵、训诂、校勘、金石、书画、天文、历算、舆地、文学、哲学诸方面皆有精深的研究，著述、辑录、编刻的书籍达三千多卷。

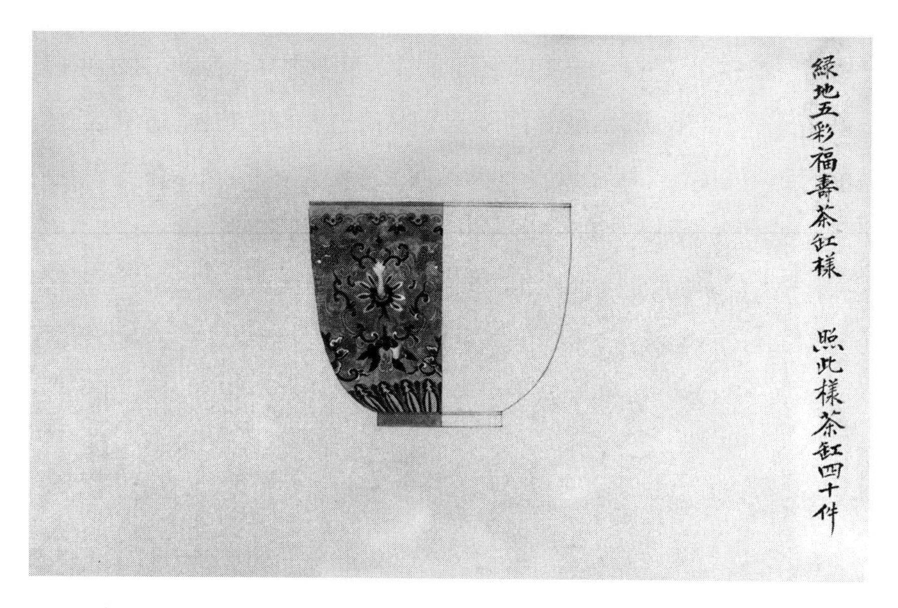

清　藕色地锦上添花茶缸图样

阮元一生清雅，是位爱茶人。他在《试雁山茶》一诗中，表白他非常享受饮茶的生活，而且愿像阮氏祖先那样，去种一片茶田：

嫩晴时候焙茶天，细展青旗浸沸泉。
十里午风添暖渴，一瓯春色斗清圆。
最宜蔬笋香厨后，况是松篁翠石前。
寄语当年汤玉茗，我来也愿种茶田。

这首诗是阮元作浙江巡抚时所作，雁山即雁荡山，有东南第一山的美名，宋代这里的茶称为“白云茶”。阮元关心茶事，在采茶繁忙季节亲自到产茶地观看茶农焙茶，又怀着兴奋的心情品尝刚刚焙制的新茶。在松间竹下翠石旁，点试一瓯新鲜的绿茶，品尝到的不只是茶香。由雁山茶阮元联想到了汤显祖，汤显祖字玉茗，从这个字号上就能说明他是一个嗜茶人。汤显祖也曾到雁荡山了解茶事，到茶农中去访茶问故，写过一首《雁山种茶人多阮姓，偶书所见》：“一雨雁山茶，天台旧阮家。暮云迟客子，秋色见桃花。凤箫谁得见，空此驻云霞。”汤显祖在雁荡山茶田浮想联翩，联想到阮姓人家来自天台山，传说东汉平帝年间剡县人阮肇和刘晨到天台山采药，遇到仙子，于是住了下来。“山中方一日，世上已千年”，后来下山回到家中，发现同辈人早就入土了，那里的人已经繁衍了七代。汤显祖设想这雁荡山的茶农应该就是阮肇的后裔。作为阮姓本家，同为爱茶人，阮元来到汤显祖歌咏的雁荡山茶田，以敬意和怀古之情，写下诗句：“寄语当年汤玉茗，我来也愿种茶田。”

“最宜蔬笋香厨后”，饭后饮茶是阮元生活中的习惯，他寿高八十六岁，与他平日喜饮淡茶有关。他的《茶隐日作》诗有一句：“病余须是闲看竹，饭后还且淡饮茶。”饮淡茶是非常好的生活方式，而且阮元平生对酒不太感兴趣，这就避免了以酒伤身的可能。他在诗中说：“酒中有至乐，恨我绝不谙。”他并不反对别人饮酒，但是酒有什么乐趣他品尝不出来，在他这里，茶可以代替酒，“聊以当沉酣”。

阮元饮茶不只是为了养生，饮茶是文人物质生活与精神生活相契合的一种活动，阮元也不例外。有时夏天用荷叶上的露水泡茶，“教收荷叶三霄露，供我瓷瓯午后茶。”（清·阮元《小沧浪亭》）古人认为露水是一种神水，可以助人成仙，至少可以益寿延年。乾隆皇帝在避暑山庄也常用露水饮茶，令宫人采集山庄太平湖中荷叶上的露水，认为水质之清超过天下第一的玉泉水。乾隆皇帝极有兴致地写下《荷叶烹茶》诗：“秋荷叶上露珠流，柄柄倾来盎盎收。白帝精灵青女气，惠山竹鼎越窑瓯。”冬天南方不常下雪，若遇上难得的下雪天当然也要煮雪烹茶，作为传统文士阮元也有这一爱好。某年云南下了罕见的雪，庭前的四十株已经开放的梅花在雪中“冷玉寒香共沍结”。阮元令多年为他煮茶的老婢女赶快采集梅花上的白雪，连同梅花也采下来，然后：“梅瓣雪泉试同啜。”喝着茶，独自一人坐在幽竹丛里，披展古书画，只见外面的雪很快就化了，“快雪时晴日光热。”（清·阮元《正月二十日雪煮茶于竹林中题竹林茶隐卷》）

阮元晚年在云南总督任上，过生日时与两位高寿老人一同饮茶，效法白居易晚年组建寿星社团，称为“香山七老”，阮元则“香山七老今得三”，“三人二百五十岁”，三人中刘廷植一百零四岁，“谈笑游行啮甘脆。”王乐山七十九岁，阮元自己也七十多岁，三人在竹林中“举瓯啜茗作寿朋”。喝的是云南普洱茶，“儿辈烧松烹洱茶，竹亭炉烟风细细。”（清·阮元《正月二十日偕刘王二叟竹林茶隐》）

阮元的私宅有一个专门饮茶的地方，他称为茶廊，茶廊原是私宅破损的西墙，修好后建了一道回廊，安上茶灶，就成了一个专门饮茶的地方。阮元以诗《西斋有欹廊将倾彻而新之且安茶灶》记之，“却从朴略粗疏处，聊寄逍遥澹定情。”茶廊并不精美，很古朴，要在这外观粗疏的茶廊寄托自己居官不奢、澹定从容的一份心态。一个炎炎夏日，阮元坐在西斋品饮，下起了雨，阮元心情悠然，写下《西斋茶

清　乾隆竹编铜茶炉

廊坐雨》诗：

西斋静似野人家，小坐常宜散晚衙。
廊接五楹排杂树，窗开两面见秋花。
风须飒飒凉才透，雨纵潇潇听不甀。
好使樵青烧石爇，嫩黄闲试六安茶。

阮元多年饮茶，喝的都是名品，从诗中看出阮元比较喜欢喝六安茶，阮元在抚浙期间也极喜喝龙井茶。当年苏东坡做杭州知府时，在举办乡贡的试院煎茶作诗，写下著名的《试院煎茶》诗，约八百年后阮元又在同一个地方煎茶，时代变迁，茶的品饮方法变了，但文人品茶的意趣万古长新。阮元写道：

> 我闻玉川七碗两腋清风生，又闻昌黎石鼎蚓窍苍蝇鸣。
> 未若风檐索句万人渴，湖水煮茶千石轻。
> 封院铜鱼一十二，闲学古人品茶意。
> 古人之茶碾饼煎，今茶点叶但煮泉。
> 坡公蒙顶一团自夸蜀，不闻龙井一旗绿如玉。
> 得茶解渴胜解饥，我与诗士同扬眉。
> 开帘放试大快意，况有笔床茶灶常相随。
> 今年门生主试半天下，岂似坡公懊恼熙宁新法时。

阮元的得意之情在诗中自然流露，论品茶，清代比宋代简化了程序，提高了品质，从“碾饼煎”变为“点叶但煮泉”，苏东坡当年虽然身在杭州却与龙井无缘，还在磨茶为末，没见过“龙井一旗绿如玉”；另一份得意，是官场上不同的境遇，苏东坡仕途一直不顺，步步泥泞，阮元始终得到皇帝的知遇，能够实现自我的主张，到了中晚年门生已经出来掌事，这份得意之情无须掩盖，真是发自内心的得意知足。

尽管仕途得意，阮元还是非常谨慎克己，澹泊宁静，克尽职守，从未骄纵狂妄。

中国古代文人有修养者，身在官场常常羡慕隐士生活，阮元虽无法实现隐居生活，但在他生日那天，他就给自己选择了一个隐居方式，他自称为“茶隐”，即这一日到竹林、山寺饮茶、作诗，如同古来嗜茶的隐士一般。阮元的生日与唐代大诗人白居易是同一天，都是正月二十日，封疆大吏做寿往往是地方官场中最热闹也是最腐败的事，以送礼的形式变相行贿者，如过江之鲫，阮元从不做寿，也就从不给变相行贿者以可乘之机。除了性格、风骨的原因，再有，对茶的喜爱也引领他达到高贵脱俗的境界。

阮元从不做寿，从四十岁起每年生日都不见任何拜客，独往山中寺院，过一天清静的世外生活。他自称："效顾宁人谢客，独往山寺。"顾宁人即明末清初大学者顾炎武，主张"天下兴亡，匹夫有责。"一生特立独行，读万卷书，行万里路，研究古今兴亡之规律，著书立说。顾炎武一生没有做官，四海为家，生日都是在山林寺院中度过。

阮元六十岁生日时，任两广总督兼广东巡抚，道光皇帝亲自题写了"福""寿"二字为他贺寿，阮元谢恩之外，仍不在府衙举办寿庆，独自到竹林品茶，过一日隐居生活。"儒士有林真古茂，文人同苑最清华。"阮元与白居易出生之日相同，又同样嗜好品茶，阮元常常自比为白居易，在《正月二十日学海堂茶隐》中咏道："六班千片新芽绿，可是春前白傅家？"白居易是唐代少有的嗜茶文人，他自称是"辨茶人"，很懂茶事，"六班"是白居易自己配制的茶，可以解酒，其好友刘禹锡一次醉酒，用自己的下酒菜换取白居易的六班茶，此事在茶史上是一则佳话。而阮元的"千片新芽绿"也是从白居易的诗"绿芽十片火前春"引用过来的。饮茶史的发展，让两个相隔千年的时代不同了，唐时茶做成饼，一饼称为一片；但清代散茶的茶芽就不好细数了，一般论两论斤，

清　嘉庆宜兴窑世德堂款包袱式壶

称片也只是在诗中，那就是千万片了。

阮元之子阮福对父亲非常孝顺，也倾心于茶事，曾任朝廷管理贡茶事务的官员，在云南考察普洱茶，写成《普洱茶记》，是后人研究普洱茶的珍贵资料。阮福服伺在父亲身边时，经常为父亲汲泉煮茶，例如刚到广东任上不久，又逢茶隐日，不知道哪里有上好的煎茶水，阮福听说广州城外番禺县境内有一个学士泉，被称为岭南第一泉，就前往汲水。辨别学士泉有一种方法，滴入一滴墨汁，墨沉而不散。阮福亲自到学士泉，滴墨试验，果然与记载无异，于是汲取一担水，送到父亲府中。阮元喝着学士泉水煮的茶，兴致极高。事后以《福儿汲得学士泉煮茗作诗，因再题竹林茶隐图》记述："忽闻学士泉，轻与云相涵。滴墨辨真伪，符调得一担。松柴与石铫，煮试来吾男。茗投龙井叶，咀味清且甘。"儿孙们跟阮元一同品茶，阮元还加意培养孙子的饮茶习惯："诸孙与杯勺，可抵饴弄含。"阮元在云南雪中过生日时，阮福亲自为父亲烧松枝煮茶，然后奉父命用同韵赋诗。诗中描述了一家人雪中品茶的清雅韵事："东园梅老花正繁，花放随枝势盘折。雪花梅花成万枝，一片香光气团结。竹林又遇煮茶时，拾取松枝灶初热。一双白鹤不避烟，也识茶香最清洁。我家茶隐自年年，两弟今年未随啜。亲颜喜付与诸孙，黄果如饴共甘说。"

阮元过八十岁生日时，仍然按照自定的规则茶隐，没有稍微加入世俗的内容，破例举办一个寿庆。晚年阮元回到故乡扬州养老，道光皇帝对三朝元老阮元十分敬重，视为国宝级的人物，为他的生日恩赏贺礼，特命在朝中六部任职的阮福、阮祜兄弟带回扬州。阮元仍没有举办庆寿活动，理所当然地前往他的"桑榆别业"茶隐。真是君子之道，一以贯之。

8. 陆廷灿与《续茶经》

唐代陆羽的《茶经》问世后近一千年间，茶事代代发展，从产茶之地、制茶之法、烹茶之术、烹饮器具等都发生了很大变化，自晚唐开始茶事的内容就渐渐超出了《茶经》的范围，到明清更是另一番天地。宋代就有文士愿意效法陆羽续写《茶经》，增补《茶经》内容，但一直没有人肯付出十几年的心血去做这件事，宋到明清茶书多不胜数，大约有上百种，但都是小篇，而且很多内容都互相重复。

直到清代出了一个陆廷灿。

陆延灿，清代江苏嘉定人。出生年月不详，幼年跟随王士祯、宋荦传习学问，工于诗作，后以诸生贡例，选宿松教谕，康熙五十六年（1717 年）陆廷灿授知崇安县，时达六年。陆廷灿虽不是进士出身，但为官洁身爱民，颇有廉政声名；生活上也不入俗流，常常“抱琴携鹤”，颇有仙家风度。

崇安是产茶大县，是武夷茶的主产地，当地民众种茶如种田。真是天赐机缘，原本就嗜茶的陆廷灿被武夷山及武夷茶的壮美景观折服了。陆廷灿因为嗜茶，平时也爱从浩繁的史料中搜集与茶相关的内容。作为陆姓后人，他本人也愿以陆羽的后裔自居，陆羽的《茶经》是他的必备读物，耳熟能详。其实陆廷灿对陆羽的身世不是不了解，茶圣陆羽是个弃儿，不知姓氏，而且他终身未娶，自然也就没有后代。但是历代陆姓爱茶人都愿奉陆羽为祖，这是一种精神上的皈依，是同姓同道的后辈对前辈的尊敬，比如南宋诗人陆游常以陆羽后身自称。陆廷灿在《武夷茶》一诗中写道：

桑苎家传旧有经，弹琴喜傍武夷君。
轻涛松下烹溪月，含露梅边煮岭云。
醒睡功资宵判牍，清神雅助画论文。
春雷催茁仙岩笋，雀尖龙团取次分。

这首诗刻在县衙后面的花园碑石上，此花园陆廷灿命名为“小郁林”。

面对武夷山漫山遍野的茶园，以及案头大量的茶事资料，身为崇安知县的陆廷灿决定编一部《续茶经》。因为“《茶经》著自桑苎翁（陆羽之号）迄今已千有余载，不独制作各异，而烹饮迥异，即出产之处亦多不同”。陆廷灿沉浸在茶的古今世界中，他“究悉源流，每以茶事下询”。他比较偏爱武夷茶，同时全面收罗与茶相关的书籍，“查阅诸书，于武夷之外每多见闻”。作崇安知县的六年时间，只能在处理完繁杂的公务之余编纂此书，《续茶经》只完成了一个雏形。知县任满后，陆廷灿决定不再做官，回到嘉定老家，全心编写此书，全面整理旧有资料，细密搜罗自唐至清有关茶事的所有文献，在编写上完全按照《茶经》的结构，分为茶之源、茶之具、茶之造、茶之器、茶之煮、茶之饮、茶

之事、茶之出、茶之略、茶之图十个部分。事非经历不知难，《续茶经》虽只有七万余字，但耗费了陆廷灿十几年的时间，终于在雍正十二年（1734年）完成，刊印于世。清代的《四库全书》收录了此书，并予以很高评价。《四库全书总目提要》中简评此书："自唐以来阅数百载，凡茶之产地，制茶之法，业已历代不同，即烹煮器具亦古今多异，故陆羽所述，其书虽古其法多不可行于今，廷灿一一订定补辑，颇切实用。"如果没有《续茶经》，很多古代茶事资料不可能流传至今，有些资料当时就已经罕见，陆廷灿在搜集资料上面下了极大工夫，才使之保留于史册。

清　佚名　《武夷山十八景图》之局部

《续茶经》是一部中国古代茶事文献汇编，陆廷灿本人的论述极少，一则出于儒者治学的严谨，“述而不作”；二则陆廷灿是位文人，身在武夷山也是茶事的旁观者而非参与者，也就是说他本人对于茶的种植、采制并无直接经验；三则中国茶事发展到清代已经趋近成熟，陆廷灿几乎不可能有新的发现和创造。

陆廷灿在《续茶经》中也有少量的辨析。例如关于武夷茶的植物形态，陆廷灿对北宋沈括《梦溪笔谈》中说的“建茶皆乔木”一说进行了订正，基于他身在武夷，严格考察之后，“余所见武夷茶树，俱系丛茇，初无乔木。此存中（沈括之字）未至建安欤？抑当时北苑与此日武夷有不同欤？”宋代的建安茶即后来的武夷茶种，确属丛生的灌木，并非乔木。

陆廷灿在崇安任知县期间，还与隐居在此地的王草堂有过交往，两人共同修撰成《武夷山九曲志》。王草堂系王守仁后代，在武夷山考察了武夷岩茶即乌龙茶的制作方法，写成了最早的有关这方面的文献。

（三）中国人特有的茶事观念

1. 国人最讲究滋味之美

历史进入清代，中国人特别是中国文士对于茶的开发、品味才到了一个真知的境地，茶的真色、真香、真味都得到真见。关于茶的真色，明代以前，都不认为绿是最正之色。唐代崇尚紫笋，宋代推崇白芽，这就是“见山不是山，见水不是水”，明代茶人渐渐感觉山还是山，水还是水，到了清代，山就是山，水就是水，茶以碧绿为正色。宋人所称道的“调膏初喜玉成泥，溅沫共惊银作线”（宋·杨无咎《玉楼春·茶》）到了清代士大夫这里皆不知何物，不再继续咏唱“玉”“雪”“云”了，茶之色不再以偏离原绿色为美。

说到茶的颜色，宋代以白为正宗，不容置疑，但事实上白茶难求，绿色则很常见，但就是不认可绿色。宋人胡舜陟在《三山老人语录》

中，举五代时人郑遨的茶诗“唯忧碧粉散，尝见绿花生”以及当朝范仲淹的茶诗“黄金碾畔绿尘飞，碧玉瓯中翠涛起”，很不理解，怪道：“茶色以白为贵，二公皆以碧绿言之，何邪？”宋代学究王观国在《学林》中也说到这个问题，要替他们改诗，此前沈括改范仲淹的那两句，“宜改绿为玉，改翠为素。”王观国表示赞同。早在唐代白居易就写过“渴尝一盏绿昌明”的诗句，放在宋人眼里这就是败句。

到了明代，能泡出恰到好处的绿色茶汤就大获赞赏，最初能泡出绿色茶汤的人就是高手，是凤毛麟角的人物。明代黄端伯在诗中写道：“三家村里一茶叟，手泻琼浆碧于酒。须臾引满肌骨寒，座客惊呼未曾有。”茶只有用低于一百度的水冲泡才能呈现它本来的绿色，宋代即使可以做到只煎水不煎茶，但由于以白为尚，绿茶汤也被视为次等。明代冲泡原叶茶返璞归真，也确认茶的真色。“绿染龙波上，香搴谷雨前。”清代茶色为碧绿是当然之事，诗人们的咏茶诗，除了仿古之作故意用古句如“团饼”“雪乳”之外，平常都是“渴思绿泛吴兴芽”“凭将绿雪分明试”“幽绿一壶寒”“青光浅浅浮”“烹来常似君山色”“勃勃云堆碗面碧”“不闻龙井一旗绿如玉”。清代士人对茶的色、香、味获得了完全足够的认识，清人郑光祖在《一斑录杂述》卷四中言：“茶贵新鲜，则色、香、味俱备；色贵绿，香贵清，味贵涩而甘。”

中国人是以感性见长的民族，感受性非常敏锐，对于茶，中国古人尤其是古代文人有着永无休止的兴味，历久长新，永不厌倦；茶的独有滋味，令文士们代代为之欣喜，每当品到新茶，都以“试”的态度，也就是以实验性的态度，以期获得更加美妙的滋味，所以历代试茶诗多不胜数。

也可以说，中国古代文人对于滋味的讲求，是世界上少有的。永远在尝试、比较各个产地的茶品，不停地发现更香、更美妙的新茶。明代尤其是明晚期文士在这方面付出了很多注意力，明代这种风气也影响到清代。

回溯明代。明人冯梦桢在《快雪堂漫录》中品评当时名茶，首推虎丘，“点之色白如玉，而作寒豆香。宋人呼为白雪茶，稍绿便为天池物。天池茶中虽数茎虎丘，则香味迥别。”将虎丘视为茶中王，其他只能是后妃、臣民。“虎丘其茶中王种耶！岕茶精者，庶几妃后，天池、龙井便为臣种，余则民矣。”

明代文学、书画家李日华在《紫桃轩杂缀》中也品评了几种名茶：“天目清而不醨，苦而不螫，正堪与缁流漱涤。”“松萝极精者方堪入贡，亦浓辣有余，甘芳不足。”“罗山庙后岕精者，亦芬芳回甘，但嫌稍浓，乏云露清空之韵，以兄虎丘则有余，父龙井则不足。”李日华以自己的口味品鉴当时的名茶，得出上述点评意见。比较而言他对庙后岕茶打分最高，其次是虎丘、龙井。虎丘茶被明晚期文士公认是当世第一，但李日华并不以为然，对虎丘的无色作出了负面的评议，他在《六研斋笔记》中写道：“虎丘以有芳无色，擅茗事之品。顾其馥郁不胜兰，止与新剥豆花同调，鼻之消受亦无几何，至入于口，淡于勺水。”然后李日华用带有讥讽的语调说，像这种淡若无味的水哪里找不到？何至于发生官府逼迫、僧人交出不茶来挨打的事？“清泠之渊，何地不有？乃烦有司章程，作僧流捶楚哉？”李日华将虎丘茶相比龙井、松萝，“排虎丘茗，为有小芳而乏深味，不足以傲睨松萝、龙井上”。

明学者谢肇淛在《西吴枝乘》中也以自己的口味评点当时名茶。“湖人于茗，不数顾渚而数罗岕，然顾渚之佳者，其风味已远出龙井下。岕稍清隽，然叶粗而作草气。丁长孺尝以半角见饷，且教余烹煎之法。迨试之，殊类羊公鹤，此余有解有未解也。余尝品茗，以武夷、虎丘第一，淡而远也；松萝、龙井次之，香而艳也；天池又次之，常而不厌也。余子琐琐，勿置齿喙。”谢肇淛的品味与李日华有不小差异。

明末张大复在《雁闻斋笔谈》中也来以滋味说茶，夹带着文人的意气，“松萝茶有性而无韵，正不堪与天池作奴，况岕山之良者哉。但初泼时，嗅之勃勃有香气耳，但茶之佳处，故不在香，故曰虎丘作豆气，天池作花气，岕山似金石气，又似无气。嗟呼，此岕之所以为妙也。”

袁宏道也以名士气十足的口吻论茶的滋味高下，“余谓龙井亦佳，但茶少则水气不尽，茶多则涩味尽出，天池殊不耳。大约龙井头茶虽香，尚作草气，天池作豆气，虎丘作花气，唯岕非花非木，稍类金石气，又若无气，所以可贵。”“近日徽有送松萝茶者，味在龙井之上，天池之下。”

明末闵汶水茶兴盛一时，有些品茶上瘾的士人在新茶上市时，不辞辛苦专程到闵汶水的茶馆品尝，为此还在附近住上一段时间。一位叫陈汝衡的士人，每年借住在一所寺庙里，累月流连，为的是离闵汶水家的茶馆近，从早到晚啜茗，辄移日忘归。赞闵茶“大抵其色则积雪，其香则幽兰，其味则味外之味，时与二三韵士品题闵氏之茶，其松萝之禅乎？淡远如岕，沉著如六安，醇厚如北源朗园，无得傲之，虽百碗而不厌者也”。

清代文士对于茶的鉴赏角度与明代别无二致，清代文士与茶人对于茶叶新品、更新的饮法、更香的滋味有着永不衰减的兴趣。

清人郑辰在《四明志征》中引先太史寒村公“瞭舍采茶”诗：“手制香茗冠一方，龙潭翠与白岩香。犹疑路远芳鲜减，瞭舍山中自采尝。”整个清代，文士咏茶诗，关于茶与清修、禅意，茶与灵性的话题比以往朝代要少，但是关于茶的滋味主旨却被高擎，比如汪士慎《武夷三味》赞武夷茶：“初尝香味烈，再啜有余清。”袁枚《试茶》诗写初尝武夷茶：“我震其名愈加意，细咽欲寻味外味。杯中已竭香未消，舌上徐停甘果至。……卢仝七碗笼头吃，不是茶中解事人。”施闰章《岕茶歌》：“贱耳归求鼻舌心”，“其甘隽永香蕴藉，非兰非乳鲜知音”。丁敬《论茶六绝句》：“堪嗟吸鼻夸奇味。”例如为了求岕茶滋味之美，士人请教茶僧，僧人以经验告之，清人俞显在《桐叶偶书》中记述：“余闻茶僧言，采于春者为春岕，采于秋者为秋岕。烹之作兰花香者最佳，作豌豆花香者次之，作蚕豆花香者又次之。”

滋味之求也令清代文人自嘲，吴嘉纪在《松萝茶歌》中写出：“今人吟茶只吟味”的感叹。

于是清代碧螺春以“吓煞人香”夺取名茶地位，清代武夷茶以滋味之胜成为茶界新宠，其中最香最美的茶称为“不知春”，仅有一株，在武夷天佑岩下。每年广东洋商以定金预定下来，到三四月间专门雇人看守。附近寺院僧人仅能乞得一二两，自己不舍得饮用，赠与富商大贾，以求檀施。这棵奇树上的奇茶，大致外形与粟米相类，据称“色香俱绝，非他茶所能方驾”。

从茶事进入盛境的宋代开始，文人们对于茶品的鉴赏与挑剔就从未停止过，经常处于发现茶叶新品的兴奋中，不断有新茶胜出旧茶，新宠压倒旧宠。宋代建安龙团位居高品后，阳羡和顾渚茶就相对逊色了，比如丁谓诗赞北苑茶时，揶揄唐代贡茶：“顾渚惭投木，宜都愧积薪。”唐以前公认为天下第一的蒙顶茶在宋文人眼里，也为建溪茶作了陪衬，冯山有诗曰：“蒙顶纵甘余草气，月团虽有隔年陈。吟魂半去难招些，愿得兰溪数片新。”即使同为建安贡茶也分为普通茶和极品茶，极品茶称为“斗品”，斗品就可以气压普通团茶，梅尧臣诗曰：“团香已入中都府，斗品争传太傅家。”彭汝砺的朋友从北苑移种茶树在自家园中，写诗赞咏，他也写诗奉和，以贬抑唐代贡茶来衬托宋代北苑茶的品种之高：“紫笋时名误，乌程旧种卑。”周必大收到友人寄来的七宝茶，非常喜欢，一高兴便将以往喜欢的茶品贬了下去：“压倒柳州甘露饮，洗空梅老白膏芽。”宋代文人渐渐从龙凤团茶的迷醉中清醒后，发现了草茶保存了更多茶叶的原味，虽然不敢轻易贬低龙凤团茶，但在草茶里，也要斗出高下以畅怀。日铸茶是当时的草茶，即原叶茶，范仲淹一次汲清泉试茶，分别品饮建溪团茶、日铸茶及卧龙、云门之品，结论是日铸茶最美：“甘液华滋，悦人灵襟。”称其为江南第一。南宋大诗人陆游走到哪里都随身带着两种最得意的茶，一是其家乡的日铸茶，一是顾渚茶，日铸茶贮以瓷瓶，顾渚茶裹以红蓝缣囊，他偏爱家乡日铸茶，诗中写道：“只应碧缶苍鹰爪，可压红囊白雪芽。”双井茶也是原叶茶，后来居上，与日铸茶争夺草茶精英，一度夺了日铸茶的宠，南宋文学家杨万里一次用六一泉煮双井茶，大感清新，作诗直言：“日铸建溪当退舍。”

到明代，虎丘、松萝、岕茶先后各领风骚，清代文人在岕茶里面也要分出高下，比如洞顶与庙后本是不相上下的，但有些认真的人就要分出差异，清诗人朱昆田诗中写道："昨者吴兴翁，箬叶裹岕茗。云此品剧佳，采自庙后岭。其气郁于兰，直压洞山顶。"岕茶是传自明末的茶品，清代武夷茶渐渐被人看好，成为茶界新贵，诗人宫鸿历诗中带有感叹的口气写道："中朝又说武夷好，阳羡棋盘贱如草。"武夷茶中，郑宅茶后来得到上自皇帝下至嗜茶人的交口称赏，成为新星。大臣叶观国某年端午节得到皇帝赏赐的郑宅茶，兴奋地写道："嫩芽来郑宅，精品冠闽溪。便觉曾坑（也是闽茶品种之一）俗，应令顾渚低。"可见在中国茶事发展历程中，一贯守旧的中国文士丝毫不守旧，大家都以爱茶的性情中人自居，以茶道通人自命，为了迎接新品，不惜抛弃旧爱，无顾忌，无造作，目的是为了追求茶的更真更灵的滋味。

所以嗜茶的文人雅士非常关心茶叶的制作，要尽其所能使茶香宜人。明人朱升写了一首《茗理》诗，诗前写了一段序，是他对茗理的解释："茗之大家闺秀，草气者，茗之气质之性也。茗之带花香者，茗之天理之性也。抑之则实，实则热，热则柔，柔则草气渐除。然恐花香因而太泄也，于是复扬之。迭抑或迭扬，草气消融，花香氤氲，茗之气质变化，天理浑然之时也。"

中国人从茶叶的奇香中所得到的享受，也是世界上少有的。

中国人、尤其中国文人之所以喜爱茶的真香真味，不能仅从口腹之欲而论。茶，是植物带给人的所有味道中，最接近灵性的一种滋味。清人陈曾寿赞龙井茶诗中称："咽服清虚三洗髓，神虑皎皎无由浑。"俞樾诗中赞云雾茶："人间烟火所不到，云喷雾泄皆神功。"文人对于茶的感情是对大自然的欢喜和敬意，明代文人高濂在《四时幽赏录》中说："每春当高卧山中，沉酣新茗一月。""两山种茶颇蕃，仲冬花发，若月笼万树。每每入山，寻茶胜处，对花默其色笑。忽生一种幽香，深可人意。"这是与自然幽意的一种默契。

中国古代文士、僧道与茶的奇缘，也深入而牢固地蕴涵在茶的芳香里。

在西方，英国人是最懂得饮茶的民族，他们也称茶是健康之液、灵魂之饮。

2. 中国没有与日本相类的茶道

“茶道”，在中国语言文化里不是一个常用词，但这个词产生得很早。唐人封演的《封氏见闻记》记载了关于茶的兴起，言 :“又因鸿渐之论，广润色之，于是茶道大行。”显然，“茶道”一词在这里的意思是饮茶之道。唐代诗僧皎然在《饮茶歌诮崔石使君》的最后一句写道 :“孰知茶道全尔真，惟有丹丘得如此。”皎然的茶道，含有饮茶可

清 乾隆画珐琅山水花鸟西洋式提梁壶

以得道的意思。唐代刘贞亮在《饮茶十德》中把饮茶与得道也联系在一起:“以茶可行道，以茶可雅志。”唐代以后，中国文士并没有在“茶道”这一词上有什么讨论，而且这个词出现得也不多。明代陈继儒的《白石樵真稿》提到“茶道”一词，则完全是指茶的制作之法 :“第蒸、采、烹、洗悉与古法不同，而喃喃者犹持陆鸿渐之经、蔡君谟之录而祖之，以为茶道在是。”所以中国古代“茶道”是个多义词，与日本“茶道”不完全对应。

在中国，哲学意义上的道是一个非常重、非常深的词，在中国文化里，恐怕没有比“道”更大的词了。道适用在宏观的、抽象的事物上，中国人对于自己发明的任何一项文明成果，都不敢轻易将其名称加在“道”的前面，例如中国书法，有多少人视它高于自己的生命，但却从未出现“书道”一词 ; 相反，日本连插花都有花道。可见两个民族对于“道”这个词的理解是不完全相同的。

一提到日本茶道，中国人感觉就很复杂，因为茶是从中国传过去的，而且日本的茶道最初也是取自中国南宋径山寺院的饮茶仪式。

日本从公元七世纪就开始接触中国的茶叶，通过遣唐使带回中国的饮茶习俗，但只是在皇帝、僧侣、贵族之间流行，没有形成多大社会影响。到十二世纪末才正式开始普及茶文化，正值中国南宋时期，具体说是公元 1191 年僧人荣西从中国南宋朝廷得到茶子，带回日本种植。荣西是日本临济宗的创始人，他还在中国学到了茶的加工方法，也就是碾茶为末的工艺。日本最正规的茶，一直延续的是宋代的末茶，他们称为“抹茶”。荣西也是日本茶书的第一位作者，他于十三世纪初即 1211 年写成了《吃茶养生记》。

南宋定都临安，即今杭州，南宋末期日本僧人在南宋京师附近的余杭县径山寺学习佛学，同时学习了该寺院的茶寮饮茶礼仪，又带去了天目山茶盏，以此开启日本茶道。但正式的日本茶道是在丰臣秀吉时代（1536—1598）由高僧千利休（1522—1592）确立，并以“和、敬、清、寂”为茶道四规。延续到今天，已经形成了茶道文化。当代日本学者久松真一认为：茶道文化是以吃茶为契机的综合文化体系，它具有综合性、统一性、包容性。其中有艺术、道德、哲学、宗教以及文化的各个方面，其内核是禅。

日本茶道与花道、武士的剑道并称，它也有比较深的内涵，简单说是一种品茶的礼仪，译成英文是 tea ceremony，它是一种在存敬的思想下，借助规范的饮茶模式，达到“和、静、清、寂”的境界。日本茶道要在专门的茶室举行，茶室有大小两种，小茶室为正宗，一般用竹木和芦草编成，面积一般以置放四叠半“榻榻米”为度，约 9 平方米到 10 平方米，相当狭小、古朴。这样的设计有他的道理，日本有一句话：“狭小的空间才是尊贵的空间。”茶道所用的物品都置放在这间小屋，人们静心烹茶品茗，在寂静中忘却尘俗千虑，让心神化入禅境。

日本茶道的特点：室内的、古朴的、动作行为规范的、神态恭敬的、和缓的、严肃的、专注的，是一种修炼的状态。茶道试图通过烹茶、品茶，反观内心，洗涤尘垢，净化心灵，进入一种空灵寂静的世界，了悟禅意。

日本的茶道有细密而烦琐的规程，茶道的进行过程禅宗色彩很浓，在程序上极为缓慢，很有坐禅的意味。

但在中国却没有一套与日本茶道相对应的中国茶道，让人遗憾。于是当代很多茶界人士和关心茶事者想自我做古，提出要建立中国式茶道，其模式也是借鉴日本，连日本茶道的主题“和、静、清、寂”也拿来做参照，提出中国的四字主题，比如有人提议用廉、美、和、敬四字，有人用理、敬、清、融四字，有人用和、俭、静、洁四字，有人用美、健、性、伦四字，有人用正、静、清、圆四字，有人用清、静、和、美四字……无休无止，近几十年中国茶界人士都在关注这个问题，但中国的仿日式茶道还是停留在纸上。

我比较赞同台湾学者吴智和《明清时代饮茶生活》一书中所论：“东瀛对于各种事物向喜以‘道’称之，如‘茶道’‘花道’‘书道’，下及‘柔道’‘剑道’等，彼邦视此‘道’似近乎一种宗教性、技艺性之虔

清宫人参茶膏

诚，因拘泥于外在形式，使人总有役于物之憾。国人向来不轻言‘道’，认为那是一种至为崇高的义理，茶是饭后余事，谓之艺术犹可，若谓之‘道’则远矣。”

中国历代茶书对于茶的种植、采收、焙制讲得很多，其次才是怎样去烹制，而怎样去饮讲得不是很多。在中国历代茶书中，通常以“茶法”、“茗理”来指称茶树的种植、茶叶的采摘、焙制等程序。日本的茶道是以饮茶仪式为媒介的一种修行，是身心合一的、精神高度凝聚的、以品茶参禅为主旨的行为艺术。中国人不是不修行，也不是不参禅，但不像日本人那样修行参禅。中国的哲学是“道可道，非常道”。玄之又玄，无一定之规，无外在形式，有了形式就“拘”了。

中国古代文人最崇尚散淡，最怕“拘”，“拘”只有在宫廷里，面对皇帝的时候不得不拘；出得宫门，那就是自在人，尤其在山水之间，更要效法自然，随意自在，无拘无束。在这种思想指导下，中国至少在士大夫阶层是不可能产生日本式的“茶道”。中国文人品茶，不设牢不可破的规则和程序，但它极其讲究，讲究一种极雅致、出尘脱俗的感觉。假设有某种程式，一旦普及，人人如此，那就俗了。中国文人极细腻敏感，也极洒脱自然，极看不起形而下的、格式化的东西，锐意追求不一般的境界。

中国人讲究个性，随意，适意，就像山水造化，随兴自如，无一定之规；而日本人讲究用动作表达对茶的敬意，一举一动都不能随意，定要遵循礼仪的安排，人如偶人。当然，不论是品茶者还是旁观者，对这种仪式化的饮茶皆能感觉到一种虔敬、谦躬的气氛。

中国文人也讲敬，饮茶的人要配得上高贵的茶，要充满敬意；茶不能与其他腥秽物杂处，人也先要洁净身心，“人必心清妙始省”，才能不至于玷污了茶。在这种前题下，独自在自家茶寮或与二三志同道合之人，在山间林下溪边，岩石旁、竹庐下，伴以松风，品茶论道。这就是中国文人的品茶之道。

中国人讲虔敬也更讲灵性，这一点是日本茶道所无的。正是因为讲灵性，中国没有产生日本式的茶道。

清　雍正珐琅彩红碗

中国古代文人品茶，是无法形诸规范动作的。品茶的最高境界是一种忘我的状态，这时候，谁还记得住烹茶品茶的动作、程式？尤其是深夜独自品茶，人是幽人，茶因为它独有的真香，可以与幽人为伍。幽人独饮的时候，能够极其安静地、慢慢参悟茶之内、茶之外的真味，特别是风萧雨晦、人静夜凉之际，茶烟轻扬，古鼎焚香，诗人学士以茶为引导，神游太古，清思无极，这种感受无法用言语道来。

图书在版编目（CIP）数据

闲来松间坐：文人品茶／王镜轮著．—3版，—北京：故宫出版社，2012.9（2022.8重印）

ISBN 978-7-5134-0272-9

Ⅰ．①闲… Ⅱ．①王… Ⅲ．①茶－文化－中国 Ⅳ．①TS971

中国版本图书馆CIP数据核字（2012）第123732号

闲来松间坐

王镜轮　著

出 版 人：章宏伟

责任编辑：王冠良

设　　计：王　梓

出版发行：故宫出版社

地址：北京市东城区景山前街4号　邮编：100009

电话：010-85007808　010-85007816

邮箱：ggcb@culturefc.cn

制　　版：保定市万方数据处理有限公司

印　　刷：保定市中画美凯印刷有限公司

开　　本：787毫米×1092毫米　1/16

印　　张：21.25

字　　数：293千字

版　　次：2012年9月第1版

2022年8月第4次印刷

印　　数：15，501～19，500册

书　　号：ISBN 978-7-5134-0272-9

定　　价：52.00元